国家林业和草原局普通高等教育"十三五"规划教材

普 通 化 学

贾临芳　　刘勇洲　主编

中 国 林 业 出 版 社

图书在版编目（CIP）数据

普通化学/贾临芳，刘勇洲主编.—北京：中国
林业出版社，2020.8
国家林业和草原局普通高等教育"十三五"规划教材
ISBN 978-7-5219-0622-6

Ⅰ.①普… Ⅱ.①贾…②刘… Ⅲ.①普通化学—高
等学校—教材 Ⅳ.①O6

中国版本图书馆 CIP 数据核字（2020）第 099918 号

中国林业出版社·教育分社

策划、责任编辑：高红岩 李树梅　　　责任校对：苏　梅
电　　话：(010) 83143554　　　传　　真：(010) 83143516

出版发行　中国林业出版社（100009　北京市西城区德内大街刘海胡同7号）
　　　　　E-mail：jiaocaipublic@163.com　电话：(010) 83143500
　　　　　http://www.forestry.gov.cn/lycb.html
经　　销　新华书店
印　　刷　河北京平诚乾印刷有限公司
版　　次　2020年8月第1版
印　　次　2020年8月第1次印刷
开　　本　787mm×1092mm　1/16
印　　张　15.75
字　　数　410千字
定　　价　46.00元

《普通化学》编写人员

主　　编　贾临芳　刘勇洲

副 主 编　吴昆明　曲江兰　李俊莉

编　　者　（以姓氏笔画为序）

于宝义（北京农学院）

朱　洪（北京农学院）

刘勇洲（山西农业大学）

曲江兰（北京农学院）

李俊莉（云南曲靖师范学院）

吴昆明（北京农学院）

赵文婷（北京农学院）

贾俊仙（山西农业大学）

贾临芳（北京农学院）

梁　丹（北京农学院）

程作慧（山西农业大学）

魏朝俊（北京农学院）

主　　审　赵建庄（北京农学院）

前　言

Preface

本书是国家林业和草原局普通高等教育"十三五"规划教材，结合农林院校多年教学改革和实践经验编写而成。本书适合高等农、林、水院校各相关专业本科生使用。

普通化学是农林类院校本科生必修的一门重要的公共基础课，其受众多，覆盖面广，不但是后续分析化学、有机化学和物理化学的基础，同时也与生物化学、环境化学、土壤化学、食品化学等各专业类课程关系密切，是培养农林相关专业本科人才的基础。通过本课程的学习，使学生掌握普通化学的基础知识和基本原理，培养科学的思维方法，提高分析问题和解决问题的能力。结合普通化学的课程定位和高等农林教育的发展的需要，本书在编写过程中，突出以下几个方面的特点：

1. 体系方面：本书既有宏观理论的介绍，又有微观理论的分析；既有理论的介绍，又有理论的具体应用。内容浑然一体，有机统一。

2. 内容方面：本书既有体现基础知识的四大平衡单个平衡的内容，同时加大了四大平衡的相互影响的比重，使得学生在掌握普通化学基础知识的同时，学会融会贯通，注重培养学生综合运用基础理论知识的能力。

3. 章节方面：本书在每章内容的结尾设有"本章小结"，方便教师授课和学生自学与复习。

4. 语言方面：本书编写力求语句通顺、概念准确、表述规范、深入浅出；同时本书对每章的关键词，加注了英文对照，为学生后续阅读专业的外文文献提供帮助。

参加本书编写的有：山西农业大学刘勇洲（第 4 章）、贾俊仙（第 3 章）、程作慧（第 1 章）；云南曲靖师范学院李俊莉（第 6 章）；北京农学院贾临芳（绪论、第 7 章）、吴昆明（第 8 章）、曲江兰（第 2 章）、梁丹（第 11 章）、魏朝俊（第 5 章）、朱洪（第 9 章）、于宝义（第 10 章）、赵文婷（附录）。教材初稿由副主编修改，最后由主编统稿、定稿。

本书由北京市教学名师、北京农学院赵建庄教授担任主审，在此表示衷心的感谢！本书在编写过程中得到北京农学院原普通化学课程组长王春娜副教授的关心和支持，在此特致谢意！

本书在编写过程中参考了一些普通化学方面的参考资料，在此对这些参考资料的作者表示感谢！

本书得到北京市"优秀人才培养资助计划"（2016000026833ZK01）、北京市属高校"青年拔尖人才培育计划"（CIT&TCD201704049）的资助，在此一并表示感谢！

由于编者水平有限，书中错误和不妥之处，恳请同行专家和使用此书的同学批评和指正，编者不胜感激！

编　者

2020 年 4 月

目　录

Contents

绪 论

1. 化学的研究内容及发展

化学是研究物质的组成、结构、性质及内在规律和变化过程中能量关系的学科。

化学有许多分支学科，如无机化学、有机化学、分析化学、物理化学和高分子化学以及燃料化学、环境化学、工业化学等。在科学技术和生产中，化学起着非常重要的作用。

化学的发展与人类文明的进步息息相关。从原始人类的钻木取火，到早期人类的制陶、冶炼、酿造、炼丹术的出现，再到现代量子论的提出，化学作为一门基础学科，在科学技术和社会生活的方方面面正起着越来越大的作用。化学发展史大致分为五个阶段。① 远古的工艺化学时期。这时人类在实践经验的直接启发下，经过多少万年摸索，逐渐掌握了制陶、冶金、酿酒、染色等工艺。这时化学知识还没有形成，是化学的萌芽时期。② 炼丹术和医药化学时期。从公元前 1500—1650 年，炼丹术士和炼金术士们，为求得长生不老的仙丹和象征荣华富贵的黄金，开始了炼丹和炼金的化学实验。这一时期，通过不断实践，许多物质间的化学变化逐渐被人们发现并积累起来，为化学的进一步发展准备了丰富的素材。后来，人们逐渐认识到炼丹术和炼金术荒唐的一面，化学方法转而在医药和冶金方面得到了正当发挥。③ 燃素化学时期。从 1650—1775 年，随着冶金工业和实验室经验的积累，人们总结感性知识，认为可燃物能够燃烧是因为它含有燃素，燃烧的过程是燃素放出的过程，可燃物放出燃素后成为灰烬。④ 定量化学时期，即近代化学时期。1775 年前后，拉瓦锡用定量化学实验阐述了燃烧的氧化学说，开创了定量化学时期。19 世纪初，英国化学家道尔顿提出近代原子论，接着意大利科学家阿伏伽德罗提出分子学说。自从用原子-分子论来研究化学，化学才真正被确立为一门科学。这一时期建立了不少化学基本定律，俄国化学家门捷列夫发现元素周期规律，并编制出元素周期表；德国化学家李比希和维勒发展了有机结构理论。所有这一切都为现代化学的发展奠定了坚实的基础。⑤ 科学相互渗透时期，即现代化学时期。20 世纪初，量子论的发展使化学和物理学有了共同的语言，解决了化学上许多悬而未决的问题；化学又向生物学和地质学等学科渗透，使蛋白质、酶的结构问题得到了逐步的解决。

随着化学的不断发展和广泛应用，化学与其他学科之间相互渗透、相互交叉、相互融合，形成了如材料化学、生物化学、食品化学、环境化学、药物化学、计算化学、农业化学、地球化学等新兴学科。这些新兴学科的产生，拓展了化学的研究领域，使化学在人类生产和生活中的地位和作用不断增强。

化学与农林牧渔也存在着非常密切的联系。植物、动物的生长过程需要经过各种生理、生化的变化；农林牧渔产品的加工以及副产品和废物的综合利用；农药和兽药的使用、代谢以及残留的测定；化肥、农膜等农业资料的合理使用；土壤的改良、污水的处理等，都离不开化学的基本原理、基本知识和基本实验操作技能。

化学未来的发展，我国化学家白春礼强调有四点趋势。一是化学将向更广度、更深层次的方向延伸；二是新工具的不断创造和应用促进化学创新发展；三是绿色化学将引起化学化工生产方式的变革；四是化学在解决战略性、全局性、前瞻性重大问题当中将继续发挥更大的作用。

化学向更广更深的层次延伸体现在几个方面，对原子、分子的认识将更为深入，多层次分子研究更为系统，创造新分子、新材料的基础上更加注重功能性。超分子是一个分子结构与宏观性能的关键纽带，是产生更高级结构的基础。如何设计超分子结构和材料，对复杂生命体系的理解、模拟及调控都是前沿的课题。这是化学向更深层次、更复杂拓展的延伸。

新工具的创造和应用会促进化学的发展，随着技术能力和仪器设备的不断进步，空前准确和灵敏的仪器不断被创造和应用，科学家不仅能在原子、分子甚至电子层次观察并研究微观世界的性质，而且能够对其物质结构和能量过程进行操控。

绿色化学将促进化学化工生产方式的变革。绿色化学不仅是对现有过程的改进和新过程的研究，未来化学的研究将更加注重绿色产品设计的理念。绿色化学将注重经济、高效地制备与人类生活相关的物质，绿色化学不仅是创造可持续的化学产品，也需要变废为宝，将今天的废弃物变为明天有用的资源，将引起化学化工的变革。

化学在解决全局性、前瞻性、战略性的重大问题中会发挥重要的作用，社会的发展不断对化学发展提出新的需求，如能源危机要求我们如何像光合作用那样高效地利用太阳能；环境保护要求我们提出控制、降解、驱除污染的方法；资源利用要求我们必须做到合理高效地利用资源，最大限度地利用资源；材料开发要求绿色化及智能化，可再生循环利用；社会安全要求我们做到防患于未然，如易燃品、爆炸品的检查和防护，有很多的工作需要化学家发挥更大的作用。

2. 普通化学的地位及主要内容

普通化学不是化学学科的某一具体分支，是一门化学的先导课程，是众多高等院校一门重要的公共基础课，与许多的基础课和专业课程之间存在着密切的联系。对于农林院校来讲，普通化学课程是后续分析化学、有机化学、物理化学等化学课程以及生物化学、食品化学、环境化学、药物化学、植物保护、土壤学、肥料学等专业基础课和专业课的基础，是普通化学的基本原理、基本理论和基本技能的具体应用。

普通化学课程的内容主要包括化学反应的基本原理及应用和物质结构基本知识两方面的内容。一方面，基本原理部分，从宏观的角度分别介绍化学热力学、化学平衡以及反应速率的基本知识，从而达到判断化学反应进行的方向、限度和反应进行快慢的方法；再将这些基本的理论知识应用到具体的水溶液中的酸碱反应、沉淀反应、氧化还原反应和配位反应，进一步深化基本理论的学习。另一方面，普通化学课程从微观的角度，介绍了原子结构、分子结构以及配位化合物的结构方面的内容，揭示了物质的组成、结构以及性质变化规律。

3. 普通化学的学习目的和学习方法

　　普通化学课程的教学目的，主要是使广大学生在一定程度上掌握一些必需的近代化学基本理论、基本知识和基本技能，并了解这些理论知识和技能在农林牧渔实际中的应用，以化学知识为依托，培养学生的自然科学素养，锻炼学生科学地分析问题、解决问题的能力，为后续课程的学习打下一定的化学基础。

　　普通化学课程的学习方法主要包括课上、课下和实验等部分。课上注重基本概念和基本理论的学习，并学会用基本理论知识解决具体的问题。课下要学会自主学习，学习中充分发挥自身的主动性，尽力做到课前预习、课后及时复习和做习题，学会自己总结知识点，并不断整理和掌握各个知识点之间的联系；加强同学之间的讨论，既做到独立思考，又能互相沟通讨论，各抒己见，将所学知识学懂吃透。学生在课外还要学会利用网络课堂，学会应用国内外优质的课程资源，加强相互讨论。此外，要重视实验课。化学是以实验为基础的学科，实验不仅能训练学生操作的基本技能，也能锻炼学生理论联系实际、实事求是的科学素养的形成，同时实验课堂还是培养学生互相协作、求实创新、有责任担当等优良品质的场所。

第 *1* 章
物质的存在状态、溶液与胶体
(State of Substance, Solution and Colloid)

物质的存在状态不同，表现出的宏观性质也不同。研究物质的状态变化对于深入了解物质的结构和性质，研究新物质和新材料，都具有重要的现实意义。

1.1 物质的聚集状态(Conglomeration State of Substance)

物质的存在状态是指宏观的，由极大数目的微观粒子所组成的集合体。一般认为物质有四种不同的聚集状态，即气态、液态、固态和等离子态。物质的聚集状态与外界条件密切相关，在一定条件下可以相互转化。目前，人们对气体的认识较为充分，固体次之，液体了解得较少，而等离子体则处于探索研究之中。

1.1.1 气体

气体具有可流动性、可变形性和可压缩性。气体没有固定的体积，也没有确定的形状，气体的体积就是容器的体积。在常温常压下，气体分子间距离较大，分子间作用力很小，因此不同气体可无限混合，也极易压缩或膨胀。

1.1.1.1 理想气体状态方程

气体有实际气体和理想气体之分。实际气体分子本身占有一定的体积，分子之间也有作用力存在。若假设气体分子本身没有体积，气体分子之间也没有相互作用力，气体分子与容器器壁发生完全弹性碰撞，无能量损失，这种假想的气体称为理想气体(ideal gas)。当然在实际中它是不存在的，我们所遇到的气体都是实际气体。大量研究结果表明，高温、低压条件下的实际气体可近似地看作理想气体。因为在低压条件下分子间距离很大，其容积远远超过分子本身所占的体积，因而分子本身所占的体积可相对忽略；在高温条件时，分子的平均动能较大，分子间相互作用力也可忽略不计。此时，可直接利用适用于理想气体的一些定律来处理实际气体，当需精确计算时需加以校正。

在历史上曾经归纳出若干描述气体的经验定律，如波义耳定律、查理-盖斯克定律和阿伏伽德罗定律等。从这些定律可以导出高温低压下气体的压力 p、体积 V、热力学温度 T 和物质的量 n 之间的关系，即

$$pV = nRT \tag{1-1}$$

式(1-1)称为理想气体状态方程(state equation of ideal gas)。式中 R 为摩尔气体常数。在国际单位制中 n、p、V、T 的单位分别为 mol、Pa、m^3 和 K，则 $R = 8.314\ Pa \cdot m^3 \cdot mol^{-1} \cdot K^{-1} = 8.314\ J \cdot mol^{-1} \cdot K^{-1}$。

【例 1-1】已知在 273.15 K、101.325 kPa 的条件下，1 mol 的任何气体均占有体积 22.414 L，求 R。

解：将 $p = 101.325\ kPa$，$V = 22.414\ L$，$T = 273.15\ K$，$n = 1\ mol$ 带入式(1-1)中可推出摩尔气体常数 R 的值：

$$R = \frac{pV}{nT} = \frac{101.325\ kPa \times 22.414\ L}{1\ mol \times 273.15\ K} = 8.314\ kPa \cdot L \cdot mol^{-1} \cdot K^{-1}$$

$$= 8.314\ J \cdot mol^{-1} \cdot K^{-1}$$

R 的量纲会随方程式中各物理量的单位而变化，所以在运算中要注意量纲的转换和一致性，正确使用 R 值。

理想气体状态方程是从实验中总结出的经验公式。对于低压和高温时的多数气体可以用这个方程来描写，而高压和低温的气体以及气-液或气-固共存的体系不遵守理想气体状态方程。

理想气体状态方程可以表示为另外一些形式，如 $pV = \frac{m}{M} \cdot RT$ 或 $p = \frac{\rho}{M} \cdot RT$。

运用理想气体状态方程可以解决许多与气体有关的问题，如可以根据一些已知条件求得气体的密度。

【例 1-2】某气体在 293 K 和 99.7 kPa 时占有体积 0.19 L，质量为 0.132 g，求该气体的相对分子量，并指出它可能是何种气体。

解：由理想气体状态方程 $pV = nRT$，变形得气体的摩尔质量为

$$M = \frac{mRT}{pV} = \frac{0.132\ g \times 8.314\ kPa \cdot L \cdot mol^{-1} \cdot K^{-1} \times 293\ K}{99.7\ kPa \times 0.19\ L} \approx 17\ g \cdot mol^{-1}$$

所以，气体的相对分子质量为 17，表明该气体可能是 NH_3。

1.1.1.2 混合理想气体的分压定律和分体积定律

(1)道尔顿分压定律

1801 年英国化学家道尔顿(Dalton)通过实验发现，在一定温度下，气体混合物的总压力等于其中各组分气体分压力之和，这个规律称为道尔顿分压定律(Dalton partial-pressure law)。道尔顿分压定律只适用于理想气体，由于实际气体存在分子间作用力，该定律会出现偏差。所谓分压，就是指相同温度下各组分气体单独占据与混合气体相同体积时所呈现的压力。道尔顿分压定律可用数学式表示为：

$$p = p_1 + p_2 + \cdots + p_i = \sum p_i \tag{1-2}$$

式中，p 为混合气体的总压力；p_1，$p_2 \cdots p_i$ 为气体 1，2 $\cdots i$ 的分压。

每一种理想气体单独存在时，

$$p_1 V = n_1 RT$$

$$p_2 V = n_2 RT$$

$$\cdots$$

$$p_i V = n_i RT \tag{1-3}$$

以上各式相加得

$$(p_1 + p_2 + \cdots + p_i)V = (n_1 + n_2 + \cdots + n_i)RT \tag{1-4}$$

混合后的气体仍为理想气体，设混合后气体的总压力为 p，混合后气体的总物质的量为 n，则有

$$pV = nRT \tag{1-5}$$

式(1-3)除以式(1-5)得

$$\frac{p_i}{p} = \frac{n_i}{n} = x_i \tag{1-6}$$

式中，x_i 表示 i 组分气体的物质的量分数。

根据式(1-6)得

$$p_i = p x_i \tag{1-7}$$

可见，混合气体中 i 组分的分压等于混合气体总压力与该 i 组分的物质的量分数的乘积。这是气体分压定律的另一种表达方式。

(2)阿马格分体积定律

在实际应用中，混合气体的组成常用各组分气体的体积分数来表示。把混合气体分离成各个单独组分，并使其与混合气体具有相同的压力，此时该组分气体所占有的体积称为该组分的分体积。在 T、p 一定时，混合气体的体积等于组成该混合气体的各组分气体的分体积之和，这就是阿马格(Amagat)分体积定律。阿马格分体积定律可用下式表示：

$$V = V_1 + V_2 + \cdots + V_i = \sum V_i \tag{1-8}$$

根据式(1-1)可得

$$V = nRT/p$$
$$V_i = n_i RT/p$$

两式相除得

$$\frac{V_i}{V} = \frac{n_i}{n} = x_i \tag{1-9}$$

式中，将 $\frac{V_i}{V}$ 称为组分 i 的体积分数，也等于组分 i 的物质的量分数。

根据式(1-9)通过气体体积分数可以计算出气体组分的分体积 V_i。再结合式(1-7)，又可得到气体组分的分压力。

混合理想气体的分压定律和分体积定律不仅适用于混合气体，对于液面上的蒸气部分也适用。例如，用排水集气法收集气体，所收集的气体含有水蒸气，因此容器内的压力是气体分压与水的饱和蒸气压之和。而水的饱和蒸气压只与温度有关，那么所收集气体的分压为：

$$p(气) = p(总) - p(水)$$

【例 1-3】1 mol O_2 和 2 mol H_2 混合于 10 L 容器中，设混合气体的温度为 300 K，试计算：(1)两组分气体的分压；(2)混合气体的总压；(3)两组分气体的分体积。

解：(1) 根据公式 $p_i = n_i RT/V$

O_2 的分压 $p(O_2) = (1 \text{ mol} \times 8.314 \text{ kPa} \cdot \text{L} \cdot \text{mol}^{-1} \cdot \text{K}^{-1} \times 300 \text{ K})/10 \text{ L} = 249.42 \text{ kPa}$

H_2 的分压 $p(H_2) = (2 \text{ mol} \times 8.314 \text{ kPa} \cdot \text{L} \cdot \text{mol}^{-1} \cdot \text{K}^{-1} \times 300 \text{ K})/10 \text{ L} =$

498.84 kPa

(2)混合气体的总压 $p = p(O_2) + p(H_2) = 249.42 \text{ kPa} + 498.84 \text{ kPa} = 748.26 \text{ kPa}$

(3)由 $\dfrac{n_i}{n} = \dfrac{V_i}{V} = x_i$，可得 $V_i = x_i V$

O_2 的分体积 $V(O_2) = 10 \times 1/3 = 3.33 \text{ L}$

H_2 的分体积 $V(H_2) = 10 \times 2/3 = 6.67 \text{ L}$

1.1.2 液体

1.1.2.1 液体的基本特征

与气体相比，液体也没有固定的外形，有一定的流动性和掺混性，但是液体有确定的体积，不容易被压缩。液体里分子的运动比气体时慢得多，分子间的吸引力也大得多，以使分子保持在一定的体积内活动，它的压缩系数也比较小。由于液体里分子的移动受到限制，因而液体的黏度比气体时要大。液态物质的性质介于气态物质和固态物质之间。人们对液体的结构了解甚少，对液体性质的研究还有待深入。

1.1.2.2 气-液平衡

置于敞口容器中的水，一段时间后会发现其体积减小，这是水分子由液态转为气态的结果。这种液体变成蒸气或气体的过程叫作液体的蒸发。液体的蒸气压随着温度的升高迅速增大。当蒸气压与外界大气压相等时，气化在整个液体中进行，这一过程叫沸腾。所以，沸腾是整个液体的气化，而蒸发仅是液体表面的气化。如果在密闭容器中，液体蒸发的同时还存在蒸气分子因碰撞器壁或液面而重新进入液体内的过程，这个过程叫作气体的凝聚(或液化)。

任何气体的液化都必须在降低温度或降温同时增加压力的条件下才能实现。这是因为降温可以减小分子的动能，从而增大分子间的引力；而加压则可减小分子间距离，从而增大分子间的引力。因此，当降温或同时加压到一定程度，分子间引力大到足以使该物质达到液体运动状态时，气体就液化了。这个在加压下使气体液化所需的最高温度叫临界温度，用 T_c 表示。每一种气体都有一特征的 T_c，如氮气是 126.1 K，二氧化碳是 304.2 K，氧气是 154.6 K，氦是 5.2 K。

(1)液体的蒸气压

假定把液体置于密闭容器并维持一定温度，当液体开始蒸发以后，蒸气分子即占据液面的上空，在此空间内做无序运动，当低能分子撞到液面时会被拉回到液体中，即蒸发和冷凝两个过程同时进行。随着蒸发的进行，蒸气分子逐渐增多，冷凝的速率也逐渐增大。当冷凝速率与蒸发速率相等时，液体中和蒸气中的分子数都不再改变，体系达到了一种平衡状态。这时蒸气所产生的压力叫作饱和蒸气压，简称蒸气压(vapor pressure)。

液体的饱和蒸气压是液体的重要性质，它仅与液体的本质和温度有关，而与液体的数量以及液面上空间的体积无关。

蒸气压是温度的函数，对同一液体来说，若升高温度，则分子的动能增加，液体表面分子逸出液面的机会增大，因而蒸气压提高，气体分子返回液面的数目也随之增多，直至建立起一个新的平衡状态；反之，若降低温度则蒸气压降低。图 1-1 表示了几种液体在不同温度下蒸气

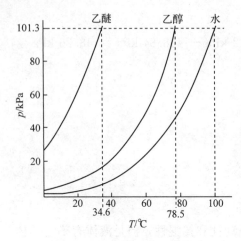

图 1-1　几种液体的蒸气压曲线

压的变化情况。由图可知，根据实测的蒸气压对温度作图得到的是一条对数曲线，叫作蒸气压曲线。

在一定温度下，改变容器的体积时，蒸气压并不改变。也就是说，蒸气压的大小与体积无关。这是因为容器体积增大时，蒸气的密度变小，随之冷凝的速度也减小。只有从液体中蒸发出更多的分子，才能维持该体系平衡。在新的平衡下，蒸气压仍然保持原来的大小。反之，如果容器体积缩小，蒸气的密度变大，冷凝的速率也相应变大。蒸气中会冷凝出更多的分子来维持平衡状态，使蒸气压达到原来的大小。所以，在一定温度下蒸发-冷凝平衡总是维持着一定的蒸气密度，而蒸气压的大小同蒸气所占体积就没关系了。因此，与液体处于平衡的蒸气不能用理想气体状态方程。

可见，蒸气压是物质的一种性质，温度一定时，蒸气压就是一个固定的值（不论是在开口容器还是在密闭容器中）。但测量蒸气压必须在密闭容器中，而且要在气液共存的情况下。

（2）液体的沸点

液体的沸点（boiling point）是指液体的蒸气压等于外界大气压时的温度。显然，液体的沸点同外界气压有关。若外界气压升高，液体的沸点也升高；反之，外界气压降低，液体的沸点也降低。当外界气压为 101.325 kPa 时，液体的沸点称为正常沸点。例如，水的正常沸点是 373.15 K（100 ℃）（现经精确测定为 373.125 K），而在 96.3 kPa 时水的沸点为 371.75 K，106.3 kPa 时水的沸点变成 374.55 K。

液体沸腾过程中，液体内部总会生成许多气泡浮至液面释放到蒸气中去。液体内部的气泡产生时必须克服液柱静压力和表面张力。只有气泡内的压力大于外界压力时，气泡才能存在。为此，要将液体温度升至沸点以上才能够生成气泡，气泡生成以后，液体便沸腾了。这种温度超过沸点而尚未沸腾的现象叫作"过热"。所以，在实验室中加热液体时常放几块小的沸石或带有棱角的碎瓷片，防止过热现象的发生。

（3）水的相图

为了表示水的固、液、气三态的相互转化关系，以压力为纵坐标，温度为横坐标作图，得到水的状态、温度与压力之间的关系图，称为水的相图（图 1-2）。下面就相图的组成和意义进行分析。

① 图中 OA、OB 和 OC 分别表示固-气、固-液和液-气两相共存时的两相平衡曲线，每条线上的点表示处于两相平衡状态时的温度和压力。OA 表示冰的升华线，OB 表示冰的熔化曲线，OC 表示水的蒸气压曲线。

② OC 线不能任意延长，它终止于临界点 C（647 K、21 886.2 kPa）。在临界点时液体的密度与蒸气的密度相等，此时液态和气态之间的界面消失。OA 线在理论上可延长到绝对零度附近。OB 线不能无限向上延长，大约从 2.026×10^5 kPa 开始，相图变得比较复杂，有不同

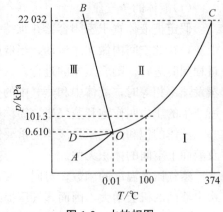

图 1-2　水的相图

结构的冰生成。OB 线是向左倾斜的，它表明水的凝固点随着压力的增大而降低。这是由于水从液态变成固态时体积要增大。从它们的摩尔体积 V_m 来看，273.15 K 时 $V_{m(水)} = 18.00 \ cm^3 \cdot mol^{-1}$，而 $V_{m(冰)} = 19.63 \ cm^3 \cdot mol^{-1}$。当压力增大时就要限制其体积的扩张，此时有利于液态水的存在。只有降低温度才能保持冰水共存。因此，增大压力，水的凝固点降低。

③ 在 101.325 kPa 下，373.15 K（100 ℃）时水就沸腾了。此时水与水蒸气达成了两相平衡，它必然处在 OC 线上。如果压力维持在 101.325 kPa，继续升高温度则液体水不复存在，体系中只有水蒸气，即相图中 I 区（气相区）。若维持温度为 373.15 K 而加大压力，水蒸气则全变成水，在相图中 OC 线上面的 II 区（液相区）。OA 与 OB 两条线所包围的是 III 区（固相区），这个区内只有冰存在。相图中曲线所包围的 I、II、III 区只能是一个相存在，叫单相区。

④ O 点是三条线的交点，是水蒸气、水和冰三者共存的相平衡点，称为三相点。三相点的温度和压力皆由体系自定，不能任意改变。水的三相点的温度是 273.16 K（0.01℃），压力是 610.5 Pa。

⑤ OD 是 OC 的延长线，是水和水蒸气的亚稳平衡线，代表过冷水的饱和蒸气压与温度的关系曲线（在液体凝固时，常常要将温度降低至凝固点以下才能出现晶体，这种现象叫过冷现象，此时的液体叫过冷液体）。OD 线在 OA 线之上，它的蒸气压比同温度下处于稳定状态的冰的蒸气压大，因此过冷水处于不稳定状态。

1.1.3　固体

固体具有固定的形状和体积，不能流动。这表明固体内分子、离子或原子间有很强的作用力，使固体表现出一定程度的刚性和很小的可压缩性。固体内部的粒子不能自由移动，只能在一定位置上做热振动。固体一般可分为晶体和非晶体两大类。

1.1.3.1　晶体

晶体（crystal）即是其内部结构的质点（分子、原子、离子）在三维空间做有规律的周期性重复排列所形成的物质。从宏观上看，晶体都有自己独特的、集合多面体的形状，如食盐呈立方体，冰呈六角棱柱体，明矾呈八面体等。晶体的一个基本特性是各向异性，在不同的方向上有不同的物理性质，如力学性质（硬度、弹性模量等）、热学性质（热膨胀系数、导热系数等）、电学性质（介电常数、电阻率等）、光学性质（吸收系数、折射率等）。晶体有固定的熔化温度——熔点（或凝固点）。晶体的分布非常广泛，自然界的固体物质中，绝大多数是晶体。气体、液体和非晶体物质在一定的合适条件下也可以转变成晶体。

1.1.3.2　非晶体

非晶体是指组成物质的分子（或原子、离子）不呈空间有规则周期性排列的固体。它没有一定规则的外形，如玻璃、松香、石蜡等。它的物理性质在各个方向上是相同的，叫"各向同性"。它没有固定的熔点。所以有人把非晶体叫作"过冷液体"或"流动性很小的液体"。具有一定的熔点是一切晶体的宏观特性，也是晶体和非晶体的主要区别，它是一个正在发展中的新的研究领域，并得到迅速的发展。

1.2 分散系(Dispersed System)

1.2.1 分散系的概念

一种或几种物质分散在另一种物质中构成的混合体系称为分散系。例如，糖分散在水中成为糖水；水滴分散在空气中形成雾；奶油、蛋白质和乳糖分散在水中形成牛奶；黏土粒子分散在水中成为泥浆等都是分散系。在分散系中，被分散开的物质称为分散质(或分散相)，它是不连续的；容纳分散质的物质称为分散剂(或分散介质)，它是连续的部分。在上述的例子中，如糖水，糖是分散质，水是分散剂；又如牛奶，奶油油珠是分散质，水是分散剂。

1.2.2 分散系的分类

分散质与分散剂存在气、液、固三种聚集状态。所以分散系可分为九类，见表1-1。

表 1-1　按聚集状态分类的各种分散系

分散质	分散剂	分散系实例
气	气	空气、家用煤气
液	气	云、雾
固	气	烟、灰尘
气	液	泡沫、汽水
液	液	牛奶、豆浆、农药乳浊液
固	液	泥浆、油漆
气	固	泡沫塑料、乳石
液	固	肉冻、硅胶
固	固	红宝石、合金、有色玻璃

若按分散质粒子直径大小进行分类，则可以将分散系分为三类，见表1-2。

表 1-2　分散系按分散质粒子的大小分类

分散系类型	粗分散系	胶体分散系		分子分散系
颗粒大小	>100 nm	1~100 nm		<1 nm
		高分子溶液	溶胶	
分散质存在形式	分子的大聚集体	大分子	小分子的聚集体	小分子、离子或原子
主要性质	不稳定	很稳定	稳定	最稳定
	多相	单相	多相	均相
	普通显微镜可见	超显微镜可见		电子显微镜也不可见
	不能透过滤纸	能透过滤纸，不能透过半透膜		能透过半透膜
实　例	泥浆	血液	$Fe(OH)_3$ 溶胶	糖水

上述液态均相系统就是常说的溶液。例如，蔗糖水溶液、食盐水溶液，还有人们日常生活用水就是含有一定矿物质的水溶液，生物体内的各种生理、生化反应也都主要是在以水为溶剂的溶液系统中进行的。

1.3　溶液(Solution)

从分散系的角度看，物质以分子、原子或离子状态分散于另一种物质中所构成的均匀而又稳定的单相体系叫作溶液。按溶液所处的状态可以有气体溶液、液体溶液和固体溶液。如空气可看成是 O_2 溶于 N_2 中的气体溶液；5%的金属 Ni 溶于 Cu 中所铸成的镍币是固体溶液。但最重要的还是液体溶液。

1.3.1　溶液的组成

组成溶液的分散质叫溶质，分散剂叫溶剂。水是最常用的溶剂，如无特殊说明，通常所说的溶液即指水溶液。在一定量溶剂或溶液中所含溶质的量叫作溶液的浓度。我们用 A 表示溶剂，用 B 表示溶质，常用的浓度表示方法有如下几种。

1.3.1.1　质量分数

溶液中某一组分的质量 $m(B)$ 与溶液总质量 m 之比。其数学表达式为

$$\omega(B) = \frac{n(B)}{m} \tag{1-10}$$

式中，$\omega(B)$ 为溶质的质量分数，量纲为 1；$m(B)$ 为溶质的质量，m 为溶液的质量，单位为 μg、mg、g、kg 等。

在实际应用中，常常遇到一些极稀的溶液，如污水和食物中所含的微量成分的分析，土壤和植物体内养分的测定等，若用量纲为 1 的质量分数表示，则使用和计算都极不方便，此时通常用每千克溶液中所含多少毫克的溶质来表示，单位为 $mg \cdot kg^{-1}$。在更稀的溶液中，表示痕量组分的浓度时，采用每千克溶液中所含多少微克的溶质来表示，单位为 $\mu g \cdot kg^{-1}$。以 $mg \cdot kg^{-1}$、$\mu g \cdot kg^{-1}$ 表示的溶液都是极稀溶液。

1.3.1.2　以物质的量表示溶质含量的浓度

(1) 物质的量浓度

物质的量浓度 $c(B)$ 是指单位体积溶液中所含溶质 B 的物质的量 $n(B)$，用符号 $c(B)$ 表示，即

$$c(B) = \frac{n(B)}{V} \tag{1-11}$$

式中，$n(B)$ 为溶质的物质的量，单位为 mol；V 为溶液的体积，单位为 L。所以浓度 $c(B)$ 的单位为 $mol \cdot L^{-1}$。

【例 1-4】将 36 g HCl 溶于 64 g H_2O 中，配成溶液，所得溶液的密度为 1.19 $g \cdot mL^{-1}$，$c(HCl)$ 为多少？

解：$c(HCl) = \dfrac{n(HCl)}{V} = \dfrac{m(HCl)/M(HCl)}{m(总)/\rho}$

$$= \frac{36 \text{ g}/36.46 \text{ g} \cdot mol^{-1}}{(36+64)\text{g}/1.19 \text{ g} \cdot mL^{-1}} = 11.75 \text{ mol} \cdot L^{-1}$$

(2) 质量摩尔浓度

质量摩尔浓度是指每千克溶剂中所含溶质 B 的物质的量 $n(B)$，常用 $b(B)$ 表示，其数学表

达式为

$$b(B) = \frac{n(B)}{m(A)} \tag{1-12}$$

式中，$n(B)$ 为溶质的物质的量，单位为 mol；$m(A)$ 溶剂的质量，单位为 kg。所以质量摩尔浓度的单位为 $mol \cdot kg^{-1}$。

（3）物质的量分数（又称摩尔分数）

溶液中某一组分 i 的物质的量 n_i 与全部溶液的物质的量 n 之比称为该物质的摩尔分数，用 x_i 来表示。

$$x_i = \frac{n_i}{n} \tag{1-13}$$

对于一个两组分溶液体系来说，溶质的摩尔分数与溶剂的摩尔分数分别为：

$$x(B) = \frac{n(B)}{n(A) + n(B)} \qquad x(A) = \frac{n(A)}{n(A) + n(B)}$$

式中，$n(A)$ 为溶剂的物质的量，单位为 mol；$n(B)$ 为溶质的物质的量，单位为 mol。

显然，对两组分体系有 $x(A) + x(B) = 1$。同理，多组分体系中有 $\sum x_i = 1$。

用质量摩尔浓度和摩尔分数表示溶液的浓度时，与体积无关，故它们不随温度而改变。研究性质时与温度无关。所以溶液浓度常用质量摩尔浓度和摩尔分数表示。各种浓度之间可以换算。

【例 1-5】 有质量分数为 0.20 的 KCl 溶液，试计算溶质 KCl 的质量摩尔浓度和 KCl 的物质的量分数。

解： 假设 1 g 的溶液，溶质 KCl 的质量摩尔浓度计算：

$$n(KCl) = \frac{m(KCl)}{M(KCl)} = \frac{0.20 \text{ g}}{74.5 \text{ g} \cdot mol^{-1}} = 2.7 \times 10^{-3} \text{ mol}$$

$$m(H_2O) = (1.0 - 0.20) \times 10^{-3} kg = 8.0 \times 10^{-4} kg$$

$$b(KCl) = \frac{2.7 \times 10^{-3} \text{ mol}}{8.0 \times 10^{-4} \text{ kg}} = 3.4 \text{ mol} \cdot kg^{-1}$$

KCl 的物质的量分数计算：

$$n(H_2O) = \frac{m(H_2O)}{M(H_2O)} = \frac{0.80 \text{ g}}{18.0 \text{ g} \cdot mol^{-1}} = 0.044 \text{ mol}$$

所以

$$x(KCl) = \frac{n(KCl)}{n(KCl) + n(H_2O)} = \frac{2.7 \times 10^{-3} \text{ mol}}{2.7 \times 10^{-3} mol + 0.044 \text{ mol}} = 0.057$$

1.3.2 稀溶液的依数性

溶液有两类不同的性质，一类取决于溶质的本性，如溶液的颜色、密度、体积、导电性、酸碱性等；而另一类性质仅与溶质的量有关，而与溶质的本性无关，如溶液的蒸气压下降、沸点升高、凝固点降低和渗透压，这些性质仅决定于溶质的独立质点数，即溶液的浓度。而且溶液越稀，这种性质表现得越有规律。因而把这些性质叫作稀溶液的依数性。当溶质是电解质或非电解质的浓溶液时，就不遵守上述依数性规律。所以，依数性规律是难挥发的非电解质稀溶液的共性。

1.3.2.1　溶液的蒸气压下降

任何纯液体在一定温度下都具有一定的饱和蒸气压。此时蒸发与冷凝达到动态平衡。如向置于密闭容器的纯溶剂中加入适量难挥发的非电解质溶质时，在同一温度下，溶液的蒸气压总是低于纯溶剂的蒸气压，这种现象称为溶液的蒸气压下降。产生这种现象的原因是难挥发的非电解质溶质溶入溶剂后，每个溶质分子与若干个溶剂分子相结合，形成了溶剂化分子，溶剂化分子一方面束缚了一些能量较高的溶剂分子，另一方面占据了溶液的部分表面，结果使得单位面积上溶剂的分子数减少了，使单位时间内从溶液表面逸出液面的溶剂分子数比纯溶剂少。当达到平衡时，在同一温度下，难挥发物质溶液的蒸气压必然低于纯溶剂的蒸气压。显然，溶液浓度越大，蒸气压降低得越多。

1887 年，法国化学家拉乌尔(Raoult)根据一系列实验结果提出：在一定温度下，难挥发非电解质稀溶液的蒸气压 p 等于纯溶剂的饱和蒸气压 p^* 与溶剂的摩尔分数 $x(A)$ 的乘积。这就是拉乌尔定律。它可用下式来表达：

$$p = p^* \cdot x(A) \tag{1-14}$$

式中，p 为溶液的蒸气压；p^* 为纯溶剂的饱和蒸气压；$x(A)$ 为溶剂的摩尔分数。

因为 $x(A) + x(B) = 1$，所以

$$p = p^* \cdot x(A) = p^* \cdot [1 - x(B)] = p^* - p^* \cdot x(B)$$

又因　$p^* - p = \Delta p$，所以

$$\Delta p = p^* \cdot x(B) \tag{1-15}$$

拉乌尔定律的另一种表述是：在一定温度下，难挥发非电解质稀溶液的蒸气压下降 Δp 和溶质的摩尔分数 $x(B)$ 成正比。拉乌尔定律只适用于非电解质的稀溶液，在稀溶液中：

$$x(B) = \frac{n(B)}{n(A) + n(B)} \approx \frac{n(B)}{n(A)}$$

这是由于当溶液很稀时 $n(A) \gg n(B)$，所以

$$\Delta p = \frac{n(B)}{n(A)} \cdot p^*$$

在一定温度下，对一种溶剂来说 p^* 为定值。若溶剂为 1 000 g，溶剂的摩尔质量为 M_A，则

$$x(B) = \frac{n(B)}{n(A)} = \frac{b(B) \cdot M(A)}{1\ 000}$$

$$\Delta p = \frac{n(B)}{n(A)} \cdot p^* = p^* \cdot \frac{b(B) \cdot M(A)}{1\ 000} = K \cdot b(B) \tag{1-16}$$

式中，K 是一个常数，其物理意义是 $b(B) = 1\ \text{mol} \cdot \text{kg}^{-1}$ 时溶液的蒸气压下降值。

科学研究表明，植物的抗旱性和溶液的蒸气压下降有关。当温度升高时，植物细胞中的有机体就会产生大量的可溶物(主要是可溶性糖类等小分子物质)来提高细胞液的浓度，使蒸气压下降程度增大，水分蒸发减少，表现出植物的抗旱能力强。

【例 1-6】已知 100 ℃时水的饱和蒸气压为 101.325 kPa，溶解 3.00 g 尿素[$CO(NH_2)_2$]于 100 g 水中，计算该溶液的蒸气压。

解：尿素的摩尔质量为 $M = 60.0\ \text{g} \cdot \text{mol}^{-1}$，尿素及水的物质的量分别为

$$n(B) = 3.00\ \text{g}/60.0\ \text{g} \cdot \text{mol}^{-1} = 0.050\ \text{mol}$$

$$n(水) = 100\ \text{g}/18.0\ \text{g} \cdot \text{mol}^{-1} = 5.55\ \text{mol}$$

代入式(1-16)得

$$\Delta p = p^* \cdot \frac{n(B)}{n(A)+n(B)} = \frac{0.050\ \text{mol}}{0.050\ \text{mol}+5.55\ \text{mol}} \times 101.325\ \text{kPa} = 0.904\ \text{kPa}$$

$$p = p^* - \Delta p = 101.3\ \text{kPa} - 0.904\ \text{kPa} = 100.4\ \text{kPa}$$

因此，100 ℃时该尿素溶液的蒸气压为 100.4 kPa。

1.3.2.2 溶液的沸点升高

液体的沸点是指液体的蒸气压等于外界大气压时的平衡温度。一切纯净的物质都有一定的沸点，溶液则不一定。由于难挥发非电解质的稀溶液的沸点比纯溶剂高。这是由于溶液蒸气压下降引起的，我们以水为溶剂来讨论。

如图 1-3，图中 AB 为纯溶剂水的蒸气压曲线，$A'B'$ 为稀溶液的蒸气压曲线，AA' 为冰的蒸气压曲线。观察发现纯水的蒸气压等于外界大气压(假设外界大气压为标准大气压 101.325 kPa)时，所对应的沸腾温度为 373.15 K，即水的沸点为 373.15 K(100 ℃)。若在水中加入难挥发性溶质时，溶液的蒸气压下降，在 373.15 K 时，溶液的蒸气压低于外界大气压(101.325 kPa)，因而水溶液不能沸腾。为了使溶液的蒸气压等于外界大气压(101.325 kPa)，只有继续升高温度，直到使溶液的蒸气压达到外界大气压(101.325 kPa)时，溶液才能沸腾，此时，溶液的温度已高于 373.15 K(100 ℃)。因此，溶液的沸点高于纯溶剂的沸点。

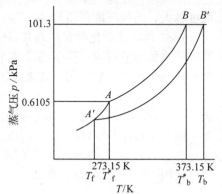

图 1-3 稀溶液的沸点升高和凝固点降低

若 T_b^*、T_b 分别为纯溶剂的沸点和溶液的沸点，则沸点升高为 ΔT_b。

$$\Delta T_b = T_b - T_b^*$$

难挥发非电解质稀溶液的沸点升高值 ΔT_b 也应只与溶液浓度有关，与溶质本性无关。可表示为：

$$\Delta T_b = K_b \cdot b(B) \tag{1-17}$$

式中，K_b 为溶剂沸点升高常数，单位为 K·kg·mol^{-1}；K_b 只取决于溶剂本身的性质，而与溶质无关，不同溶剂的 K_b 值不同。表 1-3 列出了几种常用溶剂的沸点升高常数和凝固点降低常数 K_f。

表 1-3　几种常见溶剂的 K_b 和 K_f 值

溶剂	沸点 T_b^*/K	K_b/K·kg·mol^{-1}	凝固点 T_f^*/K	K_f/K·kg·mol^{-1}
水	373.15	0.512	273.15	1.86
苯	353.15	2.53	278.5	5.12
乙酸	390.9	3.07	289.6	3.90
四氯化碳	349.7	5.03	250.2	29.8

由上可知，难挥发非电解质稀溶液的沸点升高与溶液的质量摩尔浓度成正比。

【例 1-7】373.15 K 时使 0.02 mol 蔗糖溶于 0.98 mol 水中，溶液的沸点为多少？

解： 该蔗糖水溶液的质量摩尔浓度为

$$b(B) = \frac{0.02\ \text{mol} \times 1\ 000}{0.98\ \text{mol} \times 18\ \text{g} \cdot \text{mol}^{-1}} = 1.134\ \text{mol} \cdot \text{kg}^{-1}$$

水的 $K_b=0.512$ K·kg·mol^{-1}

由 $\Delta T_b=K_b \cdot b(B)$ 得

$$\Delta T_b=1.134 \text{ mol}\cdot\text{kg}^{-1}\times0.512 \text{ K}\cdot\text{mol}^{-1}\cdot\text{kg}=0.590 \text{ K}$$

此溶液的沸点为 373.15 K+0.590 K=373.74 K，即 100.59 ℃。

1.3.2.3　溶液的凝固点下降

凝固点(freezing point)是指液体的蒸气压与固体的蒸气压相等时，固液两相平衡共存时的温度。当外压是标准压力时的凝固点称为正常凝固点。如水的正常凝固点(也称冰点)在标准压力(101.325 kPa)下是 273.15 K(0 ℃)。此时，液相水和固相冰的蒸气压相等，冰与水能够平衡共存。对于难挥发的非电解质溶液在凝固时只有溶剂结冰，且溶质不进入固相。所以，溶液的凝固点就是溶液的液相与溶剂固相两相平衡时的温度，此时溶液的蒸气压与溶剂固体的蒸气压相等。

由图 1-3 可知，纯水的凝固点是 273.15 K，这时液态水的蒸气压与固态冰的蒸气压相等。当在 0 ℃ 的冰水平衡系统中加入难挥发的非电解质后，势必引起溶液的蒸气压下降，低于 0.610 5 kPa，而对于溶剂的固态物质冰的蒸气压则不会改变，即冰的蒸气压高于溶液的蒸气压，因此，两相不能平衡共存，于是冰就融化了。由于冰的蒸气压下降速度比水溶液的蒸气压下降速度要大，因此只有将温度降到比 273.15 K 更低的温度 T_f 时，冰的蒸气压和溶液的蒸气压才会重新相等。显然，溶液的凝固点 T_f 总是比纯溶剂的凝固点 T_f^* 要低($\Delta T_f=T_f^*-T_f$)。溶液的凝固点降低的程度取决于溶液的浓度，难挥发的非电解质稀溶液的凝固点下降 ΔT_f 与溶液的质量摩尔浓度 $b(B)$ 成正比。即

$$\Delta T_f=K_f \cdot b(B) \tag{1-18}$$

式中，K_f 为溶剂凝固点降低常数，单位为 K·kg·mol^{-1}。K_f 也只取决于溶剂的性质，而与溶质的性质无关。常见溶剂的 K_f 见表 1-3。

【例 1-8】溶解 0.500 g 非电解质物质于 80.0 g 苯中，测得此苯溶液的凝固点为 278.01 K，求该物质的摩尔质量。(已知纯溶剂苯的凝固点为 278.5 K)

解： 由式(1-18)得

$$\Delta T_f=K_f \cdot b(B)=K_f \cdot \frac{m(B)}{m(A)M(B)}$$

$$278.50 \text{ K}-278.01 \text{ K}=5.12 \text{ K}\cdot\text{kg}\cdot\text{mol}^{-1}\times\frac{0.500 \text{ g}}{80.0\times10^{-3} \text{ kg}\times M(B)}$$

$$M(B)=65.3 \text{ g}\cdot\text{mol}^{-1}$$

该物质的摩尔质量为 65.3 g·mol^{-1}。

【例 1-9】将 0.749 g 谷氨酸溶于 50.0 g 水中，测得凝固点为 272.96 K，计算谷氨酸的摩尔质量。

解： 设谷氨酸的摩尔质量为 M，$\Delta T_f=T_f^*-T_f=273.15 \text{ K}-272.96 \text{ K}=0.188 \text{ K}$

根据 $\Delta T_f=K_f \cdot b(B)$

$$0.188 \text{ K}=1.86 \text{ K}\cdot\text{kg}\cdot\text{mol}^{-1}\times\frac{0.749 \text{ g}}{M\times50.0\times10^{-3} \text{ kg}}$$

$$M=148 \text{ g}\cdot\text{mol}^{-1}$$

由此可见,根据溶液的沸点升高和凝固点降低,可以测定物质的摩尔质量。由于 $K_f > K_b$,实验相对误差较小,且在凝固点时有晶体析出,现象明显,易于观察,因此除蛋白质等高分子物质,利用凝固点降低法测定溶质的相对摩尔质量应用很广泛。

溶液的蒸气压下降、沸点升高和凝固点降低的理论在实际生活中有广泛的应用。例如,海水在高于 373 K 才能沸腾;植物体内细胞中有许多可溶物(氨基酸、糖等),当外界温度降低时,有机体细胞中,会强烈地发生糖类等可溶物质的溶解,使细胞汁液的浓度增大,蒸气压下降,减少蒸发,凝固点降低,从而使植物表现出一定的抗旱性和抗寒性。根据凝固点降低的原理,常用冰盐混合物作制冷剂。在 100 g 冰中加入 30 g 食盐可获取 $T = 250$ K 的低温。氯化钙和冰的混合物最低温度可达 218 K,用于水产和食品的贮藏和运输。在严寒的冬天,为防止汽车水箱冻裂常在水箱中加入甘油或乙二醇等物质作防冻剂,用氯化钙或氯化钠清除公路上的积雪等全是应用溶液凝固点降低的原理。

1.3.2.4　溶液的渗透压

如果把一杯浓蔗糖溶液和一杯水混合,由于分子的扩散作用,片刻后就得到均匀的稀蔗糖溶液。但如果将带有半透膜的玻璃漏斗(所谓半透膜是一种具有选择性的只允许溶剂分子通过,而不容许溶质分子通过的多孔性薄膜,如动物的膀胱膜、肠膜、植物细胞原生质膜、人造羊皮纸等都可以作半透膜),倒扣在盛有纯水的烧杯中,且玻璃漏斗中装有蔗糖浓溶液。经过一段时间后,可以观察到烧杯中纯水液面下降,而漏斗中蔗糖溶液的液面上升。当蔗糖溶液液面上升了某一高度 h 时,水分子从两个相反方向通过半透膜的速率相等,此时水柱高度不再改变,渗透处于平衡状态。我们把溶剂分子通过半透膜进入溶液的自发过程称之为渗透现象(或渗透作用),如图 1-4 所示。

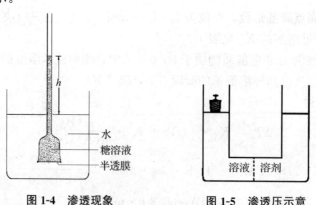

图 1-4　渗透现象　　　　图 1-5　渗透压示意

若在蔗糖水溶液液面上方加一活塞,并加一恰好阻止水分子渗透的压力,这个压力称为渗透压(等于平衡时玻璃管内液面高度所产生的静水压力),如图 1-5 所示。渗透压用符号 Π 表示,单位为 Pa 或 kPa。

一般来说,在一定温度下溶液浓度越大,其渗透压也越大。如果漏斗外不是纯水,而是比管内浓度较小的蔗糖溶液,水分子也会透过半透膜,自动地从稀溶液一方移向浓溶液,同样也可产生渗透现象。但是如果没有半透膜存在时,溶质分子将自动地从浓溶液一方移向稀溶液,此过程叫扩散。在半透膜存在时,半透膜阻止了扩散作用,才使渗透现象表现出来。因此,渗透压只有当半透膜存在时才能表现出来。当半透膜内外溶液浓度相差越大，渗透作用越强。当膜内外溶液浓度相等时，渗透作用便不会发生，这种渗透压相同的溶液称为等渗溶液。

1886 年，荷兰物理学家范特霍夫(Van't Hoff)总结大量实验结果后指出，对稀溶液来说，渗透压与溶液的浓度和温度成正比，它的比例常数就是理想气体状态方程式中的常数 R。这条规律称为范特霍夫定律，可表示为：

$$\Pi V = n(B)RT \quad 或 \quad \Pi = c(B)RT \tag{1-19a}$$

式中，Π 为渗透压，单位为 kPa；$c(B)$ 为溶液的物质量浓度，单位为 $mol \cdot L^{-1}$；R 为气体常数，$8.314\ kPa \cdot L \cdot mol^{-1} \cdot K^{-1}$；$T$ 为绝对温度，单位为 K。

当溶液很稀时，$c(B) \approx b(B)$，由(1-19a)可得

$$\Pi = b(B)RT \tag{1-19b}$$

可见，在一定温度下，稀溶液的渗透压与单位体积溶液中所含溶质的粒子数(分子或离子)成正比，而与溶质的本性无关。

通过测定溶液的渗透压，可以计算出物质的相对分子质量。如溶质的质量为 $m(B)$，测得渗透压为 Π，溶质的摩尔质量为 M，则

$$M(B) = \frac{m(B)RT}{\Pi V} \tag{1-20}$$

该方法主要用于测定如蛋白质等生物大分子的相对分子质量，比凝固点降低法灵敏。

【例 1-10】有一蛋白质的饱和水溶液，每升含有蛋白质 5.18 g。已知在 298.15 K 时，溶液的渗透压为 0.413 kPa，求此蛋白质的摩尔质量。

解：根据公式得

$$M(B) = \frac{m(B)RT}{\Pi V} = \frac{5.18\ g \times 8.314\ kPa \cdot L \cdot mol^{-1} \cdot K^{-1} \times 298.15\ K}{0.413\ kPa \times 1\ L}$$
$$= 31\ 090\ g \cdot mol^{-1}$$

【例 1-11】由实验测得人体血液的凝固点降低值 ΔT_f 是 0.56 K，求在体温 37℃ 时的渗透压。(已知 $K_f = 1.86\ K \cdot kg \cdot mol^{-1}$)

解：根据 $\Delta T_f = K_f \cdot b(B)$，得

$$b(B) = \frac{\Delta T_f}{K_f} = \frac{0.56\ K}{1.86\ K \cdot kg \cdot mol^{-1}} = 0.30\ mol \cdot kg^{-1}$$

当溶液很稀时，有 $c(B) \approx b(B)$，根据 $\Pi = c(B)RT$，得

$$\Pi = 0.30\ mol \cdot kg^{-1} \times 8.314\ kPa \cdot L \cdot mol^{-1} \cdot K^{-1} \times (273.15 + 37)K$$
$$= 773\ kPa$$

渗透不仅可以在纯溶剂与溶液之间进行，也可以在两种不同浓度的溶液之间进行。半透膜两侧浓度相等的溶液称为等渗溶液；半透膜两侧溶液浓度不相等，则渗透压不相等，渗透压高的溶液称为高渗溶液；反之，渗透压低的溶液称为低渗溶液。渗透是从稀溶液向浓溶液方向扩散。

渗透作用与动物及人体的生理活动密切相关。正常体温(37 ℃)下，人的血液平均渗透压约为 780 kPa，在进行人体注射或静脉输液时，应使用注射液的渗透压与人体内血液的渗透压基本相等的等渗溶液。如果输入高渗溶液，则红细胞中水分外渗，即产生皱缩；如果输入低渗溶液，水自外渗入，使红细胞膨胀甚至破裂，产生溶血现象。当吃咸的食物时就有口渴的感

觉，这是由于口腔味蕾处细胞中细胞渗透液渗出较多，激发神经系统产生反应，进而出现口渴，喝水后可以使渗透压降低。海洋中的动物不能生活在淡水中，反之亦然。

渗透现象在自然界和生物体内也广泛存在。一般植物细胞汁的渗透压约 2 000 kPa，所以水分可以从植物的根部运送到数十米的顶端。植物吸收土壤中的水分和养料也是通过渗透作用，只有当土壤溶液的渗透压低于植物细胞溶液的渗透压时，植物才能不断地从土壤中吸收水分和养料，促使本身生长，反之作物就枯萎。庄稼施肥过多会出现"浓肥烧死苗"的现象，这也是渗透压原理造成的。

如果外加在溶液上的压力超过了溶液的渗透压，则溶液中的溶剂分子可以通过半透膜向纯溶剂方向扩散，纯溶剂的液面上升，这一过程称为反渗透。利用反渗透作用从而达到浓缩溶液的目的。反渗透作用可用于海水、咸水的淡化，工业废水处理及浓缩溶液等。对某些不适合在高温条件下浓缩的物质，可以利用反渗透技术进行浓缩，如速溶咖啡和速溶奶粉的制造。

1.4 溶胶(Colloidal Solution)

按照前面所述分散系的分类，胶体分散系包括高分子溶液和溶胶，其中溶胶的分散质粒子是由大量的原子或分子聚集而成，其大小在 $1 \sim 100$ nm($nm = 10^{-9}$m)，如金溶胶、硫溶胶、氢氧化铁溶胶等。

1.4.1 溶胶的性质

1.4.1.1 光学性质

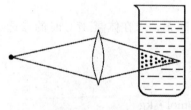

图 1-6 丁达尔现象

如果将一束强光照射到溶胶时，在与光束垂直的方向上可以看到一个圆锥形光柱，这种现象称为丁达尔(Tyndall)现象(图 1-6)。

当光线射到不同粒径的分散相颗粒上时，除了光的吸收之外，还可发生两种情况，如果分散质颗粒大于入射光波长，光就从粒子的表面上按一定的角度反射，在粒子大的悬浊液中可以观察到这种现象；如果颗粒小于入射光的波长，就会发生光的散射。发生光散射时，颗粒本身好像就是一个光源，向各个方向发射出光线，散射出来的光即乳光。溶胶中，胶粒粒子的直径在 $1 \sim 100$ nm，小于可见光的波长($400 \sim 760$ nm)，因此，可见光通过溶胶时发生了光的散射而产生丁达尔现象。如果颗粒太小，光的散射极弱，光线通过真溶液时则发生光的透射现象，没有丁达尔现象，故丁达尔现象是溶胶特有的光学性质。用丁达尔现象可鉴别小分子溶液(无丁达尔现象)、大分子溶液(丁达尔现象微弱)和溶胶(丁达尔现象强烈)。

1.4.1.2 动力学性质

在超显微镜下观察溶胶，可以看到溶胶颗粒不断地做无规则运动，这种现象称为布朗(Brown)运动，如图 1-7 所示。

布朗运动是分散介质的分子由于热运动不断地由各个方向同时撞击胶粒时，其合力未被相互抵消引起的，因此，在不同时间，指向不同的方向，形成了曲线运动。当然，胶体粒子本身也有热运动，人们观察到的实际上是胶体粒子本身热运动和分散剂分子对它撞击的总结果。

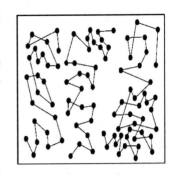

图 1-7　布朗运动

1.4.1.3　电学性质

在外电场作用下，分散相与分散介质发生相对移动的现象，称为溶胶的电动现象。电动现象是溶胶粒子带电的实验证据。电动现象主要有电泳(electrophoresis)和电渗(electroosmosis)两种。

（1）电泳

在外电场作用下，溶胶粒子在液体中做定向运动称为电泳。如果胶粒带正电，它就向阴极移动；若带负电则向阳极移动。在一个 U 形管下部装上新鲜的红棕色的 $Fe(OH)_3$ 溶胶，上面小心地加入少量水。使水和溶胶之间有一个明显的分界面，插入电极，通入直流电后，发现溶胶粒子向负极上升，而正极界面下降(图 1-8)。这表明 $Fe(OH)_3$ 溶胶粒子在电场作用下向负极移动，说明 $Fe(OH)_3$ 溶胶胶粒是带正电的，称之为正溶胶。用同样的实验方法发现 As_2S_3 溶胶向正极移动，表明 As_2S_3 溶胶粒子带负电。研究电泳现象不仅有助于了解胶粒的结构及带电性质，在生产和科研实验中也有许多应用。例如，根据不同蛋白质分子、核酸分子电泳速度不同来对它们进行分离，已成为生物化学中的一项重要实验技术。

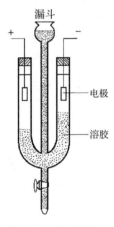

图 1-8　电泳装置

（2）电渗

与电泳现象相反，使溶胶粒子固定不动而分散介质在外电场作用下做定向移动的现象称为电渗。电渗在一种特制的装置中进行，把溶胶充满在具有多孔性物质中，使溶胶粒子被吸附固定(图 1-9)。在多孔性物质两侧施加电压后，如果胶粒带正电荷，则介质带负电荷，向正极移动；反之，介质带正电荷，向负极移动。观察毛细管中液面的升降情况，就可以分辨出介质移动的方向，从而判断胶粒所带的电荷。电渗实验通过测定分散介质所带电荷的电性可以判断溶胶粒子所带电荷的电性，因为溶胶粒子所带电荷的电性与分散介质所带电荷的电性是相反的。

电泳和电渗现象统称为电动现象。对电动现象的研究使我们了解到胶体粒子带什么电荷。

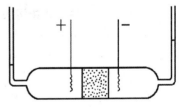

图 1-9　电渗装置

（3）胶体粒子带电的原因

① 吸附带电　胶体粒子具有很大的比表面，在液相中存在电解质时，胶体粒子会选择性地吸附与其组成相类似的离子而带电。例如，利用 $FeCl_3$ 水解制备 $Fe(OH)_3$ 胶体溶液时，Fe^{3+} 水解反应是分步进行的，除了得到 $Fe(OH)_3$ 以外，还有 FeO^+ 存在。

$$FeCl_3 + H_2O \rightleftharpoons Fe(OH)_3 + 3HCl$$
$$FeCl_3 + 2H_2O \rightleftharpoons Fe(OH)_2Cl + 2HCl$$
$$Fe(OH)_2Cl \rightleftharpoons FeO^+ + Cl^- + H_2O$$

按优先吸附规则，$Fe(OH)_3$ 优先吸附 FeO^+ 而带正电荷。

又如，H_2S 气体通到 H_3AsO_3 溶液中以制备 As_2S_3 溶胶时，

$$2H_3AsO_3 + 3H_2S \Longrightarrow As_2S_3 + 6H_2O$$

由于溶液中存在过量的 H_2S，它又会电离出 H^+ 和 HS^-，As_2S_3 优先吸附 HS^-，而带负电荷。

② 电离带电　胶体粒子表面上的分子可以电离，胶体粒子带有和扩散粒子符号相反的电荷。如硅酸溶胶，它是许多 H_2SiO_3 分子脱水聚合成的胶体粒子，表面上的 H_2SiO_3 分子电离。

$$H_2SiO_3 \Longrightarrow H^+ + HSiO_3^- \Longrightarrow 2H^+ + SiO_3^{2-}$$

SiO_3^{2-} 留在胶粒表面上而 H^+ 进入液相中，使得胶体粒子带负电荷。玻璃在水中也是如此，它表面上的 Na^+、Ca^{2+} 溶于水中而使其带负电。蛋白质在水溶液中的带电也是电离引起的。

电泳、电渗在实际工作中应用广泛。生物科学中用电泳来分离蛋白质及核酸，如正常血红蛋白中两处能离解的氨基酸被不能离解的氨基酸取代，成为不正常的血红蛋白，它比正常血红蛋白少两个电荷，是导致镰刀形细胞贫血这种遗传病的原因。用电泳法可将这两种血红蛋白分离。医疗上用电泳来检验病毒，陶瓷工业上用电泳制得高质量的黏土等。

1.4.2　溶胶的稳定性和聚沉

(1)溶胶的稳定性

溶胶系统是高度分散的多相体系，具有很大的表面能，是热力学不稳定性体系，有自发聚沉的趋势，不稳定性是绝对的，但实际上能相对稳定一段时间。溶胶的稳定性可以从动力学稳定性和聚结稳定性两方面来考虑。例如，把 $Fe(OH)_3$ 等分散在水中时，它们与水之间的表面能增加得很大，这就会使小颗粒聚集成大块而沉淀。既然如此，为什么这种分散体系能够暂时存在呢？这主要是因为：

① 溶胶动力稳定性　从动力学角度看，溶胶分散度很高，胶粒存在强烈的布朗运动克服了重力的作用，再加上扩散作用，从而阻止了胶体粒子的下沉，说明溶胶具有动力稳定性。

② 聚结稳定性　是指溶胶在放置过程中，不发生分散质粒子的相互聚结。溶胶的聚结稳定性主要取决于溶胶的胶团结构。一方面，是因为胶粒上都带有相同符号的电荷，它们只能接近到某一定距离，因此不会聚集在一起。这种由于胶体粒子电势的存在，而维持其稳定性即称为聚集稳定性。例如，As_2S_3 胶体，如果溶液中没有多余的 H_2S，也就没有 HS^-，这时溶胶就不复存在了。所以，溶胶中还必须有一些电解质，才能维持其稳定性。这些电解质叫作稳定剂。另一方面，由于胶核吸附电位离子，它们又对水分子具有强烈的吸引力，因而在固体表面上附着一层水，形成溶剂化保护膜。它既可以降低胶粒的表面，又可以阻止胶粒之间的接触，从而提高了溶胶的稳定性。双电层越厚，溶剂化膜越厚，溶胶越稳定。

(2)溶胶的聚沉

溶胶的稳定性是相对的，当溶胶的动力学稳定性与聚结稳定性遭到破坏时，胶粒就会相互碰撞而聚结沉降，此过程称为聚沉。

造成溶胶聚沉的因素很多，常见的促使胶粒聚沉的方法有以下几种：

① 加入电解质　溶胶对外加电解质非常敏感。这是因为加入电解质以后，大量的与胶粒

带相反电荷的离子也会被吸引到胶粒表面附近，使得吸附层变厚，扩散层变薄，而降低了电势。同时，由于反离子减少了胶粒所带电荷，使胶粒之间的静电斥力减弱，聚沉概率增加。例如，As_2S_3 是带负电荷的胶体，加入 $CaCl_2$ 时起作用的主要是 Ca^{2+} 离子。

② 溶胶的相互聚沉　带相反电荷的两种溶胶混合在一起时，也会发生聚沉作用，即相互聚沉。这种聚沉作用同电解质的聚沉作用不同之处在于两种溶胶用量应恰能使两者所带的总电荷量相同才能发生完全聚沉，如果两种溶胶的比例相差较大，则聚沉不完全。明矾净水就是由于明矾水解生成的带正电荷 $Al(OH)_3$ 胶体与带负电荷的泥土胶体的相互聚沉，从而使水变清。土壤的形成也是由于溶胶相互聚沉的结果。土壤溶液中有带正电荷的 $Fe(OH)_3$、$Al(OH)_3$ 胶体，也有带负电荷的硅酸和腐殖质等胶体，它们之间的相互聚沉形成了土壤的团粒结构。

③ 长时间加热　溶胶受热后，胶粒的运动加剧，且胶粒周围的溶剂化膜被破坏，胶粒表面的双电层变薄，溶胶颗粒间的碰撞聚结的可能性会大大增加。

对溶胶聚沉影响最大的是在溶胶中加入电解质。不同电解质对不同溶胶所表现的聚沉能力是不一样的，电解质对溶胶聚沉能力的大小可以用聚沉值表示。所谓聚沉值，是指使一定量的溶胶在一定时间内完全聚沉所需要电解质的最低浓度（$mmol \cdot L^{-1}$）。聚沉值越小，聚沉能力越大；反之，聚沉值越大，聚沉能力越小。

电解质对溶胶的聚沉规律主要有以下几点：

① 使一定量溶胶聚沉时所需电解质的浓度，由电解质中与胶粒电荷相反的离子价数决定。价数越高，则聚沉能力越强，聚沉值越小。这一规律称为舒耳策-哈迪（Schulze-Hardy）规则。例如，-1 价阴离子盐对 $Fe(OH)_3$ 的聚沉值平均为 10.6 mmol $\cdot L^{-1}$，-2 价阴离子盐的平均值为 0.20 mmol $\cdot L^{-1}$。负电荷数越高，则对 $Fe(OH)_3$ 的聚沉能力越强，聚沉值越小。同样，对带负电的 As_2S_3 溶胶具有聚沉作用的是电解质的阳离子，其正电荷数越高，则对 As_2S_3 的聚沉能力越强，聚沉值越小。$+1$、$+2$、$+3$ 价阳离子对 As_2S_3 溶胶的平均聚沉值之比为 500：8：1。

② 对于价数相同的离子，其聚沉能力也不同。这是由于在水溶液中离子的半径是水化半径。对同样电荷的离子来说，离子半径小者水化能力要强，水化半径变大了，反而使得离子的场强减弱，其聚沉能力也减小。例如，具有相同正电荷的碱金属离子和碱土金属离子对 As_2S_3 溶胶的聚沉能力顺序为：$Ba^{2+} > Sr^{2+} > Ca^{2+} > Mg^{2+}$；$Cs^+ > Rb^+ > K^+ > Na^+ > Li^+$。这种次序称为感胶离子序。

1.4.3　溶胶的结构

溶胶的性质由胶团结构决定。现以 $Fe(OH)_3$ 溶胶为例来说明胶团的结构（图 1-10）。$Fe(OH)_3$ 溶胶是由许多 $Fe(OH)_3$ 分子构成的，其中心部分叫胶核，胶核具有很大的表面能。$Fe(OH)_3$ 胶核优先吸附与其组成类似的离子 FeO^+，使 $Fe(OH)_3$ 胶粒带正电，即 FeO^+ 是电位离子。电位离子（FeO^+）被牢固地吸附在胶核表面上。由于库仑引力的作用，

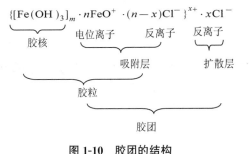

图 1-10　胶团的结构

少数的反粒子(Cl⁻)被束缚在胶核表面,与电位离子一起形成吸附层。胶核与吸附层构成了胶粒。吸附层中的反离子(Cl⁻)个数不足以抵消电位离子(FeO⁺),所以胶粒是带电的,电荷的符号由电位离子所决定。电泳就是胶粒的移动。吸附层外边的反离子松散地分布在胶粒周围,构成了扩散层。离吸附层越远,反粒子越少。好像地球表面上的大气,离地面越远,空气越稀薄。胶粒加上扩散层组成了胶团。扩散层中的反离子正好中和胶粒的电荷,所以整个胶团是电中性的。

图 1-10 中,m 为 $Fe(OH)_3$ 分子数,n 为电位离子数,$m \gg n$。

又如,As_2S_3 的结构式为:$\{[As_2S_3]_m \cdot nHS^- \cdot (n-x)H^+\}^{x-} \cdot xH^+$。硅酸的胶体结构式为:$[(SiO_2 \cdot yH_2O)_m \cdot nHSiO_3^- \cdot (n-x)H^+]^{x-} \cdot xH^+$。

吸附层与扩散层间的电势差叫电动电势,这种双电层结构所具有的电动电势对溶胶的稳定性有很大的关系。

又如,用 $AgNO_3$ 溶液与过量 KI 溶液反应制备 AgI 溶胶,其胶团结构式为:

$$[(AgI)_m \cdot nI^- \cdot (n-x)K^+]^{x-} \cdot xK^+$$

相反,用 KI 溶液与过量 $AgNO_3$ 溶液反应制备 AgI 溶胶,其胶团结构式为:

$$[(AgI)_m \cdot nAg^+ \cdot (n-x)NO_3^-]^{x+} \cdot xNO_3^-$$

1.4.4 溶胶的制备

通常制备溶胶的方法有分散法(dispersion method)和聚集法(coacervation method)两种。

1.4.4.1 分散法

将固体研细至胶体分散系范围内的方法。常用的有研磨法、超声波法、电弧法和胶溶法。例如,研磨法就是用研磨机或胶体磨把粗粒的固体磨细至胶体颗粒。为防止细小颗粒的聚结变大,研磨时要加入一种稳定剂(如丹宁或明胶等)。磨细的颗粒表面吸附了稳定剂后,就不容易聚结了。

1.4.4.2 聚集法

使小分子、原子或离子聚结成大小在 $1 \sim 100$ nm 的颗粒范围的方法,主要有化学反应法和改变溶剂法。前者包括所有的复分解、水解、氧化还原及生成沉淀等反应,如果能生成难溶物,都可以用来制备溶胶,如用水解反应制备 $Fe(OH)_3$ 溶胶;后者是利用一种物质在不同溶剂中溶解度的悬殊差别来制备溶胶,如将硫黄的乙醇溶液滴入水中,由于硫黄在水中的溶解度很低,溶质便以较大的颗粒析出,形成硫黄的水溶胶。

1.5 粗分散系(Coarse Disperse System)

1.5.1 乳浊液

将一种液体以细小液滴分散在另一种与其不相溶的液体中所形成的体系叫作乳浊液。常见的乳浊液是粗分散系，如牛奶，动物的血液、淋巴液，石油原油和橡胶树的乳浆全是乳浊液。

　　组成乳浊液的一种液体一般是水或水溶液，极性很大；另一种液体是与水不相溶的有机液体，极性很小，统称为油。这样，油和水形成的乳浊液有两种类型：一种是油分散在水中，简称水包油型乳浊液（O/W）；另一种是水分散在油中，简称油包水型乳浊液（W/O）。牛奶是奶油分散在水中，为 O/W 型乳浊液；石油原油则是 W/O 型乳浊液。这两种乳浊液很容易区别，只要向乳浊液中加些水，若出现分层的情况即说明是 W/O 型；如果能与水均匀混合，即为 O/W 型。向牛奶中加些水可以混匀，就是"水乳交融"。

　　将油和水放在一起猛烈振荡得到的乳浊液并不稳定，分散质的液滴互相碰撞会自动合并至最后分层。要想得到稳定的乳状液，通常必须有第三组分，即乳化剂。乳化剂的种类很多，许多乳化剂是表面活性物质，如蛋白质、树胶、肥皂或人工合成的表面物质。乳化剂的作用在于使由机械分散所得的液滴不能相互聚结。当这些物质加到油水混合物中时，它们便集中在油水的界面上，亲水基伸入水中，而疏水基伸入油定向地排列了起来，于是降低了水与油的界面能，使得体系更加稳定。同时，也在油珠外面组成了一个具有相当强度的膜，当分散开的油珠再相遇时，阻止了它们间的合并变大，从而增加了稳定性。

　　乳化剂的结构与性质在很大程度上决定着乳浊液的类型，关于乳化剂究竟如何决定乳浊液是 O/W 型还是 W/O 型，目前尚无公认的理论。一般说来，乳化剂分子的亲水基截面积大于亲油基截面积时，得到 O/W 型的乳浊液，常用亲水型乳化剂，如钾皂、钠皂、多元醇、蛋白质等。如果疏水基截面积大于亲水基截面积时，将得到 W/O 型乳浊液，常用憎水型乳化剂，如钙皂、镁皂、铝皂、高级醇、石墨等。

　　乳浊液在日常生活中有广泛的用途，肥皂去污就是利用它能生成 O/W 型乳浊液。肥皂的作用是具有极性的亲水部位，会破坏水分子间的吸引力而使水的表面张力降低，使水分子均匀地分配在待清洗的衣物或皮肤表面。肥皂的亲油部位，深入油污，而亲水部位溶于水中，此结合物经搅动后形成较小的油滴，其表面布满肥皂的亲水部位，而不会重新聚在一起成大油污，然后分散在水中漂去。反之，若用钙皂即丧失了去污能力。由于硬水中含有较多的 Ca^{2+}、Mg^{2+}，它们能将钠皂转变成为钙皂、镁皂，从而形成 W/O 型乳浊液，用这种水洗涤衣物时只能是越洗越脏。

　　为了克服农药水溶性差的问题，可以适量地加入乳化剂，做成 O/W 型乳浊液来喷洒。这样既能发挥药剂的杀虫效率，降低成本，又避免农药局部集中以形成药害。例如，农药乳油是农药原药按比例（一般在 40%～50%）溶解在有机溶剂（甲苯、二甲苯等）中，加入一定量的农药专用乳化剂（如烷基苯、碘酸钙和非离子等乳化剂）配制成透明均相液体。乳油使用时，加水稀释成一定比例的乳状液即可使用。

　　在食品工业方面，合成乳化剂如脂类非离子表面活性物质，广泛用于人造奶油、巧克力、冰淇淋的制造。在人体的生理活动中，乳浊液也有重要作用。例如，脂肪不溶于消化液，但经过胆汁中的胆酸的乳化作用和小肠的蠕动，使脂肪乳化，有利于消化吸收。医疗上的用药、化妆品也常制成乳浊液来提高其使用效率。近年来，国内外利用表面活性剂的乳化作用，在柴油中加水（可达 10%），制成乳化液，使柴油燃烧得更完全，既降低了油耗又减少了大气污染。所以，乳浊液在生产、科研和日常生活中有广泛的应用。

1.5.2　表面活性剂

　　凡溶于水后能显著降低水的表面自由能的物质称为表面活性物质或表面活性剂。例如，在纯水中加入少量的肥皂或有机酸等，能使水的比表面能明显地降低。

1.5.2.1 表面活性剂的结构

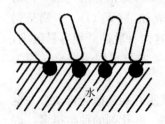

图 1-11 表面活性物质分子
在水表面的定向排列

表面活性物质的分子是由具有亲水性的极性基团和具有憎水性的非极性基团两部分组成的有机化合物，因而表面活性物质都是两亲分子。它的非极性基团一般是 8～18 碳的链烃，如烷基（R—）、芳基（Ar—）是疏水的；极性基团一般是羧基（—COOH）、羟基（—OH）、氨基（—NH₂）等，它们是亲水的。当表面活性物质放入水中，亲水基伸入水中，疏水的长链翘出水面。当溶液较稀时，这些翘出的烃链可以躺在水面上。逐渐地加大溶液浓度时，烃链就被挤得逐渐站了起来，伸向空间定向排列，最后能够占满水面形成一层单分子膜（图 1-11）。

亲水基和亲油基分别占据表面活性剂分子的两端，形成一种不对称结构，在溶液的表面能够定向排列，并能使表面张力显著下降。两类结构与性能截然相反的分子碎片会处于同一分子的两端并以化学键相连接，形成了一种不对称的、极性的结构，因而赋予了该类特殊分子既亲水，又亲油，而又不是整体亲水或亲油的特性。表面活性剂的这种特有结构通常称为"双亲结构"（amphiphilic structure），表面活性剂分子因而也常被称为"双亲分子"。分子的烃链越长，疏水性越强，就越易于聚集在溶液的表面，其表面活性越强。例如，肥皂是硬脂酸钠盐，它的疏水链是 $C_{17}H_{35}$—，亲水基是—COONa。所以，肥皂是常用的表面活性物质。

上述现象不仅存在于水与空气的分界面上，也存在于两种不相溶的液体之间。例如，把表面活性剂放在水与油的混合物中，分子的极性基伸入水中，而将非极性部分伸入油层。在水和油的分界面上进行定向的排列。同样地，在液体与固体的交界面上也会发生这种情况。例如，润滑油是非极性液体，金属是带有极性的固体。在高速旋转的机器上，要想使润滑油牢牢地黏在金属表面上，必须加入表面活性物质。这种表面活性物质的极性部分与金属表面有亲和性，而烃链伸在油中。这样就使得润滑油黏附在金属表面而起到润滑作用。

1.5.2.2 表面活性剂的分类

表面活性剂有很多种分类方法，一般按照化学结构可分为：

①离子型表面活性剂　在水中可发生电离。离子型表面活性剂又分为以下几种类型。

阴离子型：表面活性离子带负电荷，如 $CH_3(CH_2)_{16}COO^- Na^+$。

阳离子型：表面活性离子带正电荷，如 $CH_3(CH_2)_{11}NH_3^+ Cl^-$。

两性型：在分子中同时存在酸性基和碱性基，如 $C_{12}H_{25}N^+(CH_3)_2CH_2COO^-$。

②非离子型表面活性剂　在水中不发生电离，如 $C_{12}H_{25}O(CH_2CH_2O)_n H$。

由于表面活性物质可以降低两相交界处的界面能，所以它有许多实际用处，如洗涤剂、浮选剂、乳化剂、润湿剂等。

本章小结

1. 物质的聚集状态

(1)气体

理想气体状态方程：$PV = nRT$

道尔顿分压定律：$p = p_1 + p_2 + \cdots + p_i = \sum p_i$

$$p_i = p x_i$$

(2)液体：气-液平衡及蒸气压

(3)固体：晶体与非晶体

2. 溶液组成标度

(1)物质的量浓度：$c(B) = \dfrac{b(B)}{V}$

(2)质量摩尔浓度：$b(B) = \dfrac{n(B)}{m(A)}$

(3)物质的量分数：$x_i = \dfrac{n_i}{n}$

(4)质量分数：$\omega(B) = \dfrac{m(B)}{m}$

3. 稀溶液的依数性

(1)溶液的蒸气压下降：$\Delta p = K_p \cdot b(B)$

(2)溶液的沸点升高：$\Delta T_b = K_b \cdot b(B)$

(3)溶液的凝固点降低：$\Delta T_f = K_f \cdot b(B)$

(4)溶液的渗透压：$\Pi V = n(B)RT$ 或 $\Pi = c(B)RT$

4. 溶胶的性质

(1)光学性质：丁达尔现象

(2)动力学性质：布朗运动

(3)电学性质：电泳和电渗

5. 胶团的结构式

科学家简介

道尔顿

约翰·道尔顿(John Dalton，1766—1844)，英国化学家、物理学家、近代化学之父。1766 年 9 月 6 日生于英国坎伯兰郡的伊格尔斯菲尔德村，1844 年 7 月卒于曼彻斯特。幼年时家贫，没有正式上过学校。1776 年曾接受数学的启蒙。1778 年在一所乡村学校里任教。1781 年在肯德尔一所学校任教时，结识了盲人哲学家高夫，并在他的帮助下自学了拉丁文、希腊

文、法文、数学和自然哲学。1787 年 3 月 24 日道尔顿记下了第一篇气象观测记录，这成为他以后科学发现的实验基础。1793—1799 年在曼彻斯特新学院任数学和自然哲学教授。1794 年任曼彻斯特文学和哲学学会会员，1800 年任学会秘书，1817—1818 年任会长。1835—1836 年任英国学术协会化学分会副会长。1816 年当选为法国科学院通讯院士。1822 年当选为英国皇家学会会员。1844 年 7 月 26 日他使用颤抖的手写下了他最后一篇气象观测记录。1844 年 7 月 27 日他从床上掉下，服务员发现时他已然去世（道尔顿终生未婚）。道尔顿希望在他死后对他的眼睛进行检验，以找出他色盲的原因。他认为可能是因为他的水样液是蓝色的。去世后的尸检发现眼睛正常，但是 1990 年对其保存在皇家学会的一只眼睛进行 DNA 检测，发现他缺少对绿色敏感的色素。为纪念道尔顿，他的胸像被安放于曼彻斯特市政厅的入口处，并以他的名字——道尔顿作为原子质量的单位。

道尔顿在化学领域的主要贡献是创立原子学说。其要点有：① 化学元素由不可再分的微粒——原子构成，它在一切化学变化中是不可再分的最小单位。② 同种元素的原子性质和质量都相同，不同元素原子的性质和质量各不相同，原子质量是元素基本特征之一。③ 不同元素化合时，原子以简单整数比结合。推导并用实验证明倍比定律。如果一种元素的质量固定时，那么另一元素在各种化合物中的质量一定成简单整数比。

道尔顿最先从事测定原子质量工作，提出用相对比较的办法求取各元素的原子质量，并发表第一张原子质量表，为后来测定元素原子质量工作开辟了光辉前景。

此外，道尔顿在气象学、物理学上的贡献也十分突出。他是一个气象迷，自 1787 年开始连续观测气象，从不间断，一直到临终前几小时为止，记下约 20 万字的气象日记。1801 年还提出气体分压定律，即混合气体的总压力等于各组分气体的分压之和。他还测定水的密度与温度变化关系和气体热膨胀系数相等。遗憾的是道尔顿曾固执地反对为他解围的阿伏伽德罗提出的分子学说而传为"笑话"。

在科学理论上，道尔顿的原子论是继拉瓦锡的氧化学说之后理论化学的又一次重大进步。他揭示出了一切化学现象的本质都是原子运动，明确了化学的研究对象，对化学真正成为一门学科具有重要意义，此后，化学及其相关学科得到了蓬勃发展。在哲学思想上，原子论揭示了化学反应现象与本质的关系，继天体演化学说诞生以后，又一次冲击了当时僵化的自然观，对科学方法论的发展、辩证自然观的形成及整个哲学认识论的发展具有重要意义。

思考题与习题

1. 将一块冰放在 0 ℃的水中和放在 0 ℃的盐水中，在现象上有何不同？为什么？

2. 冷冻海鱼放入凉水中浸泡一段时间后，在其表面会结一层冰，而鱼已经解冻了。这是什么道理？

3. 人在吃了过咸的食物之后，为什么会常常感到口渴？

4. 稀溶液的沸点是否一定比纯溶剂高？为什么？

5. 用 $FeCl_3$ 水解制得 $Fe(OH)_3$ 溶胶为例说明溶胶的形成原理，画出 $Fe(OH)_3$ 的胶团结构示意图，并指出致使这种溶胶聚沉的方法。

6. 15 ℃、101 kPa 下，将 2.00 L 干燥空气徐徐通入 CS_2 液体中，通气前后称量 CS_2 液体，得知失重 3.01 g，求 CS_2 液体在此温度下的饱和蒸气压。

7. 欲配制 3% 的 Na_2CO_3 溶液（密度为 1.03 $g \cdot mL^{-1}$）200 mL，试计算需 $Na_2CO_3 \cdot 3H_2O$ 的质量及此溶液的物质的量浓度。$[M(Na_2CO_3)=106\ g \cdot mol^{-1}，M(H_2O)=18\ g \cdot mol^{-1}]$

8. 甲状腺素是人体中一种重要激素，它能抑制身体里的新陈代谢。如果 0.455 g 甲状腺素溶解在 10.0 g 苯中，溶液的凝固点是 5.144 ℃，纯苯在 5.444 ℃ 时凝固。问甲状腺素的摩尔质量是多少？（苯的 $K_f=5.12$ $K \cdot kg \cdot mol^{-1}$）

9. 一有机物 9.00 g 溶于 500 g 水中，水的沸点上升 0.051 2 K。(1) 计算有机物的摩尔质量；(2) 已知这种有机物含碳 40.0%，含氧 53.3%，含氢 6.70%，写出它的分子式。（水的 $K_b=0.512$ $K \cdot kg \cdot mol^{-1}$）

10. 某水溶液含有非挥发性物质，在 271.7 K 时凝固，求：(1) 该溶液的正常沸点；(2) 在 298.15 K 时该溶液的蒸气压；(3) 在 298.15 K 时该溶液的渗透压。（已知 $K_f=1.86$ $K \cdot kg \cdot mol^{-1}$，$K_b=0.52$ $K \cdot kg \cdot mol^{-1}$，在 298.15 K 时纯水的蒸气压为 3 167 Pa）

第 2 章
化学热力学(Chemical Thermodynamics)

化学反应前后不但有物种的变化、物质状态的变化，还往往伴随着能量的变化。例如，沼气燃烧释放出热量，冰雪融化需要吸收热量。在各种变化过程中，能量转换的规律是怎样的？给定条件下，某化学反应能提供多少能量？如何判断反应能否自发，如果能自发，自发的方向和限度如何？平衡时的最大转化率是多少？面对上述问题，需要我们利用化学热力学的原理做出合理的判断和预测。

化学热力学是定量研究化学变化与能量变化关系的科学，着重解决化学反应中的能量变化、化学反应的方向以及化学反应进行的限度问题。热力学是在研究提高热机效率的实践中发展起来的。19 世纪建立了热力学第一定律和第二定律奠定了热力学的基础。20 世纪初建立的热力学第三定律进一步完善了热力学理论体系。

化学热力学主要研究宏观体系的变化，不涉及物质的微观结构；只关注研究对象的起始状态和最终状态，无需知道变化过程的机理。热力学的优势在于预测，通过少部分热力学定律的假设，从而推广至整个宏观体系，获得许多有用的结论，探讨一般规律。但是，化学热力学在讨论变化过程时，没有时间概念，不能解决变化进行的速度及其他和时间相关的问题，因此化学热力学的应用也有一定的局限性。

2.1 热力学基本概念 (The Basic Concepts of Thermodynamics)

2.1.1 体系与环境

体系(system)，通常是指研究的物质体系，即研究对象，也称为系统。体系以外与体系相联系的部分称为环境(surrounding)。体系与环境之间的边界可根据研究需要划分，可以是实际或假想的界面。按照体系与环境之间的物质和能量的交换关系，通常将体系分为以下三类：

①敞开体系　体系与环境之间既有能量交换又有物质交换。

②封闭体系　体系与环境之间有能量交换但没有物质交换。

③孤立体系　体系与环境之间既无能量交换，又无物质交换。

例如，一个敞口的广口瓶中盛满热水，以热水为体系则是敞开体系。降温过程中体系向环境释放热能，又不断地有水分子变成水蒸气逸出。如果用塞子将广口瓶密封起来，不让水蒸发出去，则避免了体系与环境之间的物质交换，这时体系为封闭体系。如果将广口瓶换成理想的保温杯，杜绝了能量交换，则得到孤立体系。事实上，孤立体系只是理想情况，不可能绝对排除能量的交换，只能做到使能量交换尽可能地减少到可以忽略不计的程度。

2.1.2　状态与状态函数

　　状态(state)，是指体系的物理性质和化学性质(如质量、温度、压力、体积、密度)等的总和。当这些性质不发生变化时，体系处于一定的状态；如果体系的任一性质发生了变化，则体系的状态也随之改变。变化前称为始态，变化后的状态称为终态。

　　状态函数(state function)，是指能够确定体系状态的物理量，是仅由体系状态决定的函数。体系处于一定的状态时，状态函数有确定的值。状态函数的改变量仅取决于体系的始态和终态，而与变化的途径无关。例如，气体的状态由 p、V、T、n 等物理量来确定，p、V、T、n 等均是状态函数。状态函数的改变量经常用希腊字母 Δ 表示，如始态的温度为 T_1，终态的温度为 T_2，则状态函数 T 的改变量 $\Delta T = T_2 - T_1$。如图 2-1 所示，一定量的气体在一定温度和压力下(状态 A)的体积是 V_A；该气体从状态 A 到状态 B，体积变化值 ΔV(即 $V_B - V_A$)或者压力变化值 Δp(即 $p_B - p_A$)是确定的，与变化途径(Ⅰ或者Ⅱ)无关。

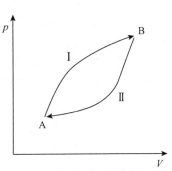

图 2-1　状态函数及其变化途径

2.1.3　过程与途径

　　体系状态发生变化，从始态变到终态，即体系经历了一个热力学过程，简称为过程(process)。若这种变化在等温条件下进行，称为等温过程；若这种变化在等压条件下进行，称为等压过程；若过程中体系与环境之间没有热交换，称为绝热过程。完成变化过程的具体步骤称为途径(path)。

　　例如，某理想气体由始态 $p_1 = 1 \times 10^5$ Pa，$V_1 = 2 \times 10^{-3}$ m³经过一个等温过程变化到终态 $p_2 = 2 \times 10^5$ Pa，$V_2 = 1 \times 10^{-3}$ m³，可以经由下面两种或多种途径来实现(图 2-2)。

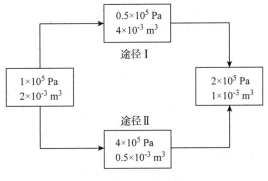

图 2-2　过程与途径

2.1.4　热力学能

　　体系内一切能量的总和称为体系的热力学能(或称内能)，通常用 U 表示。它包括体系内各种物质分子的内能(平动能、振动能、转动能等)，分子间的位能，分子中原子、电子相互作用和运动的能量，以及原子核内的中子与质子的相互作用能量等。热力学能大小仅取决于体系的状态，因此热力学能是状态函数。体系热力学能的绝对值目前尚无法确定，但是热力学能的改变量 ΔU（$\Delta U = U_{终} - U_{始}$）可以通过体系与环境之间的能量交换进行测定。理想气体的热力学能只是温度的函数。

2.1.5　热和功

体系与环境之间因为温度不同而交换或传递的能量称为热（heat），用 Q 来表示。通常规定，$Q > 0$，体系从环境吸收热量；$Q < 0$，体系释放热量给环境。当两个温度不同的物体相互接触时，热从高温物体流向低温物体，最终达至两个物体的温度相同。

除热之外，体系与环境之间以其他形式交换或传递的能量称为功（work），用 W 来表示。通常规定，$W > 0$，环境对体系做功；$W < 0$，体系对环境做功。热力学中，将功划分为体积功和非体积功。体积功是体系反抗外界压强发生体积变化时所做的功。由于液体和固体在变化过程中体积变化较小，因此体积功的讨论经常是针对气体而言。非体积功是除体积功以外的其他功，如电功、磁功、表面功等。

热和功只存在于体系与环境的变化中，体系自身不包括热和功。虽然有体系吸热或放热等说法，但是热和功都不是状态函数，不能谈体系在某种状态下具有多少功或具有多少热量。热和功只有在能量交换时才会有具体的数值，并且与实现体系变化时的具体途径有关。

2.2　热力学第一定律（First Law of Thermodynamics）

热力学第一定律的实质是能量守恒与转化定律。不同形式的能量之间可以相互转化，在转化过程中能量的总值保持不变。热力学第一定律可以简述为：（封闭）体系热力学能的变化（ΔU）等于体系与环境之间交换的热量（Q）与功（W）的加和。热力学第一定律的数学表达式为：

$$\Delta U = Q + W \quad （封闭体系）$$

热力学第一定律不仅说明不同能量形式的热力学能、热量和功可以相互转化，而且还表述了它们之间转化的定量关系。在应用热力学第一定律时，要特别注意各物理量的正负号和能量的单位是否一致，在不一致时要进行单位换算。此外，热力学第一定律表达式中的 W 是指总功，包括体积功和非体积功。

【例 2-1】（1）已知 1 g 纯水在 101.3 kPa 下，温度由 287.7 K 变为 288.7 K，吸热 2.092 7 J，得功 2.092 8 J，求其热力学能的变化。（2）若在绝热条件下，使 1 g 纯水发生与（1）相同的变化，需要对它做多少功？

解：（1）$Q = 2.092\ 7$ J，$W = 2.092\ 8$ J

$$\Delta U = Q + W = 2.092\ 7\ \text{J} + 2.092\ 8\ \text{J} = 4.185\ 5\ \text{J}$$

（2）$Q = 0$，因为体系的始态、终态与（1）相同，故 ΔU 也与（1）相同，即

$$\Delta U = 4.185\ 5\ \text{J}$$

$$W = \Delta U - Q = 4.185\ 5\ \text{J} - 0 = 4.185\ 5\ \text{J}$$

热力学能是体系的状态函数，因此（1）和（2）的 ΔU 相同。但是，Q 和 W 不是体系的状态函数，因此与变化的途径有关。

2.3　热化学（Thermochemistry）

化学反应总是伴有热量的吸收或放出，这种能量对化学反应十分重要。将热力学理论和方法应用到化学反应中，研究化学反应的热量变化的科学称为热化学。

2.3.1　化学反应进度

对任意化学反应：　　　　　　　$a\text{A} + b\text{B} = d\text{D} + g\text{G}$

移项后可写成：　　　　　　$0 = -a\text{A} - b\text{B} + d\text{D} + g\text{G}$

化学反应计量式即化学方程式。根据规定，化学式前的"系数"称为化学计量数，以 ν_B 表示，ν_B 为量纲为 1 的量。对于反应物，化学计量数为负；对于产物，化学计量数为正。上述化学反应计量式可用下式表达：

$$0 = \sum_\text{B} \nu_\text{B}\text{B}$$

式中，B 代表参与反应的各物质；ν_B 为物质 B 的化学计量数。

反应进度（extent of reaction）是表示反应进行程度的物理量，用符号 ξ 表示，其定义为

$$\xi = \frac{\Delta n_\text{B}}{\nu_\text{B}} = \frac{n_\text{B}(\xi) - n_\text{B}(0)}{\nu_\text{B}}$$

式中，$n_\text{B}(\xi)$ 和 $n_\text{B}(0)$ 分别代表反应进度 $\xi = \xi$ 和 $\xi = 0$（反应未开始）时 B 的物质的量，ξ 的 SI 单位为 mol。$\xi = 1$ mol 的物理意义是：a mol A 和 b mol B 完全反应生成 g mol G 和 d mol D，即按反应式中各物质的计量数完成一次反应。

反应进度与具体的反应方程式有关。例如，对于反应

$$3\text{H}_2(\text{g}) + \text{N}_2(\text{g}) = 2\text{NH}_3(\text{g})$$

当 $\xi = 1$ mol，即有 3 mol H_2 和 1 mol N_2 完全反应生成 2 mol NH_3。

若反应写成：

$$3/2\text{H}_2(\text{g}) + 1/2\text{N}_2(\text{g}) = \text{NH}_3(\text{g})$$

当 $\xi = 1$ mol，即有 3/2 mol H_2 和 1/2 mol N_2 完全反应生成 1 mol NH_3。因此，使用反应进度的概念时，必须与具体的反应式相对应。

2.3.2　化学反应热

当生成物与反应物的温度相同时，并且反应过程中体系只做体积功时，化学反应过程中吸收或放出的热量，称为化学反应的热效应，简称反应热。反应热与系统的组成、状态及反应条件有关，如与反应进度、温度、压力等条件有关。许多化学反应的热效应是可以直接测量的，测量反应热的仪器通称为量热计。根据量热计是在恒容或恒压条件下测量，可以分别得到恒容反应热或恒压反应热。

2.3.2.1　恒容反应热

在恒容过程中完成的化学反应称为恒容反应，其热效应称为恒容反应热，通常用 Q_V 表示。化学反应的恒容反应热可以用弹式量热计测量。

根据热力学第一定律，当体系不做非体积功时，

$$\Delta U = Q_V + W$$

在恒容条件下 $W = 0$（$\Delta V = 0$，$W = -p\Delta V = 0$），则

$$\Delta U = Q_V$$

在恒容反应过程中，体系吸收或放出的热量全部用来改变体系的热力学能。

2.3.2.2 恒压反应热

在恒压过程中完成的化学反应称为恒压反应，其热效应称为恒压反应热，通常用 Q_p 表示。化学反应的定压反应热可以用保温杯式量热计测量。

根据热力学第一定律，当体系不做非体积功时，

$$\Delta U = Q_p + W$$

在恒压过程中，体积功 $W = -p\Delta V$，$\Delta p = 0$，$p_2 = p_1 = p$，

$$Q_p = \Delta U - W = \Delta U + p\Delta V = (U_2 - U_1) + (p_2 V_2 - p_1 V_1)$$
$$= (U_2 + p_2 V_2) - (U_1 + p_1 V_1)$$

因为 U、p、V 都是体系的状态函数，因此 $U + pV$ 也是体系的状态函数。

定义 $$H \equiv U + pV$$

则 $$Q_p = H_2 - H_1 = \Delta H \text{（在数值上相等）}$$

焓（enthalpy）是状态函数，用 H 表示，SI 单位为 J。在恒压反应、不做非体积功的过程中，封闭体系从环境所吸收的热量全部用来改变体系的焓。$\Delta H > 0$，体系从环境吸热；$\Delta H < 0$，体系向环境放热。理想气体的热力学能 U 只是温度的函数，从焓的定义式 $H \equiv U + pV$ 可以推出，理想气体的焓也只是温度的函数，温度不变，$\Delta H = 0$。因为大多数化学反应是在恒压条件下进行的，也不做其他功，因此这些化学反应的热效应可以用焓变 ΔH 代替 Q_p。

因此，在恒压和不做非体积功的条件下，热力学第一定律可以表示为

$$\Delta U = \Delta H - p\Delta V \text{ 或 } \Delta H = \Delta U + p\Delta V$$

即在此条件下，反应体系的焓变等于热力学能的变化量和体系所做体积功之和。恒压条件下，体系从环境吸收的热量（ΔH）除了用于增加热力学能（ΔU）之外，还有一部分用于对环境做体积功（$p\Delta V$）。反应体系中的固体和液体，其 $p\Delta V$ 可忽略不计，如果假定体系中的气体为理想气体，则上式可化为

$$\Delta H = \Delta U + \Delta nRT$$

式中，Δn 为反应前后气体的物质的量之差。一个反应的恒容反应热 Q_V 和恒压反应热 Q_p 的关系可以写作：

$$Q_p = Q_V + \Delta nRT$$

【例 2-2】在 79 ℃ 和 100 kPa 下，将 1 mol 乙醇完全汽化，求此过程的 W、ΔH、ΔU 和 Q_p。已知该反应的 $Q_V = 40.6$ kJ。

解：$W = -p\Delta V = -\Delta nRT = -(1-0)\text{mol} \times (273 + 79) \text{ K} \times 8.314 \text{ J}\cdot\text{mol}^{-1}\cdot\text{K}^{-1}$
$$= -2\,926 \text{ J} \approx -2.93 \text{ kJ}$$

$\Delta U = Q_V = 40.6$ kJ

$\Delta H = \Delta U + p\Delta V = \Delta U - W = 40.6 \text{ kJ} - (-2.93 \text{ kJ}) = 43.5 \text{ kJ}$

$Q_p = \Delta H = 43.5$ kJ

2.3.3　$\Delta_r H_m$ 和 $\Delta_r U_m$

在化学热力学中，对于状态函数的改变量的表示与单位，有着严格的规定。当泛指一个过程时，其热力学函数的该变量可写成 ΔU、ΔH 等形式，其单位是 J 或 kJ；如果指明某一反应而没有指明反应进度，即不做严格的定量计算时，其相应的热力学能改变量、焓改变量可分别表示为 $\Delta_r U$、$\Delta_r H$，其单位仍然是 J 或 kJ。

在化学热力学中，反应的热力学函数的改变量显然与反应进度 ξ 有关。因此，引入反应的摩尔热力学能变 $\Delta_r U_m$ 和反应的摩尔焓变 $\Delta_r H_m$ 的概念：

$$\Delta_r U_m = \frac{\Delta U}{\Delta \xi}$$

$$\Delta_r H_m = \frac{\Delta H}{\Delta \xi}$$

$\Delta_r U_m$ 和 $\Delta_r H_m$ 分别表明了反应进度为 1 mol 时，热力学能的变化量和焓的变化量。$\Delta_r U_m$ 和 $\Delta_r H_m$ 的单位是 $J \cdot mol^{-1}$。引入 $\Delta_r U_m$ 和 $\Delta_r H_m$ 的概念后，则 Q_p 和 Q_V 的关系式，两边分别除以反应进度 ξ 后，则有

$$\Delta_r H_m = \Delta_r U_m + \Delta \nu R T$$

式中，$\Delta \nu$ 是反应前后气体物质的计量数的改变量，其数值与 Δn 的数值相等。

2.3.4　热化学方程式

在热化学中，表明反应热效应的方程式称为热化学方程式。例如，25 ℃(298 K)、标准状态下，石墨氧化反应放热 $393.5\ kJ \cdot mol^{-1}$，相应的热化学方程式为：

$$C\ (石墨) + O_2(g) = CO_2(g) \qquad \Delta_r H_m^{\ominus}\ (298\ K) = -393.5\ kJ \cdot mol^{-1}$$

反应的标准摩尔焓变 $\Delta_r H_m^{\ominus}$ (298 K)，r 代表化学反应(reaction)；m 代表摩尔(mol)；右上角的 $^{\ominus}$ 代表热力学标准状态；括号内数字为热力学温度(K)；ΔH 为焓变($kJ \cdot mol^{-1}$)。

气态物质的标准状态用压力表示，曾使用 1 atm 或 760 mm Hg 表示，SI 中用 101.33 kPa。为使用方便，国际纯粹与应用化学联合会(IUPAC)建议使用 1×10^5 Pa 或 100 kPa (1 bar)作为气态物质的热力学标准状态，符号为 $p^{\ominus}$。溶液的标准状态则指溶质质量摩尔浓度(或活度)为 $1\ mol \cdot kg^{-1}$，对于稀溶液可以用物质的量浓度 $1\ mol \cdot L^{-1}$ 表示。纯液体和纯固体的标准状态是指处于标准压力下的纯物质。

书写热化学反应方程式应注意：

① 应在 $\Delta_r H_m^{\ominus}$ 的右侧注明温度。最常用的焓变值是 298 K(25 ℃)，严格意义上，焓变值是随温度变化的，但在一定温度范围内变化不大，凡是未注明温度的 $\Delta_r H_m^{\ominus}$ 就代表在 298 K 及标态时的焓变，也可简写成 $\Delta H^{\ominus}$。ΔH 泛指任意状态下的焓变，$\Delta_r H_m^{\ominus}$ (T) 代表压力在标准状态、温度为 T 时，化学反应的标准摩尔焓变。

② 注明反应物和生成物的物态，对于固态物质应注明其结晶状态。例如：

$$H_2(g) + \frac{1}{2} O_2(g) = H_2O\ (l) \qquad \Delta_r H_m^{\ominus}\ (298\ K) = -285.85\ kJ \cdot mol^{-1}$$

$$H_2(g) + \frac{1}{2} O_2(g) = H_2O\ (g) \qquad \Delta_r H_m^{\ominus}\ (298\ K) = -241.8\ kJ \cdot mol^{-1}$$

$$C\,(石墨) = C\,(金刚石) \qquad \Delta_r H_m^{\ominus}\,(298\ \text{K}) = 1.9\ \text{kJ} \cdot \text{mol}^{-1}$$

③ 热效应的数值与化学方程式相对应。例如：

$$H_2(g) + \frac{1}{2}O_2(g) = H_2O\,(g) \qquad \Delta_r H_m^{\ominus}\,(298\ \text{K}) = -241.8\ \text{kJ} \cdot \text{mol}^{-1}$$

$$2H_2(g) + O_2(g) = 2H_2O\,(g) \qquad \Delta_r H_m^{\ominus}\,(298\ \text{K}) = -483.6\ \text{kJ} \cdot \text{mol}^{-1}$$

④ 正、逆反应的热效应数值相等，符号相反。例如：

$$Hg\,(l) + \frac{1}{2}O_2(g) = HgO\,(s) \qquad \Delta_r H_m^{\ominus}\,(298\ \text{K}) = -90.8\ \text{kJ} \cdot \text{mol}^{-1}$$

$$HgO\,(s) = Hg\,(l) + \frac{1}{2}O_2(g) \qquad \Delta_r H_m^{\ominus}\,(298\ \text{K}) = 90.8\ \text{kJ} \cdot \text{mol}^{-1}$$

2.3.5　热效应的计算

2.3.5.1　盖斯定律（Hess 定律，也称反应热加和定律）

化学反应多种多样，但有些化学反应的 ΔH 是无法直接测定的。1840 年前后，俄国科学家盖斯（G. H. Hess，1802—1850）在综合分析了大量实验数据基础上提出了反应热加和定律，也称 Hess 定律，其内容为：在恒温、恒压条件下，某化学反应无论是一步完成还是分几步完成，总的热效应是相同的。即一个反应若能分解成两步或几步实现，则总反应的 ΔH 等于各分步反应 ΔH 之和。Hess 定律也体现了能量守恒定律。

例如，碳的燃烧反应比较复杂，下述三个反应都可以发生：

$$C\,(石墨) + O_2(g) = CO_2(g) \qquad \Delta_r H_m^{\ominus}(1) = -393.5\ \text{kJ} \cdot \text{mol}^{-1} \qquad (1)$$

$$CO\,(g) + \frac{1}{2}O_2(g) = CO_2(g) \qquad \Delta_r H_m^{\ominus}(2) = -283.0\ \text{kJ} \cdot \text{mol}^{-1} \qquad (2)$$

$$C\,(石墨) + \frac{1}{2}O_2(g) = CO\,(g) \qquad \Delta_r H_m^{\ominus}(3) = ? \qquad (3)$$

如果想控制条件只发生第三个反应是困难的，即 $\Delta_r H_m^{\ominus}(3)$ 值不容易直接测定，而反应 (1) 和 (2) 的反应热效应比较容易测定。因此，可以利用 Hess 定律来计算 $\Delta_r H_m^{\ominus}(3)$ 值。

反应 (3) = 反应 (1) − 反应 (2)，所以

$$\Delta_r H_m^{\ominus}(3) = \Delta_r H_m^{\ominus}(1) - \Delta_r H_m^{\ominus}(2) = -393.5\ \text{kJ} \cdot \text{mol}^{-1} + 283.0\ \text{kJ} \cdot \text{mol}^{-1} = -110.5\ \text{kJ} \cdot \text{mol}^{-1}$$

2.3.5.2　标准摩尔生成焓

化学反应的焓变虽然是重要的常用数据，但是化学手册不可能记载所有化学反应的 ΔH 数据。能从手册上查到的仅是几千种常见纯净物的标准生成焓。在标准状态和 T（K）下，由稳定态单质生成 1 mol 该物质时的焓变，叫作该物质在 T（K）时的标准摩尔生成焓，用符号 $\Delta_f H_m^{\ominus}\,(T)$ 表示，单位是 kJ · mol^{-1}。

稳定态单质通常是指在标准状态及 298 K 条件下能稳定存在的单质，如 $I_2(s)$，$O_2(g)$。按照定义，稳定态单质的标准生成焓等于零。实际上，稳定单质是一种人为规定，综合考虑了

以下几方面的要求：①反应活性高，有利于生成一系列化合物；②无副反应发生；③结构清楚单一，易纯化；④容易获得，价格比较便宜等。例如，石墨和金刚石是碳的两种单质，与金刚石相比较，石墨的反应活性较高，有利于生成一系列化合物，石墨的价格便宜，也比较稳定，这样可以直接测定得到这些化合物的生成焓。因此，石墨是稳定的单质，而金刚石不是。此外，红磷的结构至今不清楚，而白磷结构清楚，容易得到，因此白磷是稳定的单质，而红磷不是。

对于判断一个化学反应能否进行，最重要的是反应过程的焓变，而不是反应物和生成物焓值的绝对大小。因此，定义了稳定态单质的生成焓为零后，可以方便地测定化合物的生成焓，从而可以根据一个反应中反应物和生成物的生成焓，计算该反应的焓变，以有利于判断该反应的进行方向。这是物质标准摩尔生成焓的重要应用。

【例 2-3】 计算 1 mol 液体乙醇在 298 K 与理论量的氧气进行下列反应时的标准摩尔反应焓变。

$$C_2H_5OH\,(l)\quad +\quad 3\,O_2(g) = 2\,CO_2(g)\quad +\quad 3\,H_2O\,(l)$$

$\Delta_f H_m^{\ominus}$ (298 K)/kJ $\cdot$ mol^{-1}　　-277.63　　　　　　0　　-393.51　　　-285.83

解： $\Delta_r H_m^{\ominus}$ (298 K) $= 2 \times (-393.51\ \text{kJ} \cdot \text{mol}^{-1}) + 3 \times (-285.83\ \text{kJ} \cdot \text{mol}^{-1}) -$
$(-277.63\ \text{kJ} \cdot \text{mol}^{-1}) - 0 = -1\,366.88\ \text{kJ} \cdot \text{mol}^{-1}$

由此可见，任一反应的标准摩尔焓变等于产物的标准摩尔生成焓之和减去反应物的标准摩尔生成焓之和。

$$\Delta_r H_m^{\ominus} = \sum_B \nu_B \Delta_f H_m^{\ominus}$$

式中，B 为反应物或生成物，ν_B 表示化学反应中的计量系数，生成物 ν_B 为正值，反应物 ν_B 为负值。

2.3.5.3　标准摩尔燃烧焓

多数有机物的标准摩尔生成焓很难测定，但是有机物大多可以燃烧，其燃烧焓容易准确测得，因此常用标准摩尔燃烧焓的数据进行相关计算。

化学热力学规定，在 100 kPa 压力，温度 T(K)下，1 mol 物质完全燃烧时的标准摩尔焓变，叫作该物质的标准摩尔燃烧热，或简称标准燃烧热，用符号 $\Delta_c H_m^{\ominus}$ (T) 表示，单位为 kJ $\cdot$ mol^{-1}。C 的燃烧产物为 CO_2 (g)，H 的燃烧产物为 H_2O (l)，S、N、Cl 的燃烧产物分别为 SO_2(g)、N_2(g) 和 HCl (aq)。

有了标准摩尔燃烧焓的数据，可以方便地计算 298 K 时化学反应的标准摩尔焓变：

$$\Delta_r H_m^{\ominus} = -\sum_B \nu_B \Delta_c H_m^{\ominus}(B,\ 298\ K)$$

【例 2-4】 计算下列反应在 298 K 时的标准摩尔焓变：

$$C_2H_5OH\,(l) + CH_3COOH\,(l) = CH_3COOC_2H_5\,(l) + H_2O\,(l)$$

$\Delta_c H_m^{\ominus}$ (298 K)/kJ $\cdot$ mol^{-1}　　$-1\,366.83$　　-871.54　　　$-2\,246.5$　　　　　　0

解： $\Delta_r H_m^{\ominus}$ (298 K) $= [(-1\,366.83 - 871.54) - (-2\,246.5 + 0)]\ \text{kJ} \cdot \text{mol}^{-1}$
　　　　　　　　$= 8.13\ \text{kJ} \cdot \text{mol}^{-1}$

2.4　化学反应的自发性（Spontaneous Chemical reactions）

2.4.1　自发过程

在给定条件下，不需要任何外力做功就可以自动进行的化学反应或物理变化过程，在热力学中称为自发反应，反之称为非自发反应。例如，金属锌在稀硫酸溶液中溶解析出氢气为自发反应，热从高温物体传递给低温物体为自发反应。在给定条件下，任一自发反应都有一定的进行方向，而它们的逆反应不能自发进行。但是，在给定条件下的非自发反应并不是一定不会发生，如果外界条件改变或有外力做功，反应也会进行。例如，碳酸钙在常温、常压下不会自动分解，但是当温度升高850℃以上即可分解。此外，自发反应并不意味着反应进行得很快。例如，氢气与氧气化合生成水在室温下是自发反应，但是反应速度很慢，可能长时间共存而不发生明显变化。但是，如果将氢气和氧气点燃或者在铂催化剂作用下，两者立刻发生爆炸反应。

2.4.2　焓变与自发过程

如何判断化学反应能否自发，一直是化学家极为关注的问题，人们首先想到的是反应的热效应。放热反应，即 $\Delta H < 0$，在反应过程中体系能量降低，放出的热量越多，体系能量降低的也越多，反应进行的越完全，这可能是决定反应进行的主要因素。实践证明，大量的放热反应是自发进行的。

但是，有许多吸热反应也是自发进行的，例如：

$$H_2O\ (s) = H_2O\ (l) \qquad \Delta_r H_m^{\ominus}\ (298\ K) = 6.01\ kJ \cdot mol^{-1} \qquad (1)$$

$$KNO_3 = K^+(aq) + NO_3^-(aq) \qquad \Delta_r H_m^{\ominus}\ (298\ K) = 35\ kJ \cdot mol^{-1} \qquad (2)$$

$$N_2O_4(g) = 2NO_2(g) \qquad \Delta_r H_m^{\ominus}\ (298\ K) = 57.2\ kJ \cdot mol^{-1} \qquad (3)$$

上述吸热反应都能在室温下自发进行，因此以焓变作为反应自发性的判断有一定的局限性。反应中涉及的物质状态的变化（反应1和2）或者分子数目的变化（反应3）可以用熵变来描述，因此熵变也是决定反应自发性的重要判据。

2.4.3　熵变与自发过程

在上一节中描述的三个反应，H_2O 从固体到液体，固体 KNO_3 溶于水，以及 $N_2O_4(g)$ 分解成 $NO_2(g)$ 的过程，都是粒子（分子、原子或离子）数增加的过程，也是体系混乱度增加的过程。

2.4.3.1　熵的定义

熵（entropy）是体系混乱度的量度，用符号 S 表示。体系的混乱度越高，其熵值越大。混乱度可以用微观状态数来描述，物质的微观状态数越多，混乱度越高。熵与微观状态数的关系可以用 Boltzmann 公式来表达：

$$S = k \ln \Omega$$

式中，$k = 1.38 \times 10^{-23}$ J·K^{-1}，为 Boltzmann 常数；Ω 为微观状态数。

熵是热力学状态函数，体系所处状态不同，熵值也不同。体系的熵变为始态和终态的熵之差：

$$\Delta S = S_{终} - S_{始}$$

$\Delta S > 0$，表示体系的熵增加，即体系的混乱度增加；$\Delta S < 0$，表示体系的熵减少，即体系的混乱度降低。

2.4.3.2 标准熵

1 mol 物质在标准状态和指定温度 T(K)下的熵值叫作标准摩尔熵，也叫作绝对熵，符号为 $S_m^{\ominus}$，单位是 J·mol^{-1}·K^{-1}。物质的标准熵可以从热力学第三定律得到。

热力学第三定律指出，在热力学零度(0 K)时，任何理想晶体的熵都等于零。当温度降低到热力学零度，所有微粒都位于理想的晶格点上，只存在唯一的微观状态，是理想的有序状态。

1 mol 的某物质在 100 kPa，温度从 0 K 升高到 T(K)，其熵变为

$$\Delta S_m^{\ominus} = S_m^{\ominus}(T) - S_m^{\ominus}(0)$$

根据热力学第三定律，$S_m^{\ominus}(0) = 0$，所以 $\Delta S_m^{\ominus} = S_m^{\ominus}(T)$。

即某物质的绝对熵等于该物质在标准状态下从 0 K 变化到 T(K)时的熵变，可由热力学方法计算得到。标准摩尔熵 $S_m^{\ominus}$ 与标准摩尔生成焓 $\Delta_f H_m^{\ominus}$ 不同。$\Delta_f H_m^{\ominus}$ 是以稳定单质的标准生成焓为零的相对数值，因为焓的实际数值无法得到。但是，标准摩尔熵 $S_m^{\ominus}$ 不是相对数值，是可以求得的。

2.4.3.3 熵的一般规律

① 同一种物质的 $S_m^{\ominus}$，气态的大于液态的，液态的大于固态的。因为微粒的运动自由程度总是气态大于液态、液态大于固态。

$$S_m^{\ominus}(g) > S_m^{\ominus}(l) > S_m^{\ominus}(s)$$

② 同类物质摩尔质量 M 越大，$S_m^{\ominus}$ 越大。因为原子数、电子数越多，微观状态数目也就越多。例如，$I_2(g) > Br_2(g) > Cl_2(g) > F_2(g)$。

③ 气态多原子分子的 $S_m^{\ominus}$ 值比单原子的大。例如，$O_3(g) > O_2(g) > O(g)$。

④ 摩尔质量相等或相近的物质，结构越复杂，$S_m^{\ominus}$ 值越大。例如，$CH_3CH_2OH > CH_3OCH_3$，CH_3OCH_3 的对称性好。

⑤ 同一物质，温度越高，$S_m^{\ominus}$ 值越大。

⑥ 压力对液态、固态物质的熵值影响较小，而对气态物质的影响较大。压力增加，熵值降低。

2.4.3.4 熵变与反应的自发性

利用各物质的标准熵 $S_m^{\ominus}$，可以计算化学反应的标准摩尔熵变 $\Delta_r S_m^{\ominus}$。

$$\Delta_r S_m^{\ominus} = \sum_B \nu_B S_m^{\ominus}$$

任一反应的标准摩尔熵变等于产物的标准摩尔熵之和减去反应物的标准摩尔熵之和。

【例 2-5】计算 298 K，反应 $3H_2(g) + N_2(g) = 2NH_3(g)$ 的标准摩尔熵变。

解：
$$3H_2(g) + N_2(g) = 2NH_3(g)$$

$S_m^{\ominus}$ (298 K)/J·mol^{-1}·K^{-1}　　130.68　　191.61　　192.45

$\Delta_r S_m^{\ominus} = 2 \times 192.45 - 3 \times 130.68 - 191.61 = -198.75$ J·mol^{-1}·K^{-1}

有气体生成的反应，一般是熵增加过程。对于反应物与产物都是气体的反应，凡是气体的物质的量增加的反应，是熵增加过程；气体的物质的量减少的反应，是熵减少过程。气体的物质的量不变的反应，摩尔熵变一般总是较小。

大量的实验证明，在孤立体系中，任何一个自发过程，其结果都导致熵的增加；而熵减少的过程是不自发的。但是，对于封闭体系，上述结论不适用。例如，-10 ℃的液态水会自动结冰，是熵减少的过程。因为结冰过程中，体系放热到环境（$\Delta H < 0$）。

因此，化学反应的 ΔH 和 ΔS 都是与反应的自发性有关的函数，但是一般情况下又都不能作为单独的判据，只有将二者结合起来综合考虑，才能得出正确的结论。

2.4.4　吉布斯自由能与自发过程

2.4.4.1　吉布斯自由能的基本概念

1876 年，美国物理学家吉布斯提出一个综合考虑熵、焓、温度的状态函数，吉布斯自由能（Gibbs free energy），用符号 G 表示，其定义为

$$G \equiv H - TS \text{（}G \text{ 是状态函数）}$$

等温过程：
$$\Delta G = \Delta H - T\Delta S \text{（封闭体系）}$$

上式称为吉布斯-亥姆霍兹（Gibbs-Helmholtz）方程，可用热化学定律的方法计算，ΔG 是反应的吉布斯自由能变，SI 单位是 kJ·mol^{-1}。

若反应在标准状态下进行，则

$$\Delta_r G_m^{\ominus} = \Delta_r H_m^{\ominus} - T\Delta_r S_m^{\ominus}$$

$\Delta_r G_m^{\ominus}$ 是反应的标准摩尔吉布斯自由能变，SI 单位是 kJ·mol^{-1}。

在标准状态和指定温度 T(K)下，由稳定单质生成 1 mol 化合物（或非稳定态单质或其他形式的物种）时的吉布斯自由能变，称为化合物的标准摩尔吉布斯生成自由能，符号为 $\Delta_f G_m^{\ominus}$ (T)，单位为 kJ·mol^{-1}。据此规定，稳定单质的标准吉布斯生成自由能为零。绝大多数物质的 $\Delta_f G_m^{\ominus}$ (T)为负值，与标准生成焓类似。

由反应物和生成物的 $\Delta_f G_m^{\ominus}$ 可以计算化学反应的 $\Delta_r G_m^{\ominus}$：

$$\Delta_r G_m^{\ominus} = \sum_B \nu_B \Delta_f G_m^{\ominus}$$

由于 ν_B 对生成物取正值，对反应物取负值。因此，任一反应的标准摩尔吉布斯自由能变就等于产物的标准摩尔吉布斯生成自由能之和减去反应物的标准摩尔吉布斯生成自由能之和。

【例 2-6】计算反应 $H_2(g) + Cl_2(g) = 2HCl(g)$ 在 298 K 的 $\Delta_r G_m^{\ominus}$。

解：
$$H_2(g) + Cl_2(g) = 2HCl(g)$$

$\Delta_f G_m^{\ominus}$ (298 K)/kJ · mol^{-1} 0   0   −95.30

$\Delta_r G_m^{\ominus}$ (298 K) = $[2\Delta_f G_m^{\ominus}$ (HCl, g, 298 K)$] - [\Delta_f G_m^{\ominus}$ (H$_2$, g, 298 K) $+ \Delta_f G_m^{\ominus}$ (Cl$_2$, g, 298 K)$]$

     $= 95.30 \times 2 - 0 - 0 = -190.60$ kJ · mol^{-1}

2.4.4.2 ΔG 与反应的自发性

吉布斯自由能变是等温、等压、不做非体积功条件下反应自发性的判据：

$\Delta G < 0$，正向自发；

$\Delta G > 0$，正向非自发，逆向自发；

$\Delta G = 0$，体系处于平衡状态。

用吉布斯自由能变判断反应的自发性，要注明条件。例如，用标准状态的 $\Delta_r G_m^{\ominus}$ 来判别，只能说明在标准状态下反应的自发性，但是不能说明在非标准状态下的自发性。例如，在上述例 2-6 中反应在标准状态下的 $\Delta_r G_m^{\ominus} < 0$，只能说明在标准状态、298 K 条件下该反应可以正向自发进行。

根据 Gibbs-Helmholtz 方程，吉布斯自由能变随温度改变而改变，但是反应的摩尔焓变和摩尔熵变受温度的影响很小，在一定的温度范围内可以视为常数。因此，在标准状态下，

$$\Delta_r G_m^{\ominus}(T) \approx \Delta_r H_m^{\ominus}(298 \text{ K}) - T\Delta_r S_m^{\ominus}(298 \text{ K})$$

即可以用 $\Delta_r H_m^{\ominus}$ (298 K) 和 $\Delta_r S_m^{\ominus}$ (298 K) 分别代替 $\Delta_r H_m^{\ominus}(T)$ 和 $\Delta_r S_m^{\ominus}(T)$ 近似计算温度 T 时反应的 $\Delta_r G_m^{\ominus}(T)$。

【例 2-7】 对于反应 $CO_2(g) + 2NH_3(g) = (NH_2)_2CO(s) + H_2O(l)$，研究标准状态下，298 K 和 373 K 下，该反应进行的可能性。

解：
$$CO_2(g) + 2NH_3(g) = (NH_2)_2CO(s) + H_2O(l)$$

$\Delta_f H_m^{\ominus}$ (298 K)/kJ · mol^{-1} −393.51   −46.11   −333.17   −285.83

$S_m^{\ominus}$ (298 K)/J · mol^{-1} · K^{-1} 213.74   192.45   104.60   69.91

$\Delta_r H_m^{\ominus}$ (298 K) = $-333.17 + (-285.83) - (-393.51) - 2 \times (-46.11) = -133.27$ kJ · mol^{-1}

$\Delta_r S_m^{\ominus}$ (298 K) = $104.60 + 69.91 - 213.74 - 2 \times 192.45 = -424.13$ J · mol^{-1} · K^{-1}

$\Delta_r G_m^{\ominus}$ (298 K) = $\Delta_r H_m^{\ominus}$ (298 K) $- T\Delta_r S_m^{\ominus}$ (298 K) = -133.27 kJ · mol^{-1} $- 298$ K $\times$ (-424.13 J · mol^{-1} · K^{-1}) = -6.82 kJ · mol^{-1}

$\Delta_r G_m^{\ominus}$ (373 K) $\approx \Delta_r H_m^{\ominus}$ (298 K) $- T\Delta_r S_m^{\ominus}$ (298 K) = -133.27 kJ · mol^{-1} $- 373$ K $\times$ (-424.13 J · mol^{-1} · K^{-1}) = 25.0 kJ · mol^{-1}

该反应 $\Delta_r H_m^{\ominus} < 0$，$\Delta_r S_m^{\ominus} < 0$，低温下有利于反应的自发进行，所以 $\Delta_r G_m^{\ominus}$ (298 K) < 0，在 298 K 标准状态下，二氧化碳和氨可以自发反应生成尿素。当温度升高到 373 K 时，$\Delta_r G_m^{\ominus}$ (373 K) > 0，反应不能正向自发进行。

【**例 2-8**】计算标准状态下合成氨反应 $N_2(g) + 3H_2(g) = 2NH_3(g)$ 的温度范围。

解： $\qquad\qquad\qquad\qquad\quad N_2(g) + 3H_2(g) = 2NH_3(g)$

$\Delta_f H_m^{\ominus}$ (298 K)/kJ·mol^{-1} $\qquad$ 0 $\qquad\qquad$ 0 $\qquad\qquad$ −46.1

$S_m^{\ominus}$ (298 K)/J·mol^{-1}·K^{-1} $\quad$ 191.6 $\qquad$ 130.7 $\qquad$ 192.4

$\Delta_r H_m^{\ominus}$ (298 K) $= 2\times(−46.1) − 0 − 3\times 0 = −92.2$ kJ·mol^{-1}

$\Delta_r S_m^{\ominus}$ (298 K) $= 2\times 192.4 − 191.6 − 3\times 130.7 = −198.9$ J·mol^{-1}·K^{-1}

$\Delta_r G_m = \Delta_r H_m^{\ominus} − T\Delta_r S_m^{\ominus}$，假定 $\Delta_r H_m^{\ominus}$ 和 $\Delta_r S_m^{\ominus}$ 不随温度变化，当 $\Delta_r G_m < 0$ 时，该反应在标准状态下能自发进行。

$$T \leqslant \frac{\Delta_r H_m^{\ominus}(298\ K)}{\Delta_r S_m^{\ominus}(298\ K)} = \frac{−92.2\times 10^3}{−198.9} = 464\ K$$

该反应是一个放热而熵减的过程，低温下正反应自发，当温度高于一定值时，正反应将非自发。即合成氨反应在温度低于 466 K 时才能自发进行。由于动力学的原因，合成氨反应的条件一般控制在高温、高压且有催化剂的作用下进行。

【**例 2-9**】在 100 kPa 和 298 K 条件下，液溴气化的有关热力学数据如下：

$$\qquad\qquad\qquad\qquad Br_2(l) \quad = \quad Br_2(g)$$

$\Delta_f H_m^{\ominus}$ (298 K)/kJ·mol^{-1} $\qquad\qquad$ 0 $\qquad\qquad$ 30.9

$S_m^{\ominus}$ (298 K)/J·mol^{-1}·K^{-1} $\qquad$ 152.2 $\qquad$ 245.5

计算该反应的 $\Delta_r G_m^{\ominus}$ 以及液溴自发蒸发的最低温度。

解： $\Delta_r H_m^{\ominus}$ (298 K) $= 30.9 − 0 = 30.9$ kJ·mol^{-1}

$\qquad\ \Delta_r S_m^{\ominus}$ (298 K) $= 245.5 − 152.2 = 93.3$ J·mol^{-1}·K^{-1}

$\qquad\ \Delta_r G_m^{\ominus}$ (298 K) $= \Delta_r H_m^{\ominus}$ (298 K) $− T\Delta_r S_m^{\ominus}$ (298 K)

$\qquad\qquad\qquad\qquad = 30.9$ kJ·mol^{-1} $− 298$ K $\times 93.3$ J·mol^{-1}·K^{-1} $\times 10^{-3}$

$\qquad\qquad\qquad\qquad = 3.097$ kJ·mol^{-1} > 0

该过程是一个吸热、熵增的过程，在 298 K，标准状态下非自发，但在足够高的温度下将自发进行。由于 $\Delta_r H_m^{\ominus}$ 和 $\Delta_r S_m^{\ominus}$ 随温度变化很小，转换温度如下：

$$T \geqslant \frac{\Delta_r H_m^{\ominus}(298\ K)}{\Delta_r S_m^{\ominus}(298\ K)} = \frac{30.9\times 10^3}{93.3} = 331.2\ K$$

液溴自发蒸发的最低温度为 331 K。

根据上述例题，化学反应的 $\Delta_r H_m^{\ominus}$ 对化学反应自发性的影响一般远大于 $\Delta_r S_m^{\ominus}$。放热反应在常温下大多可以自发进行。但是，在高温条件下，如果反应的 $\Delta_r S_m^{\ominus}$ 绝对值较大，则不能忽视系统熵变对反应方向的影响。$\Delta_r H_m^{\ominus}$ 和 $\Delta_r S_m^{\ominus}$ 的取值以及温度 T 对 $\Delta_r G_m^{\ominus}$ 的影响，见表 2-1。

2.4.4.3 化学反应等温方程式

我们已经讨论了如何利用反应的 $\Delta_r G_m^{\ominus}$ 来判断标准状态下化学反应的可能性。但是，大量

表 2-1　$\Delta_r H_m^\ominus$ 和 $\Delta_r S_m^\ominus$ 的取值以及温度 T 对 $\Delta_r G_m^\ominus$ 的影响

类　型		$\Delta_r G_m^\ominus = \Delta_r H_m^\ominus - T\Delta_r S_m^\ominus$	反应自发性随温度的变化
$\Delta_r H_m^\ominus$	$\Delta_r S_m^\ominus$		
<0	>0	<0	任意温度 正向自发，逆向不自发
>0	<0	>0	任意温度 正向不自发，逆向自发
>0	>0	高温<0 低温>0	高温正向自发， 低温逆向自发
<0	<0	高温>0 低温<0	高温逆向自发， 低温正向自发

化学反应不是在标准状态下进行的，其自发方向应该用更具有普遍性的判据——反应的 $\Delta_r G_m$ 来判断。热力学上已经证明，在反应温度 T，任意状态的 $\Delta_r G_m(T)$ 与 $\Delta_r G_m^\ominus(T)$ 具有确定的关系，此关系由化学反应等温方程式来表示。

$$\Delta_r G_m(T) = \Delta_r G_m^\ominus(T) + RT\ln Q$$

此式为化学反应等温方程式，式中 $\Delta_r G_m(T)$ 与 $\Delta_r G_m^\ominus(T)$ 分别代表温度 T 时，反应在任意状态和标准状态下的摩尔吉布斯自由能变。R 为摩尔气体常数，T 为反应温度，Q 为反应商，反应商表达了任意状态下反应系统中各物质相对量之间的关系。

对于一般的气相反应

$$a\mathrm{A} + b\mathrm{B} = g\mathrm{G} + d\mathrm{D}$$

在热力学温度 T 时：

$$\Delta_r G_m(T) = \Delta_r G_m^\ominus(T) + RT\ln\frac{[p(\mathrm{G})/p^\ominus]^g \cdot [p(\mathrm{D})/p^\ominus]^d}{[p(\mathrm{A})/p^\ominus]^a \cdot [p(\mathrm{B})/p^\ominus]^b}$$

反应商

$$Q = \frac{[p(\mathrm{G})/p^\ominus]^g \cdot [p(\mathrm{D})/p^\ominus]^d}{[p(\mathrm{A})/p^\ominus]^a \cdot [p(\mathrm{B})/p^\ominus]^b}$$

例如：

$$\mathrm{N_2(g)} + 3\mathrm{H_2(g)} = 2\mathrm{NH_3(g)}$$

在热力学温度 T 时：

$$\Delta_r G_m(T) = \Delta_r G_m^\ominus(T) + RT\ln\frac{[p(\mathrm{NH_3})/p^\ominus]^2}{[p(\mathrm{N_2})/p^\ominus] \cdot [p(\mathrm{H_2})/p^\ominus]^3}$$

反应商

$$Q = \frac{[p(\mathrm{NH_3})/p^\ominus]^2}{[p(\mathrm{N_2})/p^\ominus] \cdot [p(\mathrm{H_2})/p^\ominus]^3}$$

对于溶液中发生的反应，如

$$\mathrm{Ag^+(aq)} + 2\mathrm{NH_3(aq)} = [\mathrm{Ag(NH_3)_2}]^+(\mathrm{aq})$$

在热力学温度 T 时：

$$\Delta_r G_m(T) = \Delta_r G_m^\ominus(T) + RT\ln\frac{c[\mathrm{Ag(NH_3)_2}]^+/c^\ominus}{[c(\mathrm{Ag^+})/c^\ominus] \cdot [c(\mathrm{NH_3})/c^\ominus]^2}$$

反应商
$$Q = \frac{c[Ag(NH_3)_2]^+ / c^{\ominus}}{[c(Ag^+)/c^{\ominus}] \cdot [c(NH_3)/c^{\ominus}]^2}$$

利用化学反应等温方程式即可根据参加反应的各物质的指定热力学温度、压力和浓度，计算出反应的 $\Delta_r G_m(T)$，进而对反应方向作出判断。

关于化学反应等温方程式，以下几点需要注意：

①式中标准压力 $p^{\ominus} = 100$ kPa，标准浓度 $c^{\ominus} = 1$ mol·L^{-1}（严格讲，应为标准质量摩尔浓度 $b^{\ominus} = 1$ mol·kg^{-1}）。通常分别称 $p/p^{\ominus}$、$c/c^{\ominus}$ 为相对压力和相对浓度，它们的 SI 单位均为 1。

②若反应中有纯固体或纯液体参加，热力学可证明反应商中并不涉及它们。

如反应：
$$CaCO_3(s) = CaO(s) + CO_2(g)$$

其化学反应等温方程式可写为
$$\Delta_r G_m(T) = \Delta_r G_m^{\ominus}(T) + RT \ln[p(CO_2)/p^{\ominus}]$$

③若反应中既有气体，又有溶质参加，则反应商中，气体和溶质的状态分别用相对压力和相对浓度来表示。如反应：
$$Fe(s) + 2H^+(aq) = Fe^{2+}(aq) + H_2(g)$$

其化学反应等温方程式可写为
$$\Delta_r G_m(T) = \Delta_r G_m^{\ominus}(T) + RT \ln \frac{[c(Fe^{2+})/c^{\ominus}] \cdot [p(H_2)/p^{\ominus}]}{[c(H^+)/c^{\ominus}]^2}$$

④在以水为溶剂的稀溶液中发生的反应，若水参加反应，热力学可证明反应商中不涉及溶剂水。如反应：
$$CO_3^{2-}(aq) + H_2O(l) = HCO_3^-(aq) + OH^-(aq)$$

其化学反应等温方程式可写为
$$\Delta_r G_m(T) = \Delta_r G_m^{\ominus}(T) + RT \ln \frac{[c(HCO_3^-)/c^{\ominus}] \cdot [c(OH^-)/c^{\ominus}]}{[c(CO_3^{2-})/c^{\ominus}]}$$

⑤必须注意温度一致，即 $\Delta_r G_m(T)$、$\Delta_r G_m^{\ominus}(T)$ 均为热力学温度 T 下的值。

本章小结

1. 热力学的基本概念

体系与环境、状态与状态函数、热、功、热力学第一定律、焓、熵、吉布斯自由能、热力学的标准状态。

2. 化学反应的标准摩尔焓变 $\Delta_r H_m^{\ominus}$ 的计算

(1) 利用盖斯定律计算反应的标准摩尔反应焓变。

(2) 利用物质的标准摩尔生成焓计算反应的标准摩尔反应焓变。
$$\Delta_r H_m^{\ominus}(T) \approx \Delta_r H_m^{\ominus}(298 \text{ K}) = \sum_B \nu_B \Delta_f H_m^{\ominus}(B, 298 \text{ K})$$

3. 反应自发进行的方向

(1) 标准状态下，化学反应的标准摩尔熵变的计算：

$$\Delta_r S_m^{\ominus}(T) \approx \Delta_r S_m^{\ominus}(298\ K) = \sum_B \nu_B \Delta_f S_m^{\ominus}(B,\ 298\ K)$$

(2) 化学反应的标准摩尔吉布斯自由能的计算：

$$\Delta_r G_m^{\ominus}(298\ K) = \sum_B \nu_B \Delta_f G_m^{\ominus}(298\ K)$$

(3) 标准状态下，吉布斯-亥姆霍兹(Gibbs-Helmholtz)方程：

$$\Delta_r G_m^{\ominus} = \Delta_r H_m^{\ominus} - T\Delta_r S_m^{\ominus}$$

(4) 等温、等压、不做非体积功条件下反应自发性的判据：

$\Delta_r G_m^{\ominus} < 0$，正向自发；

$\Delta_r G_m^{\ominus} > 0$，正向非自发，逆向自发；

$\Delta_r G_m^{\ominus} = 0$，体系处于平衡状态。

科学家简介

吉布斯

美国物理化学家吉布斯(Josiah Willard Gibbs, 1839—1903)，美国物理化学家、数学物理学家。他奠定了化学热力学的基础，提出了吉布斯自由能与吉布斯相律，创立了向量分析并将其引入数学物理之中。1839 年 2 月 11 日生于康涅狄格州的纽黑文。吉布斯年少时在霍普金斯学校学习，1854 年进入耶鲁学院，1858 年以优秀成绩毕业。学习期间在数学和拉丁文方面屡次获奖。1863 年吉布斯获得工程学博士学位，留校任教。1866 年吉布斯前往欧洲留学，在法、德两国听了许多著名学者开设的课程。1869 年吉布斯回到美国继续任教，于 1871 年成为耶鲁学院数学物理学教授，也是全美第一个这一学科的教授。1903 年 4 月 28 日在纽黑文逝世。

1873 年 34 岁的吉布斯才发表他的第一篇重要论文，采用图解法来研究流体的热力学，并提出了三维相图。麦克斯韦对吉布斯三维图的思想赞赏不已，亲手做了一个石膏模型寄给吉布斯。1876 年吉布斯在康涅狄格科学院学报上发表了奠定化学热力学基础的经典之作《论非均相物体的平衡》的第一部分。1878 年他完成了第二部分。这一长达三百余页的论文被认为是化学史上最重要的论文之一，其中提出了吉布斯自由能、化学势等概念，阐明了化学平衡、相平衡、表面吸附等现象的本质。但是，由于吉布斯本人的纯数学推导式的写作风格和刊物发行量太小，以及美国对于纯理论研究的轻视等原因，这篇文章在美国大陆没有引起回应。1892 年这篇论文由奥斯特瓦尔德译成德文，1899 年由勒·夏特列翻译为法语，受到欧洲大陆同行的重视。

1880—1884 年吉布斯将哈密尔顿的四元数思想与格拉斯曼的外代数理论结合，创立了向量分析，用来解决遇到了彗星轨道的求解问题，通过使用这一方法，吉布斯得到了斯威夫特彗星的轨道所需计算量远小于高斯的方法。1882—1889 年吉布斯避开对光的本质的讨论，应用向量分析建立了一套新的光的电磁理论。1889 年之后吉布斯撰写了一部关于统计力学的经典教科书《统计力学的基本原理》，他使用刘维尔的成果，扩展了由玻尔兹曼提出的"系综"概念，从而将热力学建立在了统计力学的基础之上。1901 年吉布斯获得当时科学界的最高奖赏柯普利奖章。1950 年吉布斯入选纽约大学的名人馆，并立半身像。

思考题与习题

1. 什么叫状态函数？状态函数有什么特性？下列哪些是状态函数？

T、p、V、Q、W、U、H、S、G、Q_p、n、m、$\Delta_f H_m^{\ominus}$

2. 什么是自由能判据？它的应用条件是什么？

3. 一个化学反应体系在恒容、恒温条件下发生变化，可通过两个途径完成：①放热 10 kJ，做电功 50 kJ；②放热 Q，不做功，则可知（   ）。

A. $Q = -10$ kJ   B. $Q = -40$ kJ   C. $Q = -60$ kJ   D. 热不是状态函数，Q 无法确定

4. 298 K 时，$4NH_3(g) + 5O_2(g) = 4NO(g) + 6H_2O(l)$ $\Delta_r H_m^{\ominus} = -1\,170$ kJ·mol^{-1}

$4NH_3(g) + 3O_2(g) = 2N_2(g) + 6H_2O(l)$ $\Delta_r H_m^{\ominus} = -1\,530$ kJ·mol^{-1}

则 NO(g) 的 $\Delta_f H_m^{\ominus}$/kJ·mol^{-1} 为（   ）。

A. 360   B. -360 C. -90 D. 90

5. 若下列反应都在 298 K 下进行，则反应的 $\Delta_r H_m^{\ominus}$ 与生成物的 $\Delta_f H_m^{\ominus}$ 相等的反应是（   ）。

A. $1/2\ H_2(g) + 1/2\ I_2(g) = HI(g)$　　　　　　B. $H_2(g) + 1/2\ Cl_2(g) = 2HCl(g)$

C. $H_2(g) + 1/2\ O_2(g) = H_2O(g)$　　　　　　D. C（金刚石）$+ O_2(g) = CO_2(g)$

6. 下列变化过程是熵增还是熵减，并做简要解释。

(1) $NH_3(g) + HCl(g) = NH_4Cl(s)$

(2) $HCOOH(l) = CO(g) + H_2O(l)$

(3) $C(s) + H_2O(g) = CO(g) + H_2(g)$

(4) 氧气溶于水中

(5) 盐从过饱和水溶液中结晶出来

7. 下列说法是否正确？对错误的说法给予说明。

(1) 体系的焓变就是该过程的热效应。

(2) 因为 $\Delta H = Q_p$，所以恒压过程才有 ΔH。

(3) 冰在室温下能融化为水，是熵增起了主要作用。

(4) $\Delta G^{\ominus} < 0$ 的反应都能自发进行。

8. 已知反应 $N_2(g) + 3H_2(g) = 2NH_3(g)$ 在 298 K 时有关热力学数据：

	$N_2(g)$	$H_2(g)$	$NH_3(g)$
$\Delta_f H_m^{\ominus}$/kJ·mol^{-1}	0	0	-41.6
$S_m^{\ominus}$/J·mol^{-1}·K^{-1}	192.0	130.0	192.3

试计算反应在 298 K 的 $\Delta_r H_m^{\ominus}$、$\Delta_r S_m^{\ominus}$ 和 $\Delta_r G_m^{\ominus}$，并判断 298 K 标准态下反应能否自发进行。

9. 已知：　　　　　　　　　$C_2H_2(g) + O_2(g) = CO_2(g) + H_2O(l)$

$\Delta_f H_m^{\ominus}$ (298 K)/kJ $\cdot$ mol^{-1} 　　226.73　　　　0　　　-393.5　　-285.8

计算 C_2H_2 的燃烧焓。

10. 已知 298 K 下，下列热化学方程式：

(1)$C(s) + O_2(g) = CO_2(g)$ 　　　　　　　　　　　$\Delta_r H_m^{\ominus}(1) = -393.51$ kJ $\cdot$ mol^{-1}

(2)$2H_2(g) + O_2(g) = 2H_2O(l)$ 　　　　　　　　$\Delta_r H_m^{\ominus}(2) = -571.66$ kJ $\cdot$ mol^{-1}

(3)$CH_3CH_2CH_3(g) + 5O_2(g) = 4H_2O(l) + 3CO_2(g)$ 　$\Delta_r H_m^{\ominus}(3) = -2\,220$ kJ $\cdot$ mol^{-1}

根据上述热化学方程式，确定 298 K 下 $\Delta_c H_m^{\ominus}(CH_3CH_2CH_3, g)$，并计算 $\Delta_f H_m^{\ominus}(CH_3CH_2CH_3, g)$。

11. 由下列热力学数据，计算生成水煤气的反应[$C(石墨) + H_2O(g) = CO(g) + H_2(g)$]能够自发进行的最低温度是多少？(不考虑 $\Delta_r H_m^{\ominus}$、$\Delta_r S_m^{\ominus}$ 随温度的变化)

298 K，101.35 kPa 时： C(石墨)　　+　　$H_2O(g)$　　=　　CO(g)　　+　　$H_2(g)$

$\Delta_f H_m^{\ominus}$ /kJ $\cdot$ mol^{-1} 　　　0　　　　　　-241.8　　　　-110.5　　　　0

$S_m^{\ominus}$ /J $\cdot$ mol^{-1} $\cdot$ K^{-1} 　　5.7　　　　　　188.7　　　　　197.9　　　　130.6

12. 判断标准状态下，以下四类反应得以自发进行的温度条件：

	$\Delta_r H_m^{\ominus}$	$\Delta_r S_m^{\ominus}$	自发进行的温度条件
1	< 0	< 0	
2	< 0	> 0	
3	> 0	> 0	
4	> 0	< 0	

第 3 章

化学平衡原理
(Chemical Equilibrium Principle)

研究一个化学反应，我们关心的一方面是反应的自发方向，另一方面是反应进行的程度，即在给定条件下，有多少反应物能够最大程度地转化为生成物，也就是化学反应的限度问题，即化学平衡问题。在一定条件下，不同的化学反应所能进行的程度不同，即使是同一化学反应，在不同条件下，所能进行的程度也不同。本章主要介绍化学平衡基本原理，讨论浓度、压力、温度对化学平衡的影响。研究化学平衡及其规律，对于实际生产过程具有重要的指导意义，在实际生产中，不仅要知道反应进行的条件，而且要知道在该条件下反应可能进行到什么程度，进一步提高产量需采取哪些措施，使化学反应向着人们所需要的方向进行。

3.1 化学平衡与平衡常数(Chemical Equilibrium and Chemical Equilibrium Constant)

3.1.1 化学平衡

化学反应有可逆和不可逆之分。在一定条件下，既能向正反应方向进行，同时又能向逆反应方向进行的化学反应叫作可逆反应。目前，已知的很多化学反应具有可逆性，只是可逆程度不同。

对于任一可逆反应

$$aA + bB \rightleftharpoons eE + fF$$

从化学反应速率角度看，在反应开始时，反应物的浓度较大，正反应的反应速率较快，而逆反应的速率很小。随着反应的进行，反应物不断被消耗，正反应的速率逐渐减慢，而生成物不断增加，逆反应的速率逐渐增大。经过一定时间后，反应物和生成物的浓度不再随时间的变化而改变，正反应速率和逆反应速率相等，此时系统所处的状态称为化学平衡状态，习惯上称为化学平衡。平衡时各物质浓度为平衡浓度。平衡系统中，各物质平衡浓度之间存在确定的定量关系。在一定条件下，无论反应是从哪个方向开始，或是以怎样的浓度开始，最终都可以达到化学平衡状态。

用热力学观点看，可逆反应的平衡状态是化学反应的推动力消耗殆尽、化学反应进行到最大限度的状态。反应开始时，反应物自由能的总和大于产物自由能的总和，$\Delta_r G_m < 0$，反应正

向自发进行。随着反应的进行，反应物的自由能总和不断减小，产物的自由能总和不断增大，最终使反应的 $\Delta_r G_m = 0$，系统达到平衡。

化学平衡具有如下特征：

①化学平衡状态是封闭系统中可逆反应能够达到的最大程度。达到平衡时，各物质浓度都不再随时间而改变。

②化学平衡是动态平衡。化学反应达到平衡时反应并未停止，正、逆反应仍在不断地进行，只是正逆反应速率相等，单位时间内各物质消耗量等于生成量。

③化学平衡是相对的和有条件的。当反应条件(如浓度、压力和温度)发生变化时，原有平衡被破坏，反应或正向自发，或逆向自发，直到在新的条件下建立新的动态平衡。

3.1.2 平衡常数

3.1.2.1 实验平衡常数 K

既然化学平衡是封闭系统中可逆反应所能达到的最大程度，那么，能否找到一种衡量平衡状态的数量标志呢？为了找到化学平衡规律，人们进行了如下实验。在三个体积均为 1 L 的密闭容器中，分别放入不同数量的 N_2O_4 和 NO_2，然后将容器置于 373 K 的恒温槽中。经过一定时间后，各密闭容器中 N_2O_4 和 NO_2 的浓度均不再随时间而变化，各系统都达到了平衡状态。上述三组实验数据见表 3-1 所列。

表 3-1　373 K 时 $N_2O_4(g) \rightleftharpoons 2NO_2(g)$ 反应系统的组成

编号	起始浓度/mol·L^{-1}		平衡浓度/mol·L^{-1}		$\dfrac{[c(NO_2)/c^{\ominus}]^2}{c(N_2O_4)/c^{\ominus}}$
	NO_2	N_2O_4	NO_2	N_2O_4	
1	0.000	0.100	0.120	0.040	0.36
2	0.100	0.000	0.072	0.014	0.36
3	0.100	0.100	0.160	0.070	0.36

表 3-1 数据表明，在一定温度下，不论反应是从反应物开始，还是从生成物开始，也不管反应的起始浓度如何，达到平衡时，$\dfrac{[c(NO_2)/c^{\ominus}]^2}{c(N_2O_4)/c^{\ominus}}$ 的比值是一个常数，这个常数确定了反应平衡时各物质浓度之间的定量关系。

人们在总结大量实验事实的基础上得出一条普遍的化学平衡规律：在一定温度下，某可逆反应达到平衡时，系统中各生成物浓度(或分压)以反应方程式中的化学计量数为幂的乘积与各反应物浓度(或分压)以反应方程式中化学计量数为幂的乘积之比为一常数，这一常数称为化学平衡常数。由于这种平衡常数是通过实验得到的，也称为实验平衡常数。

一般情况下，实验平衡常数都是有单位的量，因此使用起来很不方便，为此引入标准平衡常数。

3.1.2.2 标准平衡常数 $K^{\ominus}$

标准平衡常数 $K^{\ominus}$ 又称为热力学平衡常数，简称平衡常数。

对任一气体反应

$$aA(g) + bB(g) \Longrightarrow fF(g) + hH(g)$$

在一定温度下达到平衡时，标准平衡常数 $K^{\ominus}$ 可以表示为

$$K^{\ominus} = \frac{[p(F)/p^{\ominus}]^f \cdot [p(H)/p^{\ominus}]^h}{[p(A)/p^{\ominus}]^a \cdot [p(B)/p^{\ominus}]^b} \tag{3-1}$$

式中，$p(A)/p^{\ominus}$、$p(B)/p^{\ominus}$、$p(F)/p^{\ominus}$、$p(H)/p^{\ominus}$ 分别为反应达平衡时 A、B、F、H 组分的相对分压，即等于各组分分压除以标准压力 $p^{\ominus}$（$p^{\ominus} = 100$ kPa）。显然，由于使用相对分压，得到的 $K^{\ominus}$ 是单位为 1 的量，使用起来很方便。

对于溶液中的反应

$$aA(aq) + bB(aq) \Longrightarrow fF(aq) + hH(aq)$$

其标准平衡常数表达式为

$$K^{\ominus} = \frac{[c(F)/c^{\ominus}]^f \cdot [c(H)/c^{\ominus}]^h}{[c(A)/c^{\ominus}]^a \cdot [c(B)/c^{\ominus}]^b} \tag{3-2}$$

式中，$c(A)/c^{\ominus}$、$c(B)/c^{\ominus}$、$c(F)/c^{\ominus}$、$c(H)/c^{\ominus}$ 分别为反应达平衡时 A、B、F、H 组分的相对浓度（$c^{\ominus} = 1$ mol·L^{-1}）。同样，$K^{\ominus}$ 也是量纲为 1 的量。

标准平衡常数 $K^{\ominus}$ 是衡量平衡状态的一种数量标志，用以定量描述可逆反应进行的程度，$K^{\ominus}$ 越大，表明化学反应进行得越完全，反之，$K^{\ominus}$ 越小，化学反应进行的程度就越小；$K^{\ominus}$ 的大小，取决于化学反应的本质与温度，而与浓度、压力、是否使用催化剂以及反应达平衡所经历的途径等无关，即 $K^{\ominus}$ 是温度的函数，故使用平衡常数时必须注明温度。在实际应用中，多采用标准平衡常数。本书若无特殊说明，所使用的平衡常数均指标准平衡常数。

使用标准平衡常数时要注意以下几点：

① 书写标准平衡常数表达式时，各物质需要采用相对浓度或相对分压表示。

② 标准平衡常数表达式必须与化学方程式相对应。同一反应在同一条件下，若反应方程式书写形式不同，则平衡常数的表达就不同。例如，合成氨反应：

$$N_2(g) + 3H_2(g) \Longrightarrow 2NH_3(g) \qquad K_1^{\ominus} = \frac{[p(NH_3)/p^{\ominus}]^2}{[p(N_2)/p^{\ominus}] \cdot [p(H_2)/p^{\ominus}]^3}$$

$$\frac{1}{2}N_2(g) + \frac{3}{2}H_2(g) \Longrightarrow NH_3(g) \qquad K_2^{\ominus} = \frac{[p(NH_3)/p^{\ominus}]}{[p(N_2)/p^{\ominus}]^{\frac{1}{2}} \cdot [p(H_2)/p^{\ominus}]^{\frac{3}{2}}}$$

$$2NH_3(g) \Longrightarrow N_2(g) + 3H_2(g) \qquad K_3^{\ominus} = \frac{[p(N_2)/p^{\ominus}] \cdot [p(H_2)/p^{\ominus}]^3}{[p(NH_3)/p^{\ominus}]^2}$$

显然，$K_1^{\ominus} \neq K_2^{\ominus} \neq K_3^{\ominus}$，而是 $K_1^{\ominus} = (K_2^{\ominus})^2 = \dfrac{1}{K_3^{\ominus}}$。

③ 反应系统中的纯固体或纯液体，可把它们的浓度或压力视为常数，不写在平衡常数表达式中。例如：

$$CaCO_3(s) \Longrightarrow CaO(s) + CO_2(g) \qquad K^{\ominus} = p(CO_2)/p^{\ominus}$$

④ 在稀水溶液中进行的反应，由于溶剂的量较大，水的浓度可视为常数，不必写入平衡常数表达式中。例如：

$$Cr_2O_7^{2-} + H_2O \rightleftharpoons 2CrO_4^{2-} + 2H^+$$

$$K^{\ominus} = \frac{[c(CrO_4^{2-})/c^{\ominus}]^2 \cdot [c(H^+)/c^{\ominus}]^2}{c(Cr_2O_7^{2-})/c^{\ominus}}$$

但在非水溶液中进行的反应，若有水参加，由于水的量较少，则其浓度不可视为常数，必须写在平衡常数表达式中。例如：

$$C_2H_5OH + CH_3COOH \rightleftharpoons CH_3COOC_2H_5 + H_2O$$

此反应是在非水溶液中进行的，水只是生成物，量较少，故其浓度必须写入平衡常数表达式中，即

$$K^{\ominus} = \frac{[c(CH_3COOC_2H_5)/c^{\ominus}] \cdot [c(H_2O)/c^{\ominus}]}{[c(C_2H_5OH)/c^{\ominus}] \cdot [c(CH_3COOH)/c^{\ominus}]}$$

利用反应的标准平衡常数，可以进行有关化学平衡的计算，即可以从起始时反应物的量，计算达到平衡时各反应物和生成物的量以及反应物的平衡转化率。某物质的平衡转化率是指化学反应达平衡时该物质已转化了的量占其起始量的百分率，即

$$某物质的平衡转化率 \alpha = \frac{平衡时该物质已转化的量}{反应前该物质的量} \times 100\% \qquad (3\text{-}3)$$

反应达平衡需要一定时间，实际生产中大多数是流动生产过程，系统往往未达到平衡，反应物就离开了反应器。因此，其反应物的转化率是实际转化率，其值一般低于平衡转化率，本书中均指平衡转化率。

【例 3-1】 298 K 时，反应 $Ag^+(aq) + Fe^{2+}(aq) \rightleftharpoons Ag(s) + Fe^{3+}(aq)$ 的标准平衡常数 $K^{\ominus} = 3.2$。若反应前 $c(Ag^+) = c(Fe^{2+}) = 0.10 \ mol \cdot L^{-1}$，计算反应达到平衡后各离子的浓度及 Ag^+ 的转化率。

解： 设反应达平衡时 $c(Fe^{3+}) = x \ mol \cdot L^{-1}$，则根据反应式可知：

$$Ag^+(aq) + Fe^{2+}(aq) \rightleftharpoons Ag(s) + Fe^{3+}(aq)$$

起始物质的量浓度/mol·L^{-1} 0.10   0.10   0

平衡物质的量浓度/mol·L^{-1} 0.10 − x 0.10 − x x

$$K^{\ominus} = \frac{c(Fe^{3+})/c^{\ominus}}{[c(Ag^+)/c^{\ominus}] \cdot [c(Fe^{2+})/c^{\ominus}]} = \frac{x}{(0.10-x)^2} = 3.2$$

得

$$x = 0.020 \ mol \cdot L^{-1}$$

即平衡时，$c(Fe^{3+}) = 0.02 \ mol \cdot L^{-1}$，$c(Fe^{2+}) = 0.08 \ mol \cdot L^{-1}$，$c(Ag^+) = 0.08 \ mol \cdot L^{-1}$。

根据式(3-3)，达平衡时 Ag^+ 的转化率

$$\alpha = \frac{(0.10-0.08) \ mol \cdot L^{-1}}{0.10 \ mol \cdot L^{-1}} \times 100\% = 20\%$$

【例 3-2】 下列反应表示氧合血红蛋白转化为一氧化碳血红蛋白：

$$CO(g) + Hem \cdot O_2(aq) \rightleftharpoons O_2(g) + Hem \cdot CO(aq)$$

在 $K^{\ominus}$(体温)等于 210 时，经实验证明，只要有 10% 的氧合血红蛋白转化为一氧化碳血红蛋白，人就会中毒死亡。计算空气中 CO 的体积分数达到多少，即会对人的生命造成危险？

解： 空气的总压力约为 100 kPa，其中 O_2 的分压力约为 21 kPa。当有 10% 的氧合血红蛋白转化为一氧化碳血红蛋白时，

$$\frac{c(\text{Hem} \cdot \text{CO})/c^{\ominus}}{c(\text{Hem} \cdot \text{O}_2)/c^{\ominus}} = \frac{1}{9}$$

$$K^{\ominus} = \frac{[c(\text{Hem} \cdot \text{CO})/c^{\ominus}] \cdot [p(\text{O}_2)/p^{\ominus}]}{[c(\text{Hem} \cdot \text{O}_2)/c^{\ominus}] \cdot [p(\text{CO})/p^{\ominus}]} = \frac{0.21}{9[p(\text{CO})/p^{\ominus}]} = 210$$

$$p(\text{CO}) = 0.01 \text{ kPa}$$

故 CO 的体积分数为 $\frac{0.01 \text{ kPa}}{100 \text{ kPa}} = 0.01\%$，即空气中 CO 的体积分数达万分之一时，即可对生命造成威胁。

3.1.3 多重平衡

在化学反应中，特别是在有机化学反应中，经常会遇到多个平衡同时存在的现象，系统内有些物质同时参加了多个平衡，它可以是反应物，也可以是生成物，其浓度或分压只有一个数值，但却能够满足多个平衡，这种平衡系统，称为多重平衡系统。处于多重平衡系统的各个反应有各自的平衡常数，它们通过共同的物质相互联系。例如，下列反应在同一系统内进行，且都达到了化学平衡：

$$2\text{NO(g)} + \text{O}_2\text{(g)} \rightleftharpoons 2\text{NO}_2\text{(g)} \qquad K_1^{\ominus} = \frac{[p(\text{NO}_2)/p^{\ominus}]^2}{[p(\text{NO})/p^{\ominus}]^2 \cdot [p(\text{O}_2)/p^{\ominus}]} \qquad (1)$$

$$2\text{NO}_2\text{(g)} \rightleftharpoons \text{N}_2\text{O}_4\text{(g)} \qquad K_2^{\ominus} = \frac{[p(\text{N}_2\text{O}_4)/p^{\ominus}]}{[p(\text{NO}_2)/p^{\ominus}]^2} \qquad (2)$$

$$2\text{NO(g)} + \text{O}_2\text{(g)} \rightleftharpoons \text{N}_2\text{O}_4\text{(g)} \qquad K_3^{\ominus} = \frac{[p(\text{N}_2\text{O}_4)/p^{\ominus}]}{[p(\text{NO})/p^{\ominus}]^2 \cdot [p(\text{O}_2)/p^{\ominus}]} \qquad (3)$$

由上可看出：反应(3)=反应(1)+反应(2)，且 $K_3^{\ominus} = K_1^{\ominus} \cdot K_2^{\ominus}$。

热力学理论证明，若某反应可以表示成几个反应的总和，则总反应的平衡常数为各个反应平衡常数的乘积，即 $K_{总}^{\ominus} = K_1^{\ominus} \cdot K_2^{\ominus} \cdot K_3^{\ominus} \cdots$ 若某反应由两个反应之差构成，则总反应的平衡常数等于两个反应平衡常数之商，即 $K_{总}^{\ominus} = K_1^{\ominus}/K_2^{\ominus}$，这种关系称为多重平衡规则。需要注意的是，平衡常数与温度有关，因此，应用多重平衡规则时，应注意所有平衡常数必须是相同温度时的值。

掌握和运用多重平衡规则具有重要意义，特别是有些化学反应的平衡常数较难测定或不能直接查到，应用多重平衡规则可以很方便地根据已知反应的平衡常数将其计算出来。

【例 3-3】 已知反应 $\text{NO(g)} + \frac{1}{2}\text{Br}_2\text{(l)} \rightleftharpoons \text{NOBr(g)}$（溴化亚硝酰），25 ℃时的平衡常数 $K_1^{\ominus} = 3.6 \times 10^{-15}$，液体溴在 25 ℃时的饱和蒸气压为 28.4 kPa。求 25 ℃时反应 $\text{NO(g)} + \frac{1}{2}\text{Br}_2\text{(g)} \rightleftharpoons \text{NOBr(g)}$ 的标准平衡常数 $K^{\ominus}$。

解：已知 25 ℃时，$NO(g) + \frac{1}{2}Br_2(l) \rightleftharpoons NOBr(g)$　　　$K_1^{\ominus} = 3.6 \times 10^{-15}$　　　(1)

从 25 ℃时液体溴的饱和蒸气压可得液态溴转化为气态溴的平衡常数。即

$$Br_2(l) \rightleftharpoons Br_2(g) \qquad K_2^{\ominus} = \frac{28.4\ \text{kPa}}{100\ \text{kPa}} = 0.284 \qquad (2)$$

$$\frac{1}{2}Br_2(l) \rightleftharpoons \frac{1}{2}Br_2(g) \qquad K_3^{\ominus} = \sqrt{K_2^{\ominus}} = 0.533 \qquad (3)$$

由反应式(1)~(3)得

$$NO(g) + \frac{1}{2}Br_2(g) \rightleftharpoons NOBr(g)$$

$$K^{\ominus} = K_1^{\ominus} \times \frac{1}{K_3^{\ominus}} = \frac{3.6 \times 10^{-15}}{0.533} = 6.75 \times 10^{-15}$$

3.2　化学平衡与吉布斯自由能变(Chemical Equilibrium and Gibbs Free Energy Change)

根据化学反应等温方程，对于任一可逆反应

$$aA(g) + bB(g) \rightleftharpoons fF(g) + hH(g)$$

有　　　　　　　　　　　$$\Delta_r G_m(T) = \Delta_r G_m^{\ominus}(T) + RT\ln Q$$

式中反应商　　　　　　　$$Q = \frac{[p(F)/p^{\ominus}]^f \cdot [p(H)/p^{\ominus}]^h}{[p(A)/p^{\ominus}]^a \cdot [p(B)/p^{\ominus}]^b}$$

当反应达到平衡时，$\Delta_r G_m(T) = 0$，即

$$\Delta_r G_m^{\ominus}(T) + RT\ln Q = 0$$

由于平衡时 $Q = K^{\ominus}$，所以

$$\Delta_r G_m^{\ominus}(T) = -RT\ln K^{\ominus}$$

则　　　　　　　　　　　$$\ln K^{\ominus} = -\frac{\Delta_r G_m^{\ominus}(T)}{RT} \qquad (3\text{-}4)$$

式(3-4)说明了标准平衡常数 $K^{\ominus}$ 与标准摩尔吉布斯自由能变 $\Delta_r G_m^{\ominus}(T)$ 之间的关系。一定温度下，化学反应的 $\Delta_r G_m^{\ominus}(T)$ 越小，$K^{\ominus}$ 就越大，反应进行程度越大；反之，$\Delta_r G_m^{\ominus}(T)$ 越大，$K^{\ominus}$ 就越小，反应进行程度越小。

将 $\Delta_r G_m^{\ominus}(T) = -RT\ln K^{\ominus}$ 代入 $\Delta_r G_m(T) = \Delta_r G_m^{\ominus}(T) + RT\ln Q$，等温式可写成：

$$\Delta_r G_m(T) = -RT\ln K^{\ominus} + RT\ln Q$$

$$\Delta_r G_m(T) = RT\ln \frac{Q}{K^{\ominus}} \qquad (3\text{-}5)$$

式(3-5)称为范特霍夫化学反应等温方程式。一定温度下 $K^{\ominus}$ 为定值，因此只要知道任意时刻反应系统中各组分的浓度或分压，就可以由 Q 与 $K^{\ominus}$ 的相对大小，判断该温度下反应的

自发方向，称为反应商判据。

当 $Q<K^{\ominus}$ 时，$\Delta_r G_m^{\ominus}(T)<0$，正反应自发进行；

当 $Q>K^{\ominus}$ 时，$\Delta_r G_m^{\ominus}(T)>0$，逆反应自发进行；

当 $Q=K^{\ominus}$ 时，$\Delta_r G_m^{\ominus}(T)=0$，反应达平衡状态。

【例 3-4】已知反应 $2SO_2(g)+O_2(g) \rightleftharpoons 2SO_3(g)$，查热力学数据表，计算：(1)反应在 500 K 时的平衡常数；(2)500 K 时，若 $p(SO_3)=100$ kPa，$p(SO_2)=p(O_2)=25$ kPa 时，判断反应方向。

解：

$$2SO_2(g) \quad + \quad O_2(g) \rightleftharpoons 2SO_3(g)$$

$\Delta_f H_m^{\ominus}$ /kJ·mol^{-1}	-269.83	0	-395.72
$S_m^{\ominus}$ /J·mol^{-1}·K^{-1}	248.22	205.138	256.76

$$\Delta_r H_m^{\ominus}=\sum_B \nu_B \Delta_f H_m^{\ominus}(B, 状态)$$
$$=2\Delta_f H_m^{\ominus}(SO_3, g)-2\Delta_f H_m^{\ominus}(SO_2, g)-\Delta_f H_m^{\ominus}(O_2, g)$$
$$=2\times(-395.72)-2\times(-269.83)-0$$
$$=-197.78 \text{ kJ·mol}^{-1}$$

$$\Delta_r S_m^{\ominus}=\sum_B \nu_B S_m^{\ominus}(B, 状态)$$
$$=2S_m^{\ominus}(SO_3, g)-2S_m^{\ominus}(SO_2, g)-S_m^{\ominus}(O_2, g)$$
$$=2\times256.76-2\times248.22-205.138$$
$$=-188.058 \text{ J·mol}^{-1}\cdot\text{K}^{-1}$$

(1) 500 K 时，根据 Gibbs-Helmholtz 方程

$$\Delta_r G_m^{\ominus}(T)=\Delta_r H_m^{\ominus}-T\Delta_r S_m^{\ominus}$$
$$=-197.78 \text{ kJ·mol}^{-1}-500 \text{ K}\times(-188.058\times10^{-3} \text{ kJ·mol}^{-1}\cdot\text{K}^{-1})$$
$$=-103.751 \text{ kJ·mol}^{-1}$$

$$\ln K^{\ominus}(T)=-\frac{\Delta_r G_m^{\ominus}(T)}{RT}=-\frac{-103.751 \text{ kJ·mol}^{-1}}{8.314\times10^{-3}\text{kJ·mol}^{-1}\cdot\text{K}^{-1}\times500 \text{ K}}=24.96$$
$$K^{\ominus}=6.92\times10^{10}$$

(2) 500 K 时

$$Q=\frac{[p(SO_3)/p^{\ominus}]^2}{[p(SO_2)/p^{\ominus}]^2\cdot[p(O_2)/p^{\ominus}]}=\frac{(100 \text{ kPa}/100 \text{ kPa})^2}{(25 \text{ kPa}/100 \text{ kPa})^2\times(25 \text{ kPa}/100 \text{ kPa})}=64$$

得 $Q<K^{\ominus}$，反应正向自发。

3.3 化学平衡的移动(Shift of Chemical Equilibrium)

化学平衡是动态平衡，它是相对的和有条件的。当反应条件发生改变时，系统中原有平衡可能被破坏，一段时间后，系统在新的条件下又建立起新的平衡。可逆反应从一种条件下的平

衡转变为另一种条件下的平衡，叫作化学平衡的移动。

一个可逆反应在一定温度下自发进行的方向由反应商 Q 和标准平衡常数 $K^{\ominus}$ 的相对大小决定。当系统处于平衡状态时，$Q = K^{\ominus}$，$\Delta_r G_m^{\ominus}(T) = 0$。如果要使平衡发生移动，只要改变条件，使反应商或标准平衡常数发生变化，$Q \neq K^{\ominus}$ 即可。要达到这个目的，可以采取两个途径：一是改变反应物或生成物的浓度（或分压），使 Q 值变化；二是通过改变温度，使 $K^{\ominus}$ 发生改变。由此可见，浓度、压力和温度等因素都可以引起平衡移动。掌握化学平衡移动的规律，可以使化学平衡向着我们需要的方向移动。下面分别讨论浓度、压力、温度对化学平衡移动的影响。

3.3.1　浓度对化学平衡移动的影响

对任一可逆反应　　　$a\mathrm{A(aq)} + b\mathrm{B(aq)} \rightleftharpoons f\mathrm{F(aq)} + h\mathrm{H(aq)}$

在一定温度下　　　　$$Q = \frac{[c(\mathrm{F})/c^{\ominus}]^f \cdot [c(\mathrm{H})/c^{\ominus}]^h}{[c(\mathrm{A})/c^{\ominus}]^a \cdot [c(\mathrm{B})/c^{\ominus}]^b}$$

反应商 Q 的表达形式和标准平衡常数 $K^{\ominus}$ 完全相同，但其意义不同，Q 为任意状态下系统中各组分相对分压或相对浓度间的关系，而 $K^{\ominus}$ 是反应达平衡时各组分相对分压或相对浓度间的关系，只有当反应达到平衡时，Q 才等于 $K^{\ominus}$。

当反应系统达到平衡状态时，$Q = K^{\ominus}$，$\Delta_r G_m^{\ominus}(T) = 0$；增加反应物浓度或减小生成物浓度，$Q$ 值减小，使得 $Q < K^{\ominus}$，$\Delta_r G_m^{\ominus}(T) < 0$，平衡正向移动；增加生成物浓度或减小反应物浓度，$Q$ 值变大，使得 $Q > K^{\ominus}$，$\Delta_r G_m^{\ominus}(T) > 0$，平衡逆向移动。

【例 3-5】某温度时，反应 $CO(g) + H_2O(g) \rightleftharpoons CO_2(g) + H_2(g)$ 的 $K^{\ominus} = 1.0$，若反应开始时，CO 和 H_2O 的浓度均为 $2.0 \text{ mol} \cdot L^{-1}$，$CO_2$ 浓度为 $0.5 \text{ mol} \cdot L^{-1}$，$H_2$ 浓度为 $1.0 \text{ mol} \cdot L^{-1}$。试通过计算说明：

(1) 此时反应向何方向进行？CO 转化率为多少？

(2) 若温度和体积不变，在上述平衡系统中增加水蒸气的浓度，使之成为 $2.5 \text{ mol} \cdot L^{-1}$，平衡将如何移动？CO 转化率又为多少？达新平衡时，各物质的浓度又将如何变化？

解：(1)根据题意

$$Q = \frac{[c(\mathrm{CO_2})/c^{\ominus}] \cdot [c(\mathrm{H_2})/c^{\ominus}]}{[c(\mathrm{CO})/c^{\ominus}] \cdot [c(\mathrm{H_2O})/c^{\ominus}]} = \frac{0.5 \times 1.0}{2.0 \times 2.0} = 0.125$$

$Q < K^{\ominus}$，所以反应正向自发。

设平衡时 CO 消耗 $x \text{ mol} \cdot L^{-1}$，则

	$CO(g)$	$+$	$H_2O(g)$	$\rightleftharpoons$	$CO_2(g)$	$+$	$H_2(g)$
起始物质的量浓度/mol·L⁻¹	2.0		2.0		0.5		0
平衡物质的量浓度/mol·L⁻¹	$2.0-x$		$2.0-x$		$0.5+x$		$1.0+x$

将平衡浓度代入下式：

$$K^{\ominus} = \frac{[c(\mathrm{CO_2})/c^{\ominus}] \cdot [c(\mathrm{H_2})/c^{\ominus}]}{[c(\mathrm{CO})/c^{\ominus}] \cdot [c(\mathrm{H_2O})/c^{\ominus}]} = \frac{(0.5+x) \times (1.0+x)}{(2.0-x)^2} = 1.0$$

$$x = 0.64$$

所以平衡时 $c(CO) = c(H_2O) = (2.0 - 0.64) \text{mol} \cdot L^{-1} = 1.36 \text{ mol} \cdot L^{-1}$

$$c(CO_2) = (0.5 + 0.64) \text{mol} \cdot L^{-1} = 1.14 \text{ mol} \cdot L^{-1}$$

$$c(H_2) = (1.0 + 0.64) \text{mol} \cdot L^{-1} = 1.64 \text{ mol} \cdot L^{-1}$$

达平衡时 CO 的转化率 $\alpha = \dfrac{0.64 \text{ mol} \cdot L^{-1}}{2.0 \text{ mol} \cdot L^{-1}} \times 100\% = 32.0\%$。

(2)根据题意

$$Q = \frac{[c(CO_2)/c^{\ominus}] \cdot [c(H_2)/c^{\ominus}]}{[c(CO)/c^{\ominus}] \cdot [c(H_2O)/c^{\ominus}]} = \frac{1.14 \times 1.64}{1.36 \times 2.5} = 0.55$$

$Q < K^{\ominus}$，所以反应正向自发。

设再次平衡时 CO 又消耗了 y mol·L^{-1}，则

	CO(g)	+	H₂O(g)	⇌	CO₂(g)	+	H₂(g)
起始物质的量浓度/mol·L⁻¹	1.36		2.5		1.14		1.64
平衡物质的量浓度/mol·L⁻¹	1.36−y		2.5−y		1.14+y		1.64+y

由于温度未变，故 $K^{\ominus}$ 仍为 1.0，那么

$$K^{\ominus} = \frac{[c(CO_2)/c^{\ominus}] \cdot [c(H_2)/c^{\ominus}]}{[c(CO)/c^{\ominus}] \cdot [c(H_2O)/c^{\ominus}]} = \frac{(1.14+y)(1.64+y)}{(1.36-y)(2.5-y)} = 1.0$$

$$y = 0.23$$

$$0.64 + 0.23 = 0.87$$

再次平衡时 CO 共消耗 0.87 mol·L^{-1}。

CO 的转化率 $\alpha = \dfrac{0.87 \text{ mol} \cdot L^{-1}}{2.0 \text{ mol} \cdot L^{-1}} \times 100\% = 43.5\%$

平衡时 $c(CO) = (1.36 - 0.23) \text{mol} \cdot L^{-1} = 1.13 \text{ mol} \cdot L^{-1}$

$$c(H_2O) = (2.5 - 0.23) \text{mol} \cdot L^{-1} = 2.27 \text{ mol} \cdot L^{-1}$$

$$c(CO_2) = (1.14 + 0.23) \text{mol} \cdot L^{-1} = 1.37 \text{ mol} \cdot L^{-1}$$

$$c(H_2) = (1.64 + 0.23) \text{mol} \cdot L^{-1} = 1.87 \text{ mol} \cdot L^{-1}$$

从计算结果看出，在平衡系统中，增加反应物水的浓度，平衡正向移动，CO 转化率提高。

实际生产中，经常采用增加廉价、易得的反应物浓度的方法，使平衡向正向移动，从而提高贵重反应物的转化率。

3.3.2 压力对化学平衡移动的影响

一般情况下，对只有固相或液相参与的反应，压力的变化对固体、液体的体积影响很小，所以压力改变对平衡的影响可以忽略不计。而在有气体物质参与的化学反应中，压力对气体反应平衡移动的影响有两种情况。

(1)反应前后气体分子数不相等的反应

例如：

$$N_2(g) + 3H_2(g) \rightleftharpoons 2NH_3(g)$$

在一定温度下，当上述反应达到平衡时，各组分的平衡分压为 $p(N_2)$、$p(H_2)$、$p(NH_3)$，则

$$K^{\ominus} = \frac{[p(NH_3)/p^{\ominus}]^2}{[p(N_2)/p^{\ominus}] \cdot [p(H_2)/p^{\ominus}]^3}$$

如果平衡系统的总压力增加到原来的两倍，则各组分分压也增加到原分压的两倍，于是：

$$Q = \frac{[2p(NH_3)/p^{\ominus}]^2}{[2p(N_2)/p^{\ominus}] \cdot [2p(H_2)/p^{\ominus}]^3} = \frac{1}{4}K^{\ominus} < K^{\ominus}$$

$$\Delta_r G_m^{\ominus}(T) < 0$$

此时系统已经不再处于平衡状态，反应朝着生成氨，即气体分子数目减少的方向进行。随着反应的进行，$p(NH_3)$ 不断增大，$p(N_2)$ 和 $p(H_2)$ 不断减小，Q 值增大。最后，当 Q 重新等于 $K^{\ominus}$ 时，$\Delta_r G_m^{\ominus}(T)$ 又等于零，则系统在新的条件下达到了新的平衡。

同理，保持温度不变，若将平衡系统总压力减小为原来的 $1/2$，则各组分的分压也相应降低为原来的 $1/2$，则

$$Q = \frac{[1/2 \, p(NH_3)/p^{\ominus}]^2}{[1/2 \, p(N_2)/p^{\ominus}] \cdot [1/2 \, p(H_2)/p^{\ominus}]^3} = 4K^{\ominus} > K^{\ominus}$$

$$\Delta_r G_m^{\ominus}(T) > 0$$

此时反应朝着氨分解，即气体分子数目增多的方向进行。

可见，在等温条件下，增大系统总压力，平衡将向气体分子数目减少的方向移动；减小系统总压力，平衡向气体分子数目增多的方向移动。

（2）反应前后气体分子数目相等的反应

例如：
$$CO(g) + H_2O(g) \rightleftharpoons CO_2(g) + H_2(g)$$

在一定条件下达到平衡时，各组分的平衡分压分别为：$p(CO)$、$p(H_2O)$、$p(CO_2)$、$p(H_2)$，则

$$K^{\ominus} = \frac{[p(CO_2)/p^{\ominus}] \cdot [p(H_2)/p^{\ominus}]}{[p(CO)/p^{\ominus}] \cdot [p(H_2O)/p^{\ominus}]}$$

当系统总压力增加或减小 n 倍，各组分分压均增加或减小 n 倍，此时

$$Q = \frac{[np(CO_2)/p^{\ominus}] \cdot [np(H_2)/p^{\ominus}]}{[np(CO)/p^{\ominus}] \cdot [np(H_2O)/p^{\ominus}]} = K^{\ominus}$$

可见，在等温条件下，如果反应前后气体分子数不变，改变压力对平衡没有影响，即平衡不发生移动。

向平衡系统中引入惰性气体可以使系统总压改变，其对化学平衡的影响有定温定容和定温定压两种情况。

在定温定容情况下，向平衡系统加入惰性气体，虽然系统的总压增大，但系统中各气态物质的分压不会改变，不会引起平衡的移动。

在定温定压下加入惰性气体，向平衡系统引入惰性气体，为保持总压不变，系统的体积必

然增大，此时系统中各气体组分相当于被"冲稀"，分压减小。由前面的分析可知，对反应物和产物气体分子数不相等的反应，平衡向气体分子数增大的方向移动；对反应前后气体分子数不变的反应，平衡不移动。

3.3.3 温度对化学平衡移动的影响

温度对化学平衡移动的影响，主要是影响平衡常数 $K^\ominus$ 的值，这与浓度、压力对化学平衡的影响有本质的不同。当一个化学反应达到平衡后，改变系统的温度，平衡常数 $K^\ominus$ 的值发生变化，导致 $Q \neq K^\ominus$，引起平衡移动。

对一给定化学反应，有

$$\Delta_r G_m^\ominus(T) = -RT\ln K^\ominus$$

$$\Delta_r G_m^\ominus(T) = \Delta_r H_m^\ominus - T\Delta_r S_m^\ominus$$

两式合并，得

$$\ln K^\ominus = -\frac{\Delta_r H_m^\ominus}{RT} + \frac{\Delta_r S_m^\ominus}{R} \tag{3-6}$$

设该反应在温度为 T_1 时的平衡常数为 $K_1^\ominus$，在温度为 T_2 时的平衡常数为 $K_2^\ominus$，则

$$\ln K_1^\ominus = -\frac{\Delta_r H_m^\ominus}{RT_1} + \frac{\Delta_r S_m^\ominus}{R}$$

$$\ln K_2^\ominus = -\frac{\Delta_r H_m^\ominus}{RT_2} + \frac{\Delta_r S_m^\ominus}{R}$$

因为 $\Delta_r H_m^\ominus$ 和 $\Delta_r S_m^\ominus$ 受温度变化的影响很小，可以认为它们与温度变化无关。将两式相减得

$$\ln \frac{K_2^\ominus}{K_1^\ominus} = \frac{\Delta_r H_m^\ominus}{R}\left(\frac{1}{T_1} - \frac{1}{T_2}\right)$$

$$\ln \frac{K_2^\ominus}{K_1^\ominus} = \frac{\Delta_r H_m^\ominus}{R}\left(\frac{T_2 - T_1}{T_1 T_2}\right) \tag{3-7}$$

式(3-7)表明温度对平衡常数的影响与化学反应的 $\Delta_r H_m^\ominus$ 有关。对放热反应，$\Delta_r H_m^\ominus < 0$，升高温度($T_2 > T_1$)，$K_2^\ominus < K_1^\ominus$，平衡常数随温度升高而减小，平衡逆向移动，即向吸热方向移动；降低温度($T_2 < T_1$)，$K_2^\ominus > K_1^\ominus$，平衡正向移动，即向放热方向移动。对吸热反应，$\Delta_r H_m^\ominus > 0$，升高温度($T_2 > T_1$)，$K_2^\ominus > K_1^\ominus$，平衡常数随温度的升高而增大，反应正向移动，即平衡向吸热方向移动；降低温度($T_2 < T_1$)，$K_2^\ominus < K_1^\ominus$，平衡逆向移动，即向放热方向移动。

因此，温度对化学平衡的影响是：在恒定浓度或分压情况下，对于已达平衡的可逆系统，升高温度，平衡向吸热方向移动；降低温度，平衡向放热方向移动。

【例3-6】合成氨工业中，CO 的变换反应 $CO(g) + H_2O(g) \rightleftharpoons CO_2(g) + H_2(g)$，$\Delta_r H_m^\ominus = -41.12 \text{ kJ} \cdot \text{mol}^{-1}$，在 500 K 时 $K_1^\ominus = 126$，求 800 K 时 $K_2^\ominus$ 是多少？

解：将数据代入式(3-7)

$$\ln\frac{K_2^\ominus}{K_1^\ominus}=\frac{\Delta_r H_m^\ominus}{R}\left(\frac{T_2-T_1}{T_1 T_2}\right)$$

得

$$\ln\frac{K_2^\ominus}{126}=\frac{-41.12\ \text{kJ}\cdot\text{mol}^{-1}}{8.314\times10^{-3}\ \text{kJ}\cdot\text{mol}^{-1}\cdot\text{K}^{-1}}\times\left(\frac{800\ \text{K}-500\ \text{K}}{800\ \text{K}\times500\ \text{K}}\right)$$

解得 $K_2^\ominus=3.09$

可见，对于放热反应，升高温度后，平衡常数减小了，平衡逆向移动。

【**例 3-7**】已知反应 C(石墨，s) + CO$_2$(g) $\rightleftharpoons$ 2CO(g)，在 1 000 ℃时平衡常数 $K_1^\ominus=1.60\times10^2$，1 227 ℃时平衡常数 $K_2^\ominus=2.10\times10^3$，求反应的 $\Delta_r H_m^\ominus$ 为多少？该反应是吸热反应还是放热反应？

解：将数据代入式(3-7)

$$\ln\frac{K_2^\ominus}{K_1^\ominus}=\frac{\Delta_r H_m^\ominus}{R}\left(\frac{T_2-T_1}{T_1 T_2}\right)$$

$$\ln\frac{2.10\times10^3}{1.60\times10^2}=\frac{\Delta_r H_m^\ominus}{8.314\times10^{-3}\ \text{kJ}\cdot\text{mol}^{-1}\cdot\text{K}^{-1}}\times\left[\frac{(1\ 227+273.15)\ \text{K}-(1\ 000+273.15)\ \text{K}}{(1\ 227+273.15)\ \text{K}\times(1\ 000+273.15)\ \text{K}}\right]$$

解得 $\Delta_r H_m^\ominus=180.48\ \text{kJ}\cdot\text{mol}^{-1}>0$，所以此反应是吸热反应。

1887 年，法国物理学家勒·夏特列总结了浓度、压力和温度对化学平衡移动的影响，得到一个普遍规律：对于任何一个处于平衡状态的可逆系统，改变系统平衡的条件之一，如温度、压力或浓度，平衡就向着减弱这种改变的方向移动。这一规律称为化学平衡移动原理，也称为勒·夏特列原理。

需注意的是，勒·夏特列原理只适用已处于平衡的系统，对于未达到平衡的系统是不适用的。平衡条件中单一因素的改变，由该原理可得出平衡移动的肯定结论。也可以说，如果对平衡施加影响，平衡就向着减弱这种影响的方向移动。但该原理只是定性地给出平衡移动的方向，并不能定量地说明平衡系统中各物质的量的变化关系。

加入催化剂，由于系统的始态和终态不变，反应的摩尔吉布斯自由能变和平衡常数不改变，因此不影响化学平衡。催化剂只是改变反应的活化能，从而改变反应达到平衡的时间。

本章小结

1. 基本概念
可逆反应、化学平衡、平衡常数、多重平衡、化学平衡移动。
2. 标准平衡常数表达式
对任一可逆反应 aA+bB $\rightleftharpoons$ fF+hH，在一定温度下达到平衡时，标准平衡常数 $K^\ominus$ 可以表示为：

$$K^{\ominus} = \frac{[p(F)/p^{\ominus}]^f \cdot [p(H)/p^{\ominus}]^h}{[p(A)/p^{\ominus}]^a \cdot [p(B)/p^{\ominus}]^b} \text{（气相反应）} \quad \text{或} \quad K^{\ominus} = \frac{[c(F)/c^{\ominus}]^f \cdot [c(H)/c^{\ominus}]^h}{[c(A)/c^{\ominus}]^a \cdot [c(B)/c^{\ominus}]^b}$$

（液相反应）

$K^{\ominus}$ 单位为1，其大小取决于化学反应的本质与温度。

3. 化学平衡移动原理（勒·夏特列原理）

处于平衡状态的可逆系统，改变系统平衡的条件之一，平衡就向着减弱这种改变的方向移动。

影响化学平衡移动的因素主要有浓度、压力和温度。

对于已达平衡的可逆系统：

（1）增加反应物浓度或减小生成物浓度，平衡正向移动；增加生成物浓度或减小反应物浓度，平衡逆向移动。

（2）增大系统总压力，平衡将向气体分子数目减少的方向移动；减小系统总压力，平衡向气体分子数目增多的方向移动。如反应前后气体分子数不变，改变压力对平衡没有影响。

（3）升高温度，平衡向吸热方向移动；降低温度，平衡向放热方向移动。

4. 化学反应等温方程式及判断化学反应进行方向的反应商判据

$$\Delta_r G_m(T) = RT \ln \frac{Q}{K^{\ominus}}$$

当 $Q < K^{\ominus}$ 时，$\Delta_r G_m^{\ominus}(T) < 0$，正反应自发进行；

当 $Q > K^{\ominus}$ 时，$\Delta_r G_m^{\ominus}(T) > 0$，逆反应自发进行；

当 $Q = K^{\ominus}$ 时，$\Delta_r G_m^{\ominus}(T) = 0$，反应达平衡状态。

科学家简介

勒·夏特列

1850年10月8日勒·夏特列（Le Chatelier, Henri Louis）出生于巴黎的一个化学世家。他的祖父和父亲都从事跟化学有关的事业，当时法国许多知名化学家都是他家的座上客。因此，他从小就受到化学家们的熏陶，中学时代他特别爱好化学实验，一有空便到祖父开设的水泥厂实验室做化学实验。

勒·夏特列的大学学业因普法战争而中途辍学。战后回来，他决定去专修矿冶工程学。1875年，他以优异的成绩毕业于巴黎工业大学，1887年获博士学位，随即在高等矿业学校取得普通化学教授的职位。1907年还兼任法国矿业部长，在第一次世界大战期间出任法国武装部长，1919年退休。勒·夏特列于1936年9月17日卒于伊泽尔。

勒·夏特列是一位精力旺盛的法国科学家，他研究过水泥的煅烧和凝固、陶器和玻璃器皿的退火、磨蚀剂的制造以及燃料、玻璃和炸药的发展等问题。从他研究的内容也可看出他对科学和工业之间的关系特别感兴趣。勒·夏特列还发明了热电偶和光学高温计，高温计可顺利地测定 3 000 ℃以上的高温。此外，他对乙炔气的研究，致使他发明了氧炔焰发生器，迄今还用于金属的切割和焊接。

勒·夏特列对水泥、陶瓷和玻璃的化学原理很感兴趣，也为防止矿井爆炸而研究过火焰的物化原理。这就使得他要去研究热和热的测量。1877 年，他提出用热电偶测量高温。这是由两根金属丝组成的，一根是铂，另一根是铂铑合金，两端用导线相接。一端受热时，即有一微弱电流通过导线，电流强度与温度成正比。他还利用热体会发射光线的原理发明了一种测量高温的光学高温计。

对热学的研究很自然将他引导到热力学的领域中去，使他得以在 1888 年宣布了一条闻名遐迩的定律，那就是勒·夏特列原理。这个原理可以表达为："把平衡状态的某一因素加以改变之后，将使平衡状态向抵消原来因素改变的效果的方向移动。"勒·夏特列原理因可预测特定变化条件下化学反应的方向，所以有助于化学工业的合理化安排和指导化学家们最大限度地减少浪费，生产所希望的产品。勒·夏特列原理的应用可以使某些工业生产过程的转化率达到或接近理论值，同时也可以避免一些并无实效的方案，其应用非常广泛。

思考题与习题

1. 化学平衡的主要特征是什么？

2. 使用标准平衡常数的注意事项有哪些？

3. 简述浓度、压力、温度对化学平衡移动的影响。催化剂是否影响化学平衡？

4. 反应商 Q 与标准平衡常数 $K^{\ominus}$ 的表达形式相同，意义是否相同？

5. 写出下列反应的标准平衡常数表达式。

(1) $2SO_2(g) + O_2(g) \rightleftharpoons 2SO_3(g)$

(2) $Fe(s) + 2H^+(aq) \rightleftharpoons Fe^{2+}(aq) + H_2(g)$

(3) $2NaHCO_3(s) \rightleftharpoons Na_2CO_3(s) + CO_2(g) + H_2O(g)$

6. 已知下列反应的平衡常数：

(1) $H_2(g) + 1/2 O_2(g) \rightleftharpoons H_2O(g)$ $\quad\quad\quad K_1^{\ominus}$

(2) $N_2(g) + O_2(g) \rightleftharpoons 2NO(g)$ $\quad\quad\quad K_2^{\ominus}$

(3) $2NH_3(g) + 5/2 O_2(g) \rightleftharpoons 2NO(g) + 3H_2O(g)$ $\quad K_3^{\ominus}$

写出反应(4) $N_2(g) + 3H_2(g) \rightleftharpoons 2NH_3(g)$ 在该温度时的平衡常数 $K_4^{\ominus}$ 的表达式。

7. 填空

(1) 反应 $N_2(g) + 3H_2(g) \rightleftharpoons 2NH_3(g)$，$\Delta_r H_m^{\ominus} = -92.2 \text{ kJ·mol}^{-1}$，升高温度，则下列各项将如何变化？（填增大、减小或基本不变）

$\Delta_r H_m^{\ominus}$ _____，$\Delta_r S_m^{\ominus}$ _____，$\Delta_r G_m^{\ominus}$ _____，$K^{\ominus}$ _____。

(2) 已知反应① $2CO(g) + O_2(g) \rightleftharpoons 2CO_2(g)$ $\quad \Delta_r H_m^{\ominus} = -566 \text{ kJ·mol}^{-1}$

② $2C(s) + O_2(g) \rightleftharpoons 2CO(g)$ $\quad \Delta_r H_m^{\ominus} = -221 \text{ kJ·mol}^{-1}$

随反应温度升高，反应①的 $\Delta_r G_m^{\ominus}$ 变_____，$K^{\ominus}$ 变_____；反应②的 $\Delta_r G_m^{\ominus}$ 变_____，$K^{\ominus}$ 变_____。

8. 判断反应 $2NO_2(g) \rightleftharpoons N_2O_4(g)$ 在 298.15 K 时的自发方向并计算反应的平衡常数。

9. 在 1.0 L 的容器中，装有 0.1 mol HI，745 K 条件下发生下述反应：

$$2HI(g) \rightleftharpoons H_2(g) + I_2(g)$$

产生紫色的 I_2 蒸气，测得的转化率为 22%，求此条件下平衡常数 $K^\ominus$。

10. 在 1 L 容器中，加入 10.4 g PCl_5，加热到 150 ℃ 时建立如下平衡：

$$PCl_5(g) \rightleftharpoons PCl_3(g) + Cl_2(g)$$

若平衡时总压力为 193.53 kPa，计算：(1)平衡时各气体的分压；(2)反应的平衡常数；(3)PCl_5 的转化率。

11. 已知 $CaCO_3(s) \rightleftharpoons CaO(s) + CO_2(g)$ 在 973 K 时 $K^\ominus = 3.00 \times 10^{-2}$，在 1 173 K 时 $K^\ominus = 1.00$，求反应的 $\Delta_r H_m^\ominus$，上述反应是吸热反应还是放热反应？

12. $PCl_5(g)$ 分解反应 $PCl_5(g) \rightleftharpoons PCl_3(g) + Cl_2(g)$，在 1 L 密闭容器中有 0.2 mol PCl_5，某温度下有 0.15 mol 分解。若温度不变时通入 0.1 mol Cl_2 后，应有多少 PCl_5 分解？

13. 298 K 时，反应 $Ag^+(aq) + Fe^{2+}(aq) \rightleftharpoons Ag(s) + Fe^{3+}(aq)$ 的标准平衡常数 $K^\ominus = 3.2$。

(1)若反应前 $c(Ag^+) = 0.01 \ mol \cdot L^{-1}$，$c(Fe^{2+}) = 0.10 \ mol \cdot L^{-1}$，$c(Fe^{3+}) = 0.001 \ mol \cdot L^{-1}$，反应向哪个方向进行？计算达到平衡后各离子的浓度及 Ag^+ 的转化率。

(2)若保持 Ag^+、Fe^{3+} 的初始浓度不变，使 $c(Fe^{2+})$ 增大至 0.30 $mol \cdot L^{-1}$，Ag^+ 的转化率又是多少？

第 **4** 章

化学动力学(Chemical Kinetics)

我们知道有的反应进行得快,如酸碱反应、爆炸等;有的反应进行得慢,如在室温条件下氧气和氢气混在一起很难有水生成,只有升高温度至 673 K 时才会以爆炸方式发生反应。但为什么不同的反应,化学反应速率会有差别? 仅从宏观角度认识是困难的。在实际生产中为了提高产率,降低成本,也希望化学反应能按照人们的意愿进行。这些都促使人们进一步研究反应速率变化规律和反应机理。这些内容都属于化学反应动力学问题。

4.1 化学反应速率(Reaction Rate)

各种化学反应的速率极不相同,即使相同的化学反应,条件不同反应速率也不一样。如前述生成水的反应,或者由氮气和氢气合成氨的反应。

反应速率是指在一定条件下化学反应过程中反应物转变为生成物的速率,常用单位时间内反应物浓度的减少或生成物浓度的增加来表示反应速率,用 v 或 r 表示。浓度常用物质的量浓度表示,单位 $mol \cdot L^{-1}$。时间用 s、min 或 h 表示。故反应速率单位常见的有 $mol \cdot L^{-1} \cdot s^{-1}$、$mol \cdot L^{-1} \cdot min^{-1}$、$mol \cdot L^{-1} \cdot h^{-1}$。

反应速率 v 公式如下:

$$v = \frac{\Delta c}{\Delta t} = \frac{c_2 - c_1}{t_2 - t_1} \tag{4-1}$$

反应速率可以用平均速率或瞬时速率表示。

4.1.1 平均速率

在时间间隔 $\Delta t = t_2 - t_1$ 内,用单位时间内化合物浓度的变化表示的为平均速率。

可用下列通式表示:

$$\bar{v} = \pm \frac{c_2 - c_1}{t_2 - t_1} \tag{4-2}$$

式中,t_1、t_2 表示反应前后的时间;c_1、c_2 表示同一物质在反应前后的浓度;±中正号表示生成物浓度逐渐增加,负号表示反应物浓度逐渐变小,正负号是为了使反应速率保持正值;$\bar{v}$ 为平均速率。

【例 4-1】一定条件下氮气和氢气在密闭容器中反应生成氨气,各物质浓度变化如下:

$$N_2 \quad + \quad 3H_2 \quad \Longrightarrow 2NH_3$$

开始浓度 /mol·L^{-1} 1.0   3.0   0

2 s 后浓度 /mol·L^{-1} 0.8   2.4   0.4

分别用 N_2、H_2、NH_3 表示合成氨化学反应的平均速率。

解：根据平均速率公式，N_2、H_2、NH_3 的平均速率分别是：

$$\bar{v}(N_2) = -\frac{0.8-1.0}{2} = 0.1 \text{ mol·L}^{-1}\cdot\text{s}^{-1}$$

$$\bar{v}(H_2) = -\frac{2.4-3.0}{2} = 0.3 \text{ mol·L}^{-1}\cdot\text{s}^{-1}$$

$$\bar{v}(NH_3) = \frac{0.4-0}{2} = 0.2 \text{ mol·L}^{-1}\cdot\text{s}^{-1}$$

由此可见，同一反应若用不同物质的浓度变化来表示化学反应速率，其数值也不同。因此，表示化学反应速率必须标明是哪种物质的浓度变化。

从上述事例中也可以看到，$\bar{v}(N_2):\bar{v}(H_2):\bar{v}(NH_3)=0.1:0.3:0.2=1:3:2$，其比值与化学反应式的比例系数相同。

H_2O_2 在 KI 溶液中反应分解，$H_2O_2 \xrightarrow{I^-} H_2O + \frac{1}{2}O_2$，可以测定不同时刻 H_2O_2 的浓度和反应的平均速率，具体数据列于表 4-1。

表 4-1　H_2O_2 浓度随时间变化

t/min	$c(H_2O_2)$/mol·L^{-1}	平均速率($\bar{v}$)/mol·L^{-1}·min^{-1}
0	0.80	
20	0.40	$\bar{v} = -\dfrac{0.40-0.80}{20-0} = 0.020$
40	0.20	$\bar{v} = -\dfrac{0.20-0.40}{40-20} = 0.010$
60	0.10	$\bar{v} = -\dfrac{0.10-0.20}{60-40} = 0.005$
80	0.050	$\bar{v} = -\dfrac{0.05-0.10}{80-60} = 0.0025$

可见，随着反应时间的增加，反应物的平均反应速率在逐渐减小。

4.1.2　瞬时速率

反应速率随时间变化不断改变，因此要真正代表化学反应某一时刻的速率，只有将时间间隔区域趋于无穷小。当时间间隔趋于无穷小，则某一时间间隔内的平均反应速率将转化为某一时刻的反应速率。我们把某一时刻的化学反应速率称为瞬时速率。

由于测定条件的限制，我们很难直接测定瞬时速率，但我们可通过作图法求得瞬时速率。通常先测量某一反应物或生成物在不同时间的浓度，然后绘制浓度随时间的变化曲线，从中求出某一时刻曲线的斜率，即为该反应在此时刻的反应速率（瞬时速率）。

根据表 4-1 中第一、二列数据作图，见图 4-1。

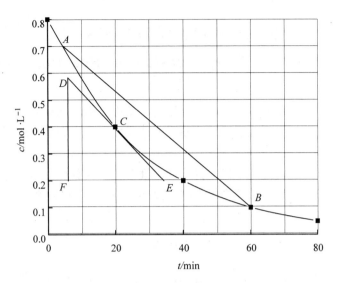

图 4-1　用作图法求瞬时反应速率

图 4-1 中曲线的割线 AB 的斜率，表示时间间隔 $\Delta t = t_B - t_A$ 内反应的平均速率 $\bar{v}$，而曲线在 C 点的切线的斜率，则表示该时间间隔内某时刻 t_C 的瞬时速率 v。图中三角形 DEF，其 DE 边属于切线的一部分，该切线的斜率表示瞬时速率 v，故有

$$v(\mathrm{H_2O_2}) = \frac{DF}{EF}$$

当 A、B 两点沿曲线分别向 C 靠拢，即时间间隔越来越小时，割线 AB 越来越接近切线，割线斜率 $-\dfrac{\Delta c(\mathrm{H_2O_2})}{\Delta t}$ 越接近切线斜率。当 $\Delta t \to 0$ 时，割线变切线，割线的斜率就是切线的斜率。因此，瞬间速率可以看作是平均速率 $\bar{v}$ 的极限。其公式可用微分公式表示：

$$v = \pm \lim_{\Delta t \to 0} \frac{\Delta c}{\Delta t} = \pm \frac{\mathrm{d}c}{\mathrm{d}t} \tag{4-3}$$

在所有时刻的瞬时速率中，起始速率 v_0 极为重要，因为起始浓度是最容易得到的数据。因此，在研究反应速率与浓度的关系时常用到起始速率。

对于任一个化学反应 $a\mathrm{A} + b\mathrm{B} = g\mathrm{G} + h\mathrm{H}$，无论平均速率还是瞬时速率，都有以下规律成立，用不同物质的浓度变化表示反应速率，存在以下关系式：

$$-\frac{1}{a}\frac{\Delta c(\mathrm{A})}{\Delta t} = -\frac{1}{b}\frac{\Delta c(\mathrm{B})}{\Delta t} = \frac{1}{g}\frac{\Delta c(\mathrm{G})}{\Delta t} = \frac{1}{h}\frac{\Delta c(\mathrm{H})}{\Delta t} \tag{4-4}$$

或

$$\frac{1}{a}\bar{v}(\mathrm{A}) = \frac{1}{b}\bar{v}(\mathrm{B}) = \frac{1}{g}\bar{v}(\mathrm{G}) = \frac{1}{h}\bar{v}(\mathrm{H}) \tag{4-5}$$

$$\frac{1}{a}v(\mathrm{A}) = \frac{1}{b}v(\mathrm{B}) = \frac{1}{g}v(\mathrm{G}) = \frac{1}{h}v(\mathrm{H}) \tag{4-6}$$

4.2 浓度对化学反应速率的影响
（Effect of Concentration on Reaction Rate）

大量实验证明，在一定温度下，增加反应物的浓度可以增加反应速率。由表 4-1 数据分析可知，随着时间的推移，在反应物浓度不断降低的同时，反应的平均速率也在逐渐减小。瞬间速率也是如此。

经验表明，化学反应的速率不仅与物质的本性有关，而且也受到浓度、温度、催化剂、压力、介质、反应物颗粒度以及光等外界因素的影响。其中，主要影响因素是浓度、温度、催化剂。

4.2.1 基元反应、非基元反应及反应机理

研究表明，一般化学反应，宏观上看都是从反应物直接转变成产物，但从微观角度看实际上绝大多数化学反应是复杂的，是分步进行的。只有少数是一步完成的反应，即反应物分子经一步反应直接转化为生成物。我们把化学反应所经历的总过程称为反应历程或反应机理。

4.2.1.1 基元反应

基元反应是指反应物分子一步直接转为产物的反应。例如：

$$NO_2 + CO \rightleftharpoons NO + CO_2$$

在反应中，反应物 NO_2 分子和 CO 分子经过一次碰撞就转变成产物 NO 分子和 CO_2 分子。还有如：

$$N_2O_4 \rightleftharpoons 2NO_2$$
$$2NO_2 \rightleftharpoons 2NO + O_2$$

基元反应是动力学研究中的最简单反应。

4.2.1.2 非基元反应

由两步或多步完成的反应称为复杂反应或非基元反应。

例如，$H_2 + I_2 = 2HI$ 属于非基元反应，它是经过下列两步基元步骤完成的：

$$I_2 \rightleftharpoons I + I（快）$$
$$H_2 + 2I \rightleftharpoons 2HI（慢）$$

又如反应 $HIO_3 + 3H_2SO_3 \rightleftharpoons HI + 3H_2SO_4$，一般认为是分两步进行的：

$$HIO_3 + H_2SO_3 \rightleftharpoons HIO_2 + H_2SO_4（慢）$$
$$HIO_2 + 2H_2SO_3 \rightleftharpoons HI + 2H_2SO_4（快）$$

复杂反应的反应速率是由各基元反应步骤中最慢的一步决定的，这一步被称为速率控制步骤，或简称决速步。

基元反应或复杂反应的基元步骤中，发生反应所需要的粒子（分子、原子、离子或自由基）的数目一般称为反应的分子数。

必须指出，基元反应和非基元反应是从微观角度讨论的，而简单反应和复杂反应是从宏观

角度讨论的。在已知的化学反应中，完全弄清楚反应机理的还不多。对于复杂反应来说，一个化学反应方程式仅能告诉我们什么物质参加反应，生成什么物质，以及反应物和生成物的定量关系，还不能告诉我们反应物转变为生成物所经历的具体过程。

4.2.2　速率方程

经验证明，在一定温度下，增加反应物的浓度可以增大反应速率。

4.2.2.1　质量作用定律与速率方程

早在 1867 年，人们研究了反应物浓度和反应速率的关系，提出了质量作用定律。即基元反应的速率与各反应物物质的量浓度方次的乘积成正比。

对于非基元反应　　　$a\mathrm{A} + b\mathrm{B} \Longrightarrow g\mathrm{G} + h\mathrm{H}$

在某一时刻的瞬时速率 v 与反应物的浓度之间经常具有如下关系：

$$v = kc^m(\mathrm{A}) \cdot c^n(\mathrm{B}) \tag{4-7}$$

式(4-7)称为反应的速率方程。式中，k 为速率常数；m、n 分别为反应物 A、B 的浓度的幂指数，分别表示上述反应对 A 是 m 级反应，对 B 是 n 级反应。速率方程中幂指数之和 $(m+n)$ 称为反应的级数。k、m、n 均可由实验测得。

【例 4-2】根据表 4-2 给出的实验数据，建立反应 $2\mathrm{H}_2 + 2\mathrm{NO} \Longrightarrow 2\mathrm{H}_2\mathrm{O} + \mathrm{N}_2$ 的速率方程，并求算其反应级数，速率常数。

表 4-2　实验数据

实验编号	起始浓度/mol·L^{-1}		生成 N$_2$ 的速率
	$c(\mathrm{NO})$	$c(\mathrm{H}_2)$	v/mol·L^{-1}·s^{-1}
1	6.00×10^{-3}	1.00×10^{-3}	3.19×10^{-3}
2	6.00×10^{-3}	2.00×10^{-3}	6.36×10^{-3}
3	6.00×10^{-3}	3.00×10^{-3}	9.56×10^{-3}
4	1.00×10^{-3}	6.00×10^{-3}	0.48×10^{-3}
5	2.00×10^{-3}	6.00×10^{-3}	1.92×10^{-3}
6	3.00×10^{-3}	6.00×10^{-3}	4.30×10^{-3}

解：设该反应的速率方程为 $v = kc^m(\mathrm{NO}) \cdot c^n(\mathrm{H}_2)$

(1)m、n 的求算：对比实验 1、2、3，可以发现，当 $c(\mathrm{NO})$ 保持一定时，$c(\mathrm{H}_2)$ 扩大 2 倍或 3 倍，则反应速度相应扩大 2 倍或 3 倍，这说明反应速率 v 与 $c(\mathrm{H}_2)$ 成正比，可推测出 n 为 1；对比实验 4、5、6，可以发现当 $c(\mathrm{H}_2)$ 保持一定时，$c(\mathrm{NO})$ 扩大 2 倍或 3 倍，则反应速度相应扩大 4 倍或 9 倍，这说明反应速率 v 与 $c(\mathrm{NO})$ 的平方成正比，可推测出 m 为 2。

由此可以得出该反应的速率方程为

$$v = kc^2(\mathrm{NO}) \cdot c(\mathrm{H}_2)$$

m、n 的求算也可以直接将表 4-2 中数据代入速率方程，然后比较计算。

所以，该反应总的为三级反应，对 NO 为二级反应，对 H$_2$ 是一级反应。

(2)k 的计算：由表 4-2 中数据可以求出速率常数 k。根据速率方程得

$$k = \frac{v}{c(H_2) \cdot c^2(NO)}$$

将实验 1 的数据代入式中

$$k = \frac{3.19 \times 10^{-3} \text{ mol} \cdot L^{-1} \cdot s^{-1}}{(1.00 \times 10^{-3} \text{ mol} \cdot L^{-1}) \times (6.00 \times 10^{-3} \text{ mol} \cdot L^{-1})^2}$$

$$= 8.86 \times 10^4 (\text{mol} \cdot L^{-1})^{-2} \cdot s^{-1}$$

注意反应级数可以是零，简单的正、负整数，也可以是分数。

又如，在一定温度下基元反应 $NO_2 + CO \rightleftharpoons NO + CO_2$，其质量作用定律的数学表达式为

$$v = kc(NO_2) \cdot c(CO)$$

所以，该反应是二级反应。

注意，基元反应或复杂反应基元步骤的反应级数可以直接从化学反应方程式得到。而复杂反应的反应级数和速率方程，则必须由实验事实来确定。

4.2.2.2 速率常数

在给定温度下，当各物质浓度都为 $1 \text{ mol} \cdot L^{-1}$ 时的化学反应速率即为该反应的速率常数。根据速率方程式可知，速率常数的单位与反应级数有关。因此，可根据给出反应速率常数的单位判断反应的级数。如果反应速率以 $\text{mol} \cdot L^{-1} \cdot s^{-1}$ 为单位，则一级反应的速率常数单位为 s^{-1}；二级反应的速率常数单位为 $L \cdot \text{mol}^{-1} \cdot s^{-1}$ 或 $(\text{mol} \cdot L^{-1})^{-1} \cdot s^{-1}$；$n$ 级反应的速率常数单位为 $L^{n-1} \cdot \text{mol}^{1-n} \cdot s^{-1}$ 或 $(\text{mol} \cdot L^{-1})^{1-n} \cdot s^{-1}$。

在相同浓度条件下，可用速率常数的大小比较化学反应的反应速率。在给定条件下，k 值越大，反应速率越大。

对于同一反应，速率常数与反应物浓度无关，但与温度、溶剂、催化剂、反应面积等因素有关。对于有气体参加的反应，可将气体近似看作理想气体。当温度一定时，改变压力其体积也发生变化，相当于其浓度发生改变。如压力增加为原来的 2 倍时，体积则变为原来的 1/2，单位体积内的分子数相当于增加为原来的 2 倍。增加压力就相当于增加气体的浓度，因而可以使反应速率加快。因此，可以用气体分压代替浓度。

在多相反应中，对于纯固体和纯液体，其密度是一定的，即其浓度是一定的，因此，在质量作用定律表达式中不包括固体和纯液体的浓度。如煤的燃烧：

$$C(s) + O_2(g) \rightleftharpoons CO_2(g)$$

在碳的表面积一定时，反应速率仅与 O_2 的浓度或者分压有关。其速率方程为：

$$v = kc(O_2)$$
$$v = kp(O_2)$$

又如，金属钠与水的反应

$$2Na(s) + 2H_2O(l) \rightleftharpoons 2NaOH(aq) + H_2(g)$$

其速率方程为 $v = k$，反应速率与反应物浓度无关。

但在多相反应中，反应速率与接触面积有关。例如，固体和液体或气体进行反应时，反应只能在界面上进行。如果扩大了接触面，反应速率就会加快。例如，锌粉和盐酸反应要比锌粒与盐酸反应快很多；在煤的燃烧中煤粉比煤块燃烧得更快更完全。研细、搅拌等都是加速固体

反应所采取的重要措施。

对于任一个化学反应 $a\text{A} + b\text{B} \rightleftharpoons g\text{G} + h\text{H}$，用不同物质的浓度变化表示反应速率时，速率方程中的速率常数的数值是不同的，不同的速率常数之比等于反应方程式中各物质的化学计量数之比。

$$\frac{1}{a}k_{\text{A}} = \frac{1}{b}k_{\text{B}} = \frac{1}{g}k_{\text{G}} = \frac{1}{h}k_{\text{H}} \tag{4-8}$$

4.2.2.3 半衰期

反应速率浓度与反应时间的关系也是一个重要的问题。对于级数不同的化学反应，其规律也是不同的。在化学动力学中常用"半衰期"这个概念来表示反应物浓度与时间的关系。

所谓半衰期是指反应物消耗一半所需要的时间，用 $t_{1/2}$ 表示。不同级数的基元反应半衰期公式不同。众多化学反应中零级反应和一级反应比较常见。

零级反应的特点是反应速率与反应物浓度无关。若 t 为反应时间，当 $t=0$ 时，反应物浓度为 c_0，$t=t$ 时，反应物浓度为 c_t。当 $c = \frac{1}{2}c_0$ 时，

$$t_{1/2} = \frac{c_0}{2k} \tag{4-9}$$

可见，零级反应半衰期与速率常数 k 和反应物初始浓度 c_0 有关。常见的零级反应有表面催化反应，酶催化反应和光催化反应。

一级反应，较常见的有放射性衰变，一些热分解反应及分子重排反应，其反应速率与反应物浓度的关系为：

$$v = \frac{\text{d}c}{\text{d}t} = kc$$

同样假设，上式经数学推导后可得

$$\ln\frac{c_0}{c_t} = kt \tag{4-10}$$

当 $c = \frac{1}{2}c_0$ 时，其半衰期 $t_{1/2}$ 可由上式求出：

$$t_{1/2} = \frac{\ln 2}{k} = \frac{0.693}{k} \tag{4-11}$$

可见，对于一级反应，其半衰期与反应物浓度无关，而仅与速率常数有关，且成反比。

在实际应用中，常利用某些元素的衰变来估算考古发现物、化石、矿物、陨石、月亮岩石及地球本身年龄。如 $^{40}_{19}\text{K}$ 和 $^{238}_{92}\text{U}$ 常用于陨石和矿物年龄的计算，$^{14}_{6}\text{C}$ 常用于确定考古发现物和化石的年代。

科学家认为大气中的 CO_2 中 $^{14}_{6}\text{C}$ 与 $^{12}_{6}\text{C}$ 的比值是长期保持恒定的，约每 10^{12} 个 $^{12}_{6}\text{C}$ 原子中含有 1 个 $^{14}_{6}\text{C}$ 原子。来自太阳的宇宙射线中的中子 $^{1}_{0}\text{n}$ 与大气中的 $^{14}_{7}\text{N}$ 作用，产生 $^{14}_{6}\text{C}$：

$$^{14}_{7}\text{N} + ^{0}_{1}\text{n} \rightarrow ^{16}_{6}\text{C} + ^{1}_{1}\text{H}$$

$^{14}_{6}\text{C}$ 又会衰变成 $^{14}_{7}\text{N}$：

$$^{14}_{6}\text{C} \rightarrow ^{14}_{7}\text{N} + ^{0}_{-1}\text{e}$$

其半衰期为 $t_{1/2}=5\,730$ a(a 是 annual 的缩写，表示年)。

$^{14}_{6}$C 以 CO_2 的形式在光合作用中结合成糖时，直接或间接被活的生物有机体所摄取。所有活的生物有机体均保持恒定的 $^{14}_{6}$C/$^{12}_{6}$C 比值。当生物体死亡后停止摄取糖类，其 $^{14}_{6}$C 含量以上述衰变速率降低，因此，可根据发现物中 $^{14}_{6}$C/$^{12}_{6}$C 比值，估算出有机体死亡的年代。

【例 4-3】 从某古书中取得一小纸片，测得的 $^{14}_{6}$C/$^{12}_{6}$C 的比值为现植物活体内 $^{14}_{6}$C/$^{12}_{6}$C 的 0.795 倍，试估算该古书的大致年代。

解： 根据衰变反应为一级反应，由半衰期公式和该物质半衰期为 $t_{1/2}=5\,730$ a，得

$$t_{1/2}=\frac{0.693}{k}=5\,730 \text{ a}$$

$$k=\frac{0.693}{5\,730 \text{ a}}=1.209\times10^{-4}\text{a}^{-1}$$

因为在活的生物有机体中 $^{14}_{6}$C/$^{12}_{6}$C 比值恒定，因此活体中的 $^{14}_{6}$C 可当作起始浓度 c_0，纸片中的 $^{14}_{6}$C 即为 t 时的 c_t，从题意已知 $c_t/c_0=0.795$，根据一级反应中 $\ln\frac{c_0}{c_t}=kt$ 可得

$$t=\frac{\ln\dfrac{c_0}{c}}{k}=\frac{\ln\dfrac{1}{0.795}}{1.21\times10^{-4}\text{a}^{-1}}=1\,896 \text{ a}$$

因此，可估算出该古书距今有 1 896 年的历史。

【例 4-4】 放射性同位素 ^{13}N 放射强度经 18.6 min 后衰减为原来的 27.4%。求 ^{13}N 的半衰期。

解： 由题意可知当 $t=18.6$ min 时，$c_t/c_0=0.274$，

由 $\ln\dfrac{c_0}{c_t}=kt$ 得

$$k=\frac{\ln\dfrac{c_0}{c_t}}{t}=\frac{\ln\dfrac{1}{0.274}}{18.6 \text{ min}}$$

再代入上式，则

$$t_{1/2}=\frac{\ln\dfrac{c_0}{0.5c_0}}{k}=\frac{\ln2}{\ln\dfrac{c_0}{c_t}}\times t$$

$$=\frac{\ln2}{\ln\dfrac{1}{0.274}}\times18.6 \text{ min}=9.96 \text{ min}$$

所以，^{13}N 的半衰期为 9.96 min。

4.3 温度对化学反应速率的影响
(Effect of Temperature on Reaction Rate)

前面讨论浓度对反应速率的影响是以温度恒定为条件的，同样研究温度对浓度的影响也需

要在浓度恒定不变的情况下讨论。所以通常讨论速率常数 k 随温度改变的变化规律。实际上温度对化学反应速率的影响也特别显著，如氢气和氧气在常温条件下很难反应，当温度升高至 1 073 K 时，会立刻以爆炸方式瞬时完成反应。大多数化学反应的速率常数会随着温度升高而增大，反应速率相应加快。

4.3.1　范特霍夫规则

1884 年范特霍夫(J. H. Van't Hoff)根据大量实验结果总结出一条经验规则：当温度每升高 10 K，反应速率增大到原来的 2～4 倍。这一规则叫作范特霍夫规则。利用这一规则可粗略估算升高温度后反应速率的变化。

但实际上并不是所有的反应都符合范特霍夫规则，有的反应速率会几十倍乃至上百倍的增加，因为各种化学反应的反应速率和温度的关系很复杂。

4.3.2　阿伦尼乌斯方程

1889 年阿伦尼乌斯(S. A. Arrhenius)总结大量实验事实，指出反应速率常数和温度间的定量关系为：

$$k = A e^{-\frac{E_a}{RT}} \tag{4-12}$$

式中，k 为反应速率常数；A 和 E_a 近似认为在一般温度范围内不随温度改变而变化，与反应物浓度和温度无关，均为常数，A 为指前因子或频率因子，E_a 为反应活化能(指在一定条件下为使反应进行，将具有平均能量的反应物分子转变为具有平均能量的活化分子所需获得的最低能量值，其单位为 $J \cdot mol^{-1}$)；R 为摩尔气体常数；T 为热力学温度；e 为自然对数的底。

若以对数关系则转化为

$$\ln k = -\frac{E_a}{RT} + \ln A \tag{4-13}$$

或

$$\lg k = -\frac{E_a}{2.303RT} + \lg A \tag{4-14}$$

可以看出，速率常数 k 与热力学温度 T 呈指数关系，温度的微小变化，将导致 k 值的较大变化，尤其是活化能 E_a 较大时更是如此。

由式(4-14)可知，$\lg k$ 与 $\frac{1}{T}$ 呈线性关系，$-\frac{E_a}{2.303R}$ 为斜率，$\lg A$ 为截距。因此，可利用作图法求算该反应的活化能和指前因子。

【**例 4-5**】已知反应 $H_2(g) + I_2(g) = 2HI(g)$ 在不同温度 T 时的速率常数 k 值如下，使用作图法求该反应的活化能。

T/K	576	629	666	700	781
$k/mol^{-1} \cdot L^{-1} \cdot s^{-1}$	1.32×10^{-4}	2.52×10^{-3}	1.41×10^{-2}	6.43×10^{-2}	1.34

解：(1)由式(4-14) $\lg k = -\frac{E_a}{2.303RT} + \lg A$，可知 $\lg k$ 与 $\frac{1}{T}$ 呈线性关系，所以现将上述数据转换为 $\lg k$ 与 $\frac{1}{T}$。

T/K	576	629	666	700	781
$\dfrac{K}{T} \times 10^3$	1.74	1.59	1.50	1.43	1.28
$k/\text{mol}^{-1} \cdot \text{L}^{-1} \cdot \text{s}^{-1}$	1.32×10^{-4}	2.52×10^{-3}	1.41×10^{-2}	6.43×10^{-2}	1.34
$\lg k$	-3.88	-2.60	-1.85	-1.19	0.13

以 $\dfrac{1}{T}$ 为横坐标，$\lg k$ 为纵坐标，用上述数据作图。

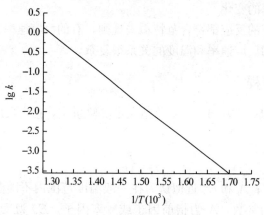

图 4-2 $\lg k - \dfrac{1}{T}$ 图

由图 4-2 可以求得斜率

$$k = \frac{0.13 - (-3.55)}{1.28 - 1.70} = -8.76 \times 10^3 \text{ K}$$

因为，斜率 $k = -\dfrac{E_a}{2.303R}$，所以反应的活化能

$$E_a = -2.303 R k$$
$$= -2.303 \times 8.314 \text{ J} \cdot \text{mol}^{-1} \cdot \text{K}^{-1} \times (-8.76 \times 10^3) \text{K}$$
$$= 167.73 \text{ kJ} \cdot \text{mol}^{-1}$$

(2) 将 $T = 576$ K 时的数据及求得的数据 E_a 代入阿伦尼乌斯公式

$$\lg k = -\frac{E_a}{2.303RT} + \lg A$$

又可以求得指前因子 A 的数值，即

$$-3.88 = \frac{-167.73 \text{ kJ} \cdot \text{mol}^{-1} \times 1\,000}{2.303 \times 8.314 \text{ J} \cdot \text{mol}^{-1} \cdot \text{K}^{-1} \times 576 \text{ K}} + \lg A$$

$$\lg A = 11.29$$

$$A = 1.95 \times 10^{11} \text{ mol}^{-1} \cdot \text{L}^{-1} \cdot \text{s}^{-1}$$

如果已知化学反应在不同温度下的速率常数，假设温度 T_1 时为 k_1，T_2 时为 k_2，则根据阿伦尼乌斯公式可推出：

$$\lg \frac{k_2}{k_1} = \frac{E_a}{2.303R} \left(\frac{1}{T_1} - \frac{1}{T_2} \right) \tag{4-15}$$

或

$$\lg \frac{k_2}{k_1} = \frac{E_a}{2.303R} \left(\frac{T_2 - T_1}{T_1 T_2} \right) \tag{4-16}$$

故有

$$E_a = \frac{2.303RT_1T_2}{T_2 - T_1} \lg \frac{k_2}{k_1} \tag{4-17}$$

故根据式(4-16)，若已知温度 T_1 时为 k_1，T_2 时为 k_2，即可计算反应的活化能 E_a。

【例 4-6】 已知某反应在 298 K 时的速率常数 $k = 3.4 \times 10^{-5}$ s^{-1}，328 K 时的速率常数 $k = 1.5 \times 10^{-3}$ s^{-1}，试求反应的活化能 E_a。

解： 将 $T_1 = 298$ K，$k_1 = 3.4 \times 10^{-5}$ s^{-1}；$T_2 = 328$ K，$k_2 = 1.5 \times 10^{-3}$ s^{-1} 代入式(4-16)得

$$E_a = \frac{2.303RT_1T_2}{T_2 - T_1} \lg \frac{k_2}{k_1}$$

$$= \frac{2.303 \times 8.314 \text{ J} \cdot \text{mol}^{-1} \cdot \text{K}^{-1} \times 298 \text{ K} \times 328 \text{ K}}{328 \text{ K} - 298 \text{ K}} \times \lg \frac{1.5 \times 10^{-3} \text{ s}^{-1}}{3.4 \times 10^{-5} \text{ s}^{-1}}$$

$$= 1.03 \times 10^5 \text{ J} \cdot \text{mol}^{-1}$$

$$= 103 \text{ kJ} \cdot \text{mol}^{-1}$$

或已知活化能 E_a 和温度 T_1 时的 k_1，计算 T_2 时为 k_2。

【例 4-7】 某反应的活化能 $E_a = 1.14 \times 10^2$ $kJ \cdot mol^{-1}$，在 600 K 时 $k = 0.750$ $mol^{-1} \cdot L \cdot s^{-1}$，分别计算 400 K 和 700 K 时的速率常数 k 的值。

解： 将 $T_1 = 400$ K，$T_2 = 600$ K，$E_a = 1.14 \times 10^2$ $kJ \cdot mol^{-1}$，$k = 0.750$ $mol^{-1} \cdot L \cdot s^{-1}$ 代入式(4-15)得

$$\lg \frac{0.750}{k_1} = \frac{1.14 \times 10^2 \times 10^3 \text{ J} \cdot \text{mol}^{-1}}{2.303 \times 8.314 \text{ J} \cdot \text{mol}^{-1} \cdot \text{K}^{-1}} \left(\frac{600 \text{ K} - 400 \text{ K}}{600 \text{ K} \times 400 \text{ K}} \right) = 4.96$$

$$\frac{0.750}{k_1} = 9.12 \times 10^4$$

所以，$k_1 = 8.22 \times 10^{-6} mol^{-1} \cdot L \cdot s^{-1}$

将 $T_1 = 600$ K，$T_2 = 700$ K，$E_a = 1.14 \times 10^2$ $kJ \cdot mol^{-1}$，$k = 0.750$ $mol^{-1} \cdot L \cdot s^{-1}$ 代入式(4-15)得

$$\lg \frac{k_1}{0.750} = \frac{1.14 \times 10^2 \times 10^3 \text{ J} \cdot \text{mol}^{-1}}{2.303 \times 8.314 \text{ J} \cdot \text{mol}^{-1} \cdot \text{K}^{-1}} \left(\frac{700 \text{ K} - 600 \text{ K}}{700 \text{ K} \times 600 \text{ K}} \right) = 1.418$$

$$\frac{k_1}{0.75} = 26.18$$

所以，$k_1 = 19.7$ $mol^{-1} \cdot L \cdot s^{-1}$

应该强调的是，并不是所有的反应都符合阿伦尼乌斯公式。例如，爆炸类型反应，当温度升高到某一点时，反应速率会突然增大。又如 NO 与 O_2 反应生成 NO_2 的反应，速率还会随着温度的升高而降低。总之，温度对于反应的影响是复杂的，因为许多反应的历程比较复杂，

在此不做进一步讨论。

4.4 催化剂对化学反应速率的影响
（Effect of Catalyst on Reaction Rate）

催化剂和催化反应是化学学科中最具有应用价值且富有挑战性的研究领域。

4.4.1 催化剂

1836年，贝采尼乌斯意外发现铂黑可以加速乙醇氧化为乙酸的反应速度，后来，人们把这一作用叫作触媒作用或催化作用。在反应体系中，凡能改变化学反应速率，而本身的组成、质量和化学性质在反应前后保持不变的物质，称为催化剂。例如，Fe催化剂可以使合成氨的反应实现工业化；Pd催化剂使氢气和氧气的反应以燃料电池的方式完成，而较温和地释放电能。一般能使反应速度加快的叫正催化剂；能使反应速度减慢的叫负催化剂，也叫阻化剂。例如，橡胶制品中常添加某些抑制剂来防止橡胶的老化。通常所说的催化剂，一般是指正催化剂。催化剂改变反应速度的作用叫作催化作用。

4.4.2 催化剂作用原理

催化剂能加快反应速率，是由于它改变了反应历程。

某化学反应 $A+B \xrightleftharpoons{cat} AB$ 活化能为 E_a，加入催化剂K，反应历程为

$$A+B \xrightleftharpoons{cat} AB \qquad 活化能为 E_a$$
$$A+B+K \rightleftharpoons AK+B \qquad 活化能为 E_{a_1} \qquad (1)$$
$$AK+B \rightleftharpoons AB+K \qquad 活化能为 E_{a_2} \qquad (2)$$

因为 $E_{a_1} < E_a$，$E_{a_2} < E_a$，所以步骤(1)和步骤(2)的速率都很快，故经历这样的途径比一步完成反应快(表4-3)。

表4-3 一些反应在催化和非催化条件下的表观活化能

反应	$E_a/kJ \cdot mol^{-1}$		催化剂
	非催化反应	催化反应	
$2HI \rightleftharpoons H_2+I_2$	184.1	104.6	Au
$2H_2O \rightleftharpoons 2H_2+O_2$	244.8	135.0	Pt
$2SO_2+O_2 \rightleftharpoons 2SO_3$	251.0	62.75	Pt
$3H_2+N_2 \rightleftharpoons 2NH_3$	334.7	167.4	$Fe-Al_2O_3-K_2O$
蔗糖在盐酸中转化	107.1	39.3	转化醇

催化反应有多种类型，一般分为均相催化和多相催化两类。

均相催化反应是指催化剂与反应物均处于同一相的反应。例如，碘蒸气催化分解乙醛：

$$CH_3CHO \xrightleftharpoons[791\ K]{I_2\ 蒸气} CH_4+CO$$

又如，某些在溶液中的反应，能被酸、碱催化。蔗糖、乙酸乙酯的水解等都属于均相催化反应。

多相催化反应是指反应物和催化剂处于不同相的反应。在多相催化反应中，催化剂常为固体，反应物是气体或液体，反应是在催化剂的表面进行的，所以多相催化又叫作表面催化反应。如合成氨反应，Fe 作催化剂可把反应活化能由无催化剂时的 $23 \sim 93$ kJ·mol^{-1} 降低至 $12.6 \sim 16.7$ kJ·mol^{-1}。

酶催化是生物体内利用酶进行催化的一类特殊化学反应。酶是一种特殊的蛋白质，是生物体内的有机催化剂，兼具均相催化和多相催化的特点，是生物体内必不可少的物质。

4.4.3　催化作用的特点

催化剂具有的共同特征：

①催化剂只能改变反应速度，缩短反应达到化学平衡的时间，但不能影响化学平衡，也不能改变反应的可能性，即不可能使原来不能发生的反应得以进行。

②反应前后催化剂的组成、质量和化学性质保持不变。但因为它参与了反应的进行，所以物理性质方面可能发生变化。例如，MnO_2 作为 $KClO_3$ 热分解反应的催化剂，反应后由晶体状态变成了粉末。

③催化剂具有高效的选择性。不同的反应有不同的催化剂，即某一反应有自己独特的催化剂。而且同样的反应物有许多平行反应时，选用某种催化剂，可以专一地提高所需反应的速率。例如：

$$C_2H_5OH \begin{cases} \xrightarrow[473 \sim 523\ K]{Cu} CH_3CHO + H_2 \\ \xrightarrow[625 \sim 633\ K]{Al_2O_3} CH_2{=}CH_2 + H_2O \\ \xrightarrow[413\ K]{H_2SO_4} C_2H_5OC_2H_5 + H_2O \\ \xrightarrow[673 \sim 723\ K]{ZnO,\ Cr_2O_3} CH_2{=}CH{-}CH{=}CH_2 + H_2O + H_2 \end{cases}$$

酶催化反应具有极高的选择性，一种酶只能催化一种反应，而对其他反应不具活性。例如，脲酶只能将尿素转化为氨和二氧化碳，而对尿素的各种衍生物不起作用；麦芽糖酶只作用于麦芽糖，而不作用于其他双糖。

在生产上常选择合适的催化剂控制反应以获得所需的不同产物。

④催化剂的效率高。少量的催化剂可使反应速率发生极大变化，其效率远远超过浓度、温度对反应速率的影响。例如，二氧化硫氧化为三氧化硫的反应，利用 V_2O_5 作为催化剂可使反应速率提高 1.6×10^9 倍。而酶催化的效率比一般的无机或有机催化剂更高，如一个分子过氧化氢酶，在较温和的条件下每秒可以分解 10^5 过氧化氢分子，而硅酸铝催化剂在 773 K 条件下，每 4 s 才裂解一个烃分子。

4.5　反应速率理论(Theory of Reaction Rate)

化学反应的反应速率首先是由反应物本身的性质决定的，其次才是外界因素的影响，包括我们前面所学的物质的浓度、温度及催化剂等的影响。这实际上是辩证唯物论中"内因是根本，外因是条件"规律的具体体现。为了深入研究各种因素对化学反应速率的影响，能动地控制化学反应速率，人们对反应速率从理论上作了探讨，首先提出了碰撞理论和过渡态理论，并借助量子力学计算进一步完善和发展，促进了人们从宏观反应动力学向微观反应动力学过渡。而且借助新的实验方法和检测手段，利用分子束和激光技术开创了分子反应动态学。但总的来说，化学动力学的发展所形成的理论还不完善，还需要继续发展。这里仅简要介绍碰撞理论和过渡态理论。

4.5.1 碰撞理论

碰撞理论(collision theory)又称简单碰撞理论、硬球碰撞理论、有效碰撞理论等。是在 20 世纪初路易斯在气体分子运动论的基础上提出的化学反应速率的碰撞理论，把气相中的双分子反应看作是两个分子碰撞的结果。

碰撞理论认为，物质要发生反应，先决条件是两分子要发生碰撞，反应物分子碰撞的频率越高，反应速率越大。如果两个分子不发生碰撞则反应不可能发生。但实验也证明，并不是每次碰撞都能发生反应，也就是说在千万次的碰撞中只有极少数的分子碰撞才是有效的。我们把能够发生反应的碰撞称为有效碰撞，能够发生有效碰撞的一组分子称为活化分子组。

那么怎样才能发生有效碰撞呢？根据气体分子运动论，在任何给定的温度下，体系中各分子的运动速度不同，也即各分子的能量(动能)不同。碰撞理论认为，碰撞中能够发生反应的活化分子组首先必须具备足够的能量，以克服分子无限接近时电子云之间的排斥力，从而导致分子中的原子发生重排，即发生化学反应。能够满足发生有效碰撞的活化分子组所具有的最低能量，叫作阈能，用 E_1 表示，通常把活化分子所具有的阈能与反应物平均能量 $E_{平均}$ 的差值叫作活化能，用 E_a 表示。即 $E_a = E_1 - E_{平均}$。

一般情况下 E_a 不随温度而变化，不同反应具有不同的 E_a。如果在某一温度下，E_a 越高，则生成满足能量要求的碰撞次数占碰撞总次数的比例越小，反应速率越小。反之，反应的活化能越小，活化分子组数越多，单位时间内有效碰撞的次数越多，则反应速率越快。

在恒定温度下，对某一化学反应来说，反应物活化分子组的百分数是一定的。反应物浓度大时，单位体积内活化分子组数数目多，从而单位时间内在此体积中反应物分子有效碰撞的频率高，故导致反应速率大。

4.5.2 过渡态理论

有效碰撞理论说明了反应速率与活化能的关系，但没有从化学键的转换、原子的重新键合角度揭示活化能的物理意义。1935 年埃林、波兰尼等在量子力学和统计学的基础上提出了过渡态理论(transition state theory)，又称为活化络合物理论。

过渡态理论认为，当两个具有足够能量的反应物分子互相接近时，分子中的化学键要发生重排，能量要重新分配，即反应物分子先要经过一个由反应物分子以一定的构型存在的过渡态，形成这个过渡态需要一定的活化能，故过渡态又称为活化络合物。活化络合物与反应物分子之间建立化学平衡。活化配合物能量很高，不稳定，它将分解部分形成反应产物。总反应的速率由活化络合物转化为产物的速率决定。

例如，在 CO 与 NO_2 的反应中，当具有较高能量的 CO 和 NO_2 分子彼此以适当的取向相

互靠近到一定程度时，电子云便可相互重叠而形成一种活化配合物

$$
\begin{array}{c}
O \\
\| \\
N\text{---}O\text{---}C\text{---}O
\end{array}
$$

在活性配合物中，原有的 N—O 键部分断裂，新的 C—O 部分形成。这时反应物分子的动能暂时转变为活化配合物的势能，活化配合物很不稳定，它可以生成生成物，也可以分解成反应物。

过渡态理论认为，活化配合物的浓度、活化配合物分解成产物的概率、活化配合物分解成产物的速率都会影响化学反应的速率。

应用过渡态理论讨论化学反应，可将反应过程中体系势能的变化情况表示在反应历程-势能图上。反应 $NO_2 + CO \rightleftharpoons NO + CO_2$ 的反应历程-势能图如图 4-3 所示。

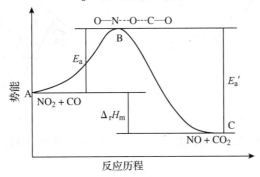

图 4-3　反应历程-势能图

图 4-3 中 A 点表示反应物 CO 和 NO_2 分子的平均势能，这样的能量条件下并不能发生反应。B 点表示活化配合物的势能，这是反应历程中势能最高的时刻。C 点表示生成物 CO 和 NO_2 分子的平均势能。在反应历程中，CO 和 NO_2 分子必须越过能垒 B 才能经由活化配合物生成 NO 和 CO_2 分子。

图 4-3 中反应物分子的平均势能与活性配合物的势能之差，即正反应的活化能 E_a；同理，逆反应的活化能可表示为 E_a'。可见在过渡态理论中，活化能是反应物与活化配合物之间的能量差。而正反应的活化能与逆反应的活化能之差表示化学反应的摩尔反应热 $\Delta_r H_m$，即

$$\Delta_r H_m = E_a - E_a'$$

当 $E_a > E_a'$ 时，$\Delta_r H_m > 0$，反应吸热；当 $E_a < E_a'$ 时，$\Delta_r H_m < 0$，反应放热。

若正反应为放热反应，其逆反应必为吸热反应。不论放热反应还是吸热反应，反应物分子必须先爬过一个能垒才能进行反应。

又如，HI 的分解反应 $2HI \rightleftharpoons I_2 + H_2$，基元反应为

$$2HI \rightleftharpoons H_2 + 2I \quad\quad 慢反应$$
$$2I \rightleftharpoons I_2 \quad\quad 快反应$$

整个反应决定于第一步反应中 2 分子 HI 的有效碰撞，当吸收具有足够能量的 HI 分子按照一定取向进行碰撞，破坏掉原有的 H—I 键，形成活化络合物分子 H⋯I⋯I⋯H 过渡态，然后因该活化络合物分子不稳定，很快释放能量分解形成 H_2 和两个 I 原子，这两个 I 原子迅速结合形成 I_2 分子，完成反应。其过程如下(图 4-4)。

$$HI + HI \xrightarrow[E_a]{\text{吸收能量}} H\cdots I\cdots I\cdots H \xrightarrow[E_a']{\text{放出能量}} H_2 + I_2$$

整个反应的反应热 $\Delta_r H_m = E_a - E_a'$，经实验测定，$E_a = 184 \text{ kJ} \cdot \text{mol}^{-1}$，$E_a' = 171 \text{ kJ} \cdot \text{mol}^{-1}$，故 $\Delta_r H_m = E_a - E_a' = 184 \text{ kJ} \cdot \text{mol}^{-1} - 171 \text{ kJ} \cdot \text{mol}^{-1} = 13 \text{ kJ} \cdot \text{mol}^{-1}$。可见 HI 的分解反应为吸热反应，其逆反应为放热反应。

对于前面所述催化反应，当加入催化剂后，其反应历程发生改变，其反应历程-势能图如图 4-5 所示。

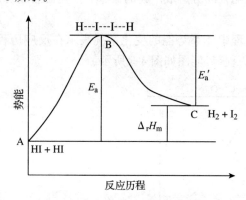

图 4-4　HI 分解反应历程-势能图

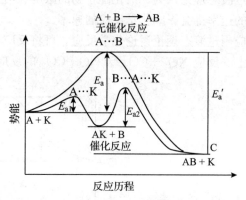

图 4-5　催化剂对反应历程-势能影响图

本章小结

1. 化学反应速率包括平均反应速率和瞬时反应速率，分别用 $\bar{v}$ 和 v 表示。

对于任一反应 $aA + bB \Longrightarrow gG + hH$，都有

$$-\frac{1}{a}\frac{\Delta c(A)}{\Delta t} = -\frac{1}{b}\frac{\Delta c(B)}{\Delta t} = \frac{1}{g}\frac{\Delta c(G)}{\Delta t} = \frac{1}{h}\frac{\Delta c(H)}{\Delta t}$$

$$\frac{1}{a}v(A) = \frac{1}{b}v(B) = \frac{1}{g}v(G) = \frac{1}{h}v(H)$$

2. 对于任一反应 $aA + bB \Longrightarrow gG + hH$，其反应速率方程为

$$v = kc^m(A) \cdot c^n(B)$$

反应级数 $m + n$ 是实验测定得到的，与方程的计量数无关。反应级数可以为零、正整数、负整数、分数。对于基元反应或非基元反应的基元步骤则反应级数等于反应分子数。

反应速率常数 k 是与反应本性相关的特性常数，与浓度无关，与温度、介质、催化剂有关。升高温度，k 值增大。k 的单位为 $L^{n-1} \cdot \text{mol}^{1-n} \cdot s^{-1}$ 或 $(\text{mol} \cdot L^{-1})^{1-n} \cdot s^{-1}$，与反应级数有关。

零级反应：常见的有表面催化反应、酶催化反应和光催化反应，单位为 $\text{mol} \cdot L^{-1} \cdot s^{-1}$。

一级反应：常见的有放射性衰变、一些热分解反应及分子重排反应，单位为 s^{-1}。

半衰期是反应物进行到一半所需要的时间。不同级数化学反应的半衰期不同。根据半衰期可计算反应速率常数和某时刻化合物的浓度。

零级反应：$t_{1/2} = \dfrac{c_0}{2k}$

一级反应：$t_{1/2} = \dfrac{\ln 2}{k} = \dfrac{0.693}{k}$，$\ln \dfrac{c_0}{c_t} = kt$

3. 范特霍夫规则

当温度每升高 10 K，反应速率增大到原来的 2～4 倍。这一规则叫作范特霍夫规则。利用这一规则可粗略估算升高温度后反应速率的变化。

4. 阿伦尼乌斯公式

反应速率常数和温度间的定量关系为

$$k = A \mathrm{e}^{-\frac{E_a}{RT}}$$

可转换为

$$\lg k = -\frac{E_a}{2.303RT} + \lg A$$

$$\lg \frac{k_2}{k_1} = \frac{E_a}{2.303R}\left(\frac{1}{T_1} - \frac{1}{T_2}\right)$$

$$E_a = \frac{2.303\,RT_1T_2}{T_2 - T_1}\lg \frac{k_2}{k_1}$$

利用上述公式可求算该反应的活化能和指前因子 A；或已知活化能 E_a 和温度 T_1 时的 k_1，计算 T_2 时为 k_2。

5. 催化剂

催化剂是在反应体系中能改变化学反应速率，而本身的组成、质量和化学性质在反应前后保持不变的物质。催化剂只改变反应速度，不改变化学平衡。它是通过改变反应历程，降低反应活化能来提高反应速率的。催化剂具有选择性高、效率高等特点。催化反应有均相催化、多相催化及酶催化等多种类型。

6. 碰撞理论和过渡态理论

碰撞理论认为发生化学反应分子之间必须进行有效碰撞。有效碰撞有能量要求和碰撞方式要求。这要求分子必须达到一定能量，此能量为活化能。过渡态理论认为要吸收能量后经过一个过渡态，然后由过渡态分解生成产物。正反应的活化能与逆反应的活化能之差表示化学反应的摩尔反应热 $\Delta_r H_m$，即

$$\Delta_r H_m = E_a - E_a'$$

当 $E_a > E_a'$ 时，$\Delta_r H_m > 0$，反应吸热；当 $E_a < E_a'$ 时，$\Delta_r H_m < 0$，反应放热。

科学家简介

阿伦尼乌斯

斯万特·奥古斯特·阿伦尼乌斯(Svante August Arrhenius，1859—1927)，瑞典物理化学家，生于瑞典乌普萨拉附近的维克城堡。

阿伦尼乌斯在化学上贡献有：①提出电离学说，认为电解质溶于水，其分子能离解成导电

的离子，这是电解质导电的根本原因，同时溶液越稀，电解质电离度越大。电离学说是物理化学上的重大贡献，也是化学发展史上的重要里程碑，从而解释溶液的许多性质和溶液的渗透压偏差、依数性等，它建筑起物理和化学间的重要桥梁。②提出活化分子和活化能的概念，导出著名的反应速率公式，即阿伦尼乌斯方程，这使化学动力学大大向前迈进了一步。

阿伦尼乌斯刻苦钻研，具有很强的实验能力。1883 年 5 月，他提出了电离理论的基本观点："由于水的作用，电解质在溶液中具有两种不同的形态，非活性的分子形态，活性的离子形态。溶液稀释时，活性形态的数量增加，所以溶液导电性增大"。将其作为博士论文送交乌普萨拉大学，但是，其导师对该观点不能理解，另一导师则持怀疑态度。最后，由于委员会支持教授们的意见，阿伦尼乌斯的论文答辩没有通过。阿伦尼乌斯并未因此而灰心。他认为他的观点是正确的，为此寻求科学家的支持。1884 年冬再次进行论文答辩时，论文顺利通过。

阿伦尼乌斯同时提出了酸、碱的定义；解释了反应速率与温度的关系，提出活化能的概念及与反应热的关系等。由于阿伦尼乌斯在化学领域的卓越成就，1903 年荣获了诺贝尔化学奖，成为瑞典第一位获此科学大奖的科学家。

阿伦尼乌斯在物理化学方面造诣很深，他所创立的电离理论留芳于世，至今仍常青不衰。他是一位多才多艺的学者，除了化学外，在物理学方面他致力于电学研究，在天文学方面他从事天体物理学和气象学研究。他在 1896 年发表了《大气中的二氧化碳对地球温度的影响》，还著有《天体物理学教科书》。在生物学研究中，他写作出版了《免疫化学》及《生物化学中的定量定律》等著作。作为物理学家，他对祖国的经济发展也做出了重要贡献。他亲自参与了对国内水利资源和瀑布水能的研究与开发，使水力发电网遍布瑞典。他的智慧和丰硕成果，得到了国内广泛的认可与赞扬，就连一贯反对他的克莱夫教授，自 1898 年以后也转变成为电离理论的支持者和阿伦尼乌斯的拥护者。在纪念瑞典著名化学家贝采里乌斯逝世 50 周年集会上，克莱夫教授在其长篇演说中提到："贝采里乌斯逝世后，从他手中落下的旗帜，今天又被另一位卓越的科学家阿伦尼乌斯举起。"他还提议选举阿伦尼乌斯为瑞典科学院院士。1905 年以后，他一直担任瑞典诺贝尔研究所所长，直到生命的最后一刻。

思考题与习题

1. 什么叫化学反应速率？怎么区分平均速率和瞬时速率？

2. 反应物浓度如何影响化学反应速率？什么是基元反应？它有何特点？速率方程是如何得到的？如何理解反应级数、速率常数等概念？各有什么特点？

3. 反应的活化能如何影响反应速率？

4. 如何理解半衰期的概念？级数不同，其半衰期公式有何不同？

5. 如何理解催化剂的概念？催化剂的特点是什么？催化反应有哪些类型？

6. 已知反应 $2A + B \rightleftharpoons C$ 是基元反应，A 的起始浓度是 $2 \text{ mol} \cdot L^{-1}$，B 的起始浓度是 $4 \text{ mol} \cdot L^{-1}$，反应的初速率为 $1.80 \times 10^{-2} \text{ mol} \cdot L^{-1} \cdot s^{-1}$。$t$ 时刻，A 的浓度下降到 $1 \text{ mol} \cdot L^{-1}$，求该时刻的反应速率。

7. 一个反应的活化能为 $48 \text{ kJ} \cdot \text{mol}^{-1}$，另一个反应的活化能为 $200 \text{ kJ} \cdot \text{mol}^{-1}$，在相似的条件下哪个反

应进行的快些？为什么？

8. 在一定温度下，某反应 $2A + B \rightleftharpoons 2C$ 的实验数据如下：

实验编号	起始浓度/mol·L^{-1}		生成 C 的速率 /mol·L^{-1}·min^{-1}
	$c(A)$	$c(B)$	
1	0.1	0.1	0.18
2	0.1	0.2	0.35
3	0.2	0.2	1.45

请问：(1)确定该反应的级数；(2)写出该反应的速率方程；(3)计算该反应的速率常数。

9. 某反应在 310 K 时的反应速率是 300 K 时的 2 倍，则该反应的活化能是多少？

10. 已知 CH_3CHO 的热分解反应 $CH_3CHO(g) \rightleftharpoons CH_4(g) + CO(g)$，在 700 K 时的反应速率常数是 0.010 5 $mol^{-1}·L·s^{-1}$，已知活化能为 188 $kJ·mol^{-1}$，试求 900 K 时的反应速率常数。

11. 已知 $HCl(g)$ 在 1 个标准大气压和 25 ℃ 时的生成热为 88.3 $kJ·mol^{-1}$，反应 $H_2(g) + Cl_2(g) \rightleftharpoons 2HCl$ 的活化能为 113 $kJ·mol^{-1}$，试计算逆反应的活化能。

12. 某一级反应 400 K 时的半衰期是 500 K 时的 100 倍，估算反应的活化能。

13. 合成氨反应一般在 773 K 下进行，没有催化剂时反应的活化能约为 326 $kJ·mol^{-1}$，使用铁粉作催化剂时，活化能降低至 175 $kJ·mol^{-1}$，计算加入催化剂后反应速率扩大了多少倍？

14. 蔗糖催化水解 $C_{12}H_{22}O_{11} + H_2O \xrightarrow{\text{催化剂}} 2C_6H_{12}O_6$ 是一级反应。在 298 K 时，其速率常数为 $5.7×10^{-5}$ s^{-1}，活化能为 110 $kJ·mol^{-1}$，问：(1)浓度为 1 $mol·L^{-1}$ 的蔗糖溶液分解 20% 需要多少时间？(2)在什么温度时反应速率是 298 K 时的 1/10？

第 5 章
酸碱平衡(Acid-base Equilibria)

对酸碱的定义和认识，是一个由低级认知到高级认知、由感性到理性的渐进过程。早期人们认为有酸味、可使蓝色石蕊变红的物质是酸；有涩味、有滑腻感、可使红色石蕊变蓝的物质是碱。后来，瑞典化学家阿仑尼乌斯(S. A. Arrhenius)赋予酸碱的定义是人们对酸碱认知从现象到本质的一次飞跃，阿仑尼乌斯根据酸碱电离理论提出，电解质在水溶液中电离生成阴离子和阳离子，在水溶液中电离出来的阳离子全部是 H^+ 的物质为酸(acid)；在水溶液中电离出来的阴离子全部是 OH^- 的物质为碱(base)。同时，阿仑尼乌斯把水中全部电离的酸、碱定义为强酸强碱，如 HNO_3、H_2SO_4、HCl、$HClO_4$、$NaOH$、$Ca(OH)_2$ 等；把水中部分电离的酸、碱定义为弱酸弱碱，如 CH_3COOH、HNO_2、$NH_3 \cdot H_2O$ 等。

酸碱电离理论对化学的发展起到了积极作用，直至现在仍普遍应用，然而该理论有一定的局限性，它把酸碱局限于水溶液体系，还把碱只看作氢氧化物。实际上，好多物质在非水体系并不电离出 H^+ 和 OH^-，也表现出酸碱特性；还有，氨这种弱碱，水溶液中也并不存在 NH_4OH 形式；再者，NH_4Cl 和 Na_2CO_3 等物质的水溶液具有明显酸碱性，这些现象根据酸碱电离理论是无法解释的。

随着酸碱理论的发展，又提出了溶剂理论、质子理论、电子理论和软硬酸碱理论。现代酸碱理论中，质子理论和电子理论应用最为广泛，即由丹麦化学家布朗斯特(J. N. Bronsted)和英国化学家劳瑞(T. M. Lowry)同时独立提出的酸碱质子理论和美国物理化学家路易斯(G. N. Lewis)在电离理论和质子理论基础上提出的酸碱电子理论。

本章将以化学平衡原理、质子理论为基础，讲解水溶液中弱酸、弱碱的离解平衡以及不同酸碱溶液的 pH 值计算。

5.1 酸碱质子理论(Proton Theory of Acids and Bases)

5.1.1 酸碱质子理论的基本概念

酸碱质子理论依据质子(H^+)转移的观点定义酸和碱：凡是能给出质子(H^+)的任何分子或离子都是酸(acid)，酸是质子的给予体；凡是能结合质子(H^+)的任何分子或离子都是碱(base)，碱是质子的接受体。例如水溶液中：

$$HCl(酸) \rightleftharpoons H^+ + Cl^-(碱)$$
$$CH_3COOH(酸) \rightleftharpoons H^+ + CH_3COO^-(碱)$$

$$HS^-（酸）\Longrightarrow H^+ + S^{2-}（碱）$$

$$NH_4^+（酸）\Longrightarrow H^+ + NH_3（碱）$$

$$[Fe(H_2O)_6]^{3+}（酸）\Longrightarrow H^+ + [Fe(OH)(H_2O)_5]^{2+}（碱）$$

上述反应式中，HCl、CH_3COOH、HS^-、NH_4^+、$[Fe(H_2O)_6]^{3+}$ 等都能解离出质子，它们都是酸，酸可以是分子、阴离子或阳离子。酸失去质子后，余下部分就是碱，碱也可以是分子、阴离子或阳离子。上述酸的水溶液中，Cl^-、CH_3COO^-、S^{2-}、NH_3、$[Fe(OH)(H_2O)_5]^{2+}$ 具有结合质子的能力，都是相应酸的碱，简称为碱。请注意，上述反应式是为了解释酸碱质子理论的简写式，H^+ 也是简写式，水体系下应该是 H_3O^+。

依据酸碱质子理论，既能给出质子(H^+)，又能接受质子(H^+)的分子或离子可称为酸碱两性分子或离子(amphoteric acid-base)，如 H_2O、HS^-、HPO_4^{2-}、HCO_3^- 等分子或离子，既有给出质子又有结合质子的能力，称它们为酸碱两性化合物或酸碱两性离子。

酸碱质子理论本质上是强调酸、碱之间的互相依赖。酸给出质子生成对应的碱，碱结合质子后生成对应的酸，酸碱彼此通过得失质子联系在一起的这种依赖关系称为共轭酸碱关系。也就是说，酸给出一个质子后生成其共轭碱(conjugate base)；碱接受一个质子后生成其共轭酸(conjugate acid)，相应的一对酸碱称为共轭酸碱对(conjugate acid-base pair)。共轭酸碱对之间，共轭酸的酸性越强，其共轭碱的碱性越弱；反之，共轭酸的酸性越弱，其共轭碱的碱性越强。

5.1.2　质子传递反应(酸碱反应)

首先强调的是，质子理论下，酸碱反应不仅仅是酸碱中和反应，如水溶液体系下，电解质的离解反应、中和反应、盐的水解反应及同离子效应等均归为酸碱反应范围。以酸碱质子理论为基础，所涉及不同类型的酸碱反应的本质就是质子转移(传递)。也就是说，依据质子理论，酸碱反应的实质是两个共轭酸碱对之间的质子转移(传递)反应，可用下面的通式表示：

$$酸_1(HA) + 碱_2(B)\Longrightarrow 碱_1(A^-) + 酸_2(BH^+)$$

例如：

$$CH_3COOH + NH_3 \Longrightarrow CH_3COO^- + NH_4^+$$

(1)酸碱离解反应

质子理论的观点认为水溶液中酸碱的离解反应就是水与酸碱分子间的质子传递反应。酸碱在水中的离解反应是由给出质子的半反应和接受质子的半反应组成的。如水溶液中 HCl、HF 和 NH_3 的离解反应实例分析如下。

水溶液中 HCl 离解：　$HCl(酸1，aq)\Longrightarrow H^+ + Cl^-(碱1，aq)$

$$H^+ + H_2O(碱2，l)\Longrightarrow H_3O^+(酸2，aq)$$

$$HCl(酸1，aq) + H_2O(碱2，l)\Longrightarrow H_3O^+(酸2，aq) + Cl^-(碱1，aq)$$

水溶液中 HF 离解：　$HF(酸1，aq)\Longrightarrow H^+ + F^-(碱1，aq)$

$$H^+ + H_2O(碱2，l)\Longrightarrow H_3O^+(酸2，aq)$$

$$HF(酸1，aq) + H_2O(碱2，l)\Longrightarrow H_3O^+(酸2，aq) + F^-(碱1，aq)$$

水溶液中 NH_3 的离解：　$H_2O(酸1，l)\Longrightarrow OH^-(碱1，aq) + H^+$

$$H^+ + NH_3(碱2, aq) \rightleftharpoons NH_4^+(酸2, aq)$$

$$NH_3(碱2, aq) + H_2O(酸1, l) \rightleftharpoons OH^-(碱1, aq) + NH_4^+(酸2, aq)$$

在酸的离解反应中，H_2O 是质子接受体，是碱；在碱的离解反应中，H_2O 是质子给予体，是酸，说明 H_2O 是两性物质。同时在这里，我们还可以看出，HCl 与 Cl^-、HF 与 F^-、H_2O 与 OH^-、NH_4^+ 与 NH_3 分别属于共轭酸碱对。还需要说明的是，强酸(如 HCl)给出质子的能力极强，其共轭碱(Cl^-)的碱性极弱，结合质子的能力极差，故离解反应基本完全，不以分子态形式存在于水溶液中；弱酸(如 HF)给出质子的能力较弱，其共轭碱(F^-)的碱性较强，结合质子的能力较强，故弱酸的水溶液中存在离解平衡，分子态形式仍部分存在于水中；强碱结合质子能力强，故离解基本完全；弱碱结合质子能力弱，其水溶液中存在离解平衡，分子态形式仍部分存在于水中。

(2)中和反应

中和反应在质子理论中也是酸碱反应。例如：

$$H_3O^+(酸1) + OH^-(碱2) \rightleftharpoons H_2O(碱1) + H_2O(酸2)$$

$$CH_3COOH(酸1) + NH_3(碱2) \rightleftharpoons CH_3COO^-(碱1) + NH_4^+(酸2)$$

(3)水解反应

质子理论中弱化了盐的概念，我们所熟知的盐的水解反应也是质子传递的酸碱反应。例如 CH_3COONa 的水解反应，CH_3COOH^- 与 H_2O 之间发生了质子转移反应，生成了 CH_3COOH 和 OH^-，Na^+ 没有参与反应；NH_4Cl 的水解反应，NH_4^+ 与 H_2O 之间也发生了质子转移反应。

$$CH_3COO^-(碱2) + H_2O(酸1) \rightleftharpoons OH^-(碱1) + CH_3COOH(酸2)$$

$$NH_4^+(酸1) + H_2O(碱2) \rightleftharpoons NH_3(碱1) + H_3O^+(酸2)$$

(4)水的质子自递反应

水是两性物质，可作为酸给予质子，又可作为碱接受质子。因此，纯水中存在水分子间的质子转移的酸碱反应，水的自身离解平衡可表示为：

$$H_2O(l) + H_2O(l) \rightleftharpoons H_3O^+ + OH^-$$

一个水分子作为酸给予质子，另一个水分子作为碱接受质子，这种反应称为水的质子自递反应(autoionization)。当上述质子自递反应达到平衡时，测得在 295 K 时纯水中 $c(H_3O^+) = c(OH^-) = 1.0 \times 10^{-7}$ mol·L^{-1}[通常把 $c(H_3O^+)$ 简写成 $c(H^+)$]。根据热力学中对溶质和溶剂标准状态的规定和平衡原理，把 H_3O^+ 和 OH^- 离子的相对浓度代入平衡常数表达式中，则有：

$$K_w^\ominus = [c(H^+)/c^\ominus] \cdot [c(OH^-)/c^\ominus] = 1.0 \times 10^{-14} \tag{5-1}$$

$K_w^\ominus$ 称为水的质子自递常数，或称为水的离子积(ion-product of water)常数。根据水的电导率测定，一定温度下，$c(H_3O^+)$ 与 $c(OH^-)$ 的乘积是恒定的，而且，在稀溶液中，水的离子积常数不受溶质浓度的影响。但 $K_w^\ominus$ 数值受温度影响较明显，见表 5-1 中的数据所列，这可以通过反应焓做出判断，水的离解反应是强酸强碱中和反应的逆反应，是比较强烈的吸热反应，结合平衡移动原理，很容易得出水的离子积 $K_w^\ominus$ 随着温度的升高会明显地增大。

表 5-1 $K_w^\ominus$ 与温度的关系

温度/K	$K_w^\ominus$	温度/K	$K_w^\ominus$
273	1.139×10^{-15}	298	1.008×10^{-14}
278	1.864×10^{-15}	303	1.469×10^{-14}
283	2.920×10^{-15}	313	2.920×10^{-14}
291	0.740×10^{-14}	323	5.474×10^{-14}
293	6.809×10^{-14}	333	9.610×10^{-14}
295	1.000×10^{-14}		

所以，在较严格的工作中，应注意使用实验温度条件下的 $K_w^\ominus$ 数值。通常若反应在室温下进行，为方便起见，$K_w^\ominus$ 一般取值 1.0×10^{-14}。

(5)非水体系

酸碱质子理论还适用于气相和非水溶液中的酸碱反应，如氯化氢与氨的反应，无论在水溶液反应体系、气相反应体系、苯溶液反应体系等不同状态反应下，其本质都是质子传递反应，最终生成氯化铵。再者，液氨也是常见的非水溶剂，其自身离解反应同样也是质子传递反应。

$$HCl(酸1) + NH_3(碱2) \Longrightarrow NH_4^+(酸2) + Cl^-(碱1)$$

$$NH_3(酸1) + NH_3(碱2) \Longrightarrow NH_4^+(酸2) + NH_2^-(碱1)$$

酸碱质子理论不仅扩大了酸碱的定义范围，还把水溶液中进行的各类反应科学地统一为质子传递反应，同时其应用范围并不局限于酸碱电离理论的水溶液中，也适用于非水溶液和气相反应体系中的酸碱反应，增加了我们对酸碱和酸碱反应的认识程度。

当然，随着生产的发展和科学的进步，质子理论也有了它的局限性。由于质子理论的本质就是质子的给予和接受，这就必然限定酸中须含氢原子。这样的话，对于属于酸碱反应，但酸中不含氢的酸碱反应就不能用质子理论来解释，需要用到应用范围更大、适用性更广泛的酸碱电子理论。

路易斯的酸碱电子理论虽然不是本章内容的基础，但作为酸碱理论发展的系统成果以及学习的系统性，有必要做简要学习和了解。

5.1.3 酸碱电子理论

布朗斯特和劳瑞提出酸碱质子理论的同一年(1923 年)，路易斯从电子结构观点出发，提出了酸碱电子理论。该理论认为，凡是可以接受电子对的分子或离子称为酸，凡是可以给出电子对的分子或离子称为碱；酸是电子对的接受体，须具有能接受电子对的空轨道；碱是电子对的给予体，须具有未共享的孤对电子。酸碱反应的实质是形成共价配位键，不发生电子转移。

酸碱电子理论的适用范围更加广泛，现举例说明：

①酸碱中和是典型的电离理论，酸电离出 H^+ 与碱电离出 OH^- 反应生成 H_2O。质子理论可以说明 H^+ 是酸，OH^- 是碱，这里不再赘述。现在，根据酸碱电子理论，H^+ 具有空轨道，可接受电子对，是酸；OH^- 具有孤对电子，可给出电子对，是碱。H^+ 与 OH^- 形成配位键 $H\cdots OH$，H_2O 是酸碱配合物。

②气相系下 HCl 与 NH_3 反应生成 NH_4Cl。这个反应是质子传递反应，质子理论做出了

很好解释。现在，按照电子理论，由于 HCl 的共用电子对完全归属 Cl 原子，H 原子就有了空轨道，可接受电子对，所以 HCl 是酸；NH_3 上的 N 原子具有孤对电子，可给出电子对，所以 NH_3 是碱。生成物形成配位共价键$[H_3N \cdots H]^+ Cl^-$。

③Na_2O 与 SO_3 反应生成 Na_2SO_4。该反应类似水溶液中 NaOH 与 H_2SO_4 的中和反应，属于酸碱反应。很显然，质子理论无法解释此反应。但依据电子理论，SO_3 中的 S 原子提供空轨道，可接受电子对，所以 SO_3 是酸；Na_2O 中的 O 原子具有孤对电子，可给出电子对，所以 Na_2O 是碱。

路易斯酸碱可谓无所不包，范围广泛，也更能体现物质的本质属性，但是，电子理论也不是非常完美的，如不能用来比较酸碱强弱。可以说，目前还没有一种完全适用所有场合下的酸碱理论。

5.2 弱酸弱碱的离解平衡
(Weak Acid and Weak Base Ionization Equilibrium)

5.2.1 一元弱酸弱碱的离解平衡

5.2.1.1 离解常数

酸碱质子理论下，弱酸、弱碱与溶剂水之间的质子传递反应平衡可称为弱酸(或弱碱)离解平衡。例如，CH_3COOH 和 NH_3 与水的质子传递反应。

$$CH_3COOH + H_2O \rightleftharpoons H_3O^+ + CH_3COO^-$$

$$NH_3 + H_2O \rightleftharpoons OH^- + NH_4^+$$

这类反应通常能快速达到平衡，现在，我们引入平衡常数(ionization constant)概念，即一定温度下，在弱酸弱碱的稀溶液中，反应达到平衡时，存在一个数学关系式，表示如下：

$$K_a^\ominus = \frac{[c(H_3O^+)/c^\ominus] \cdot [c(CH_3COO^-)/c^\ominus]}{c(CH_3COOH)/c^\ominus}$$

$$K_b^\ominus = \frac{[c(OH^-)/c^\ominus] \cdot [c(NH_4^+)/c^\ominus]}{c(NH_3)/c^\ominus}$$

式中，$K_a^\ominus$、$K_b^\ominus$ 被称为弱酸的离解常数和弱碱的离解常数。离解常数的数值表明了酸碱的相对强弱。相同温度下，$K_a^\ominus$ 越大，说明该酸在水中的离解程度越大，酸性强；碱亦相同。例如，在 298 K 时，HCOOH 和 CH_3COOH 的离解常数分别为 1.8×10^{-4} 和 1.8×10^{-5}，可以看出 CH_3COOH 是比 HCOOH 更弱的酸。同时，与其他平衡常数一样，离解常数是一个特征常数，与浓度无关而与温度相关。不过，温度对离解常数的影响并不大，通常不影响其数量级变化，因此在室温条件下，我们使用 298.15 K 时的 $K_a^\ominus$、$K_b^\ominus$ 值。常见弱酸、弱碱在水溶液中的 $K_a^\ominus$、$K_b^\ominus$ 值可查阅附录 4。

弱酸、弱碱在水中的离解程度不仅可以用离解常数表示，还常用离解度 α（degree of ionization)来表示。弱酸、弱碱在水中达到离解平衡时，已离解的浓度与原始浓度的百分率比值叫离解度。

$$\alpha = \frac{\text{已离解的浓度}}{\text{原始浓度}} \times 100\% \tag{5-2}$$

离解度直接反映平衡时反应物变化了多少，它不仅与弱酸(碱)本性有关，且与起始浓度有关。其与离解常数有一定联系。假设弱酸 HA 的浓度为 $c(HA)$，离解常数为 $K_a^{\ominus}$，离解度为 α，根据弱酸 HA 在水中的离解平衡关系可得到：

$$HA \ + \ H_2O \ \Longrightarrow \ H_3O^+ \ + \ A^-$$

起始浓度/mol $\cdot$ L^{-1}　　c　　　　　　　　0　　　　0

平衡浓度/mol $\cdot$ L^{-1}　　$c-c\alpha$　　　　　　$c\alpha$　　　$c\alpha$

$$K_a^{\ominus} = \frac{(c\alpha/c^{\ominus})^2}{c(1-\alpha)/c^{\ominus}} = \frac{c\alpha^2/c^{\ominus}}{1-\alpha}$$

如果 $\alpha \leqslant 5\%$ 或 $\dfrac{c/c^{\ominus}}{K_a^{\ominus}} \geqslant 400$，上式可以简化成 $K_a^{\ominus} = \alpha^2 c/c^{\ominus}$

则

$$\alpha = \sqrt{\frac{K_a^{\ominus}}{c/c^{\ominus}}} \tag{5-3}$$

式(5-3)是德国物理化学家奥斯特瓦尔德(F. W. Ostwald)的稀释定律表达式。说明在满足 $\alpha \leqslant 5\%$ 或 $\dfrac{c/c^{\ominus}}{K_a^{\ominus}} \geqslant 400$ 的情况下，对于同一弱电解质来说，离解度与约束条件下其相对浓度的平方根成反比；对于相同浓度的不同弱电解质来说，约束条件下，离解度与离解常数的平方根成正比。

5.2.1.2　共轭酸碱对的离解常数

一定条件下，若酸给出质子的能力较强，其共轭碱接受质子的能力必然较弱。那么，对于一个共轭酸碱对来说，酸(HA)的 $K_a^{\ominus}$ 值与对应共轭碱(A$^-$)的 $K_b^{\ominus}$ 值是否存在一定关系，我们用实例说明。以乙酸为例，乙酸的离解常数 $K_a^{\ominus}$、对应的乙酸根的离解常数 $K_b^{\ominus}$ 可根据式(1)和式(2)列出，不难发现，$K_a^{\ominus}(CH_3COOH) \cdot K_b^{\ominus}(CH_3COO^-) = K_w^{\ominus}$。

$$CH_3COOH + H_2O \Longrightarrow H_3O^+ + CH_3COO^- \tag{1}$$

$$K_a^{\ominus} = \frac{[c(H_3O^+)/c^{\ominus}] \cdot [c(CH_3COO^-)/c^{\ominus}]}{c(CH_3COOH)/c^{\ominus}}$$

$$CH_3COO^- + H_2O \Longrightarrow CH_3COOH + OH^- \tag{2}$$

$$K_b^{\ominus} = \frac{[c(CH_3COOH)/c^{\ominus}] \cdot [c(OH^-)/c^{\ominus}]}{c(CH_3COO^-)/c^{\ominus}}$$

即水溶液中，共轭酸碱对的离解常数乘积与水的离子积常数相等。也就是说，某一 $K_a^{\ominus}$、$K_b^{\ominus}$ 值可通过水的离子积常数 $K_w^{\ominus}$ 与其共轭碱的离解常数 $K_b^{\ominus}$ 或者共轭酸的离解常数 $K_a^{\ominus}$ 的比值求得。

5.2.1.3　一元弱酸或弱碱中 $H_3O^+(pH)$、$OH^-(pOH)$ 的计算

一元弱酸 HB 在水中的离解平衡：

$$HB + H_2O \rightleftharpoons H_3O^+ + B^-$$

可简写为

$$HB \rightleftharpoons H^+ + B^-$$

标准离解常数表达式为

$$K_a^\ominus = \frac{[c(H^+)/c^\ominus] \cdot [c(B^-)/c^\ominus]}{c(HB)/c^\ominus}$$

浓度为 $c(HB)$ 的某一元弱酸的酸度，可以根据其离解常数 $K_a^\ominus$ 计算。

$$c(H^+)/c^\ominus = \frac{-K_a^\ominus + \sqrt{(K_a^\ominus)^2 + 4K_a^\ominus \cdot c/c^\ominus}}{2}$$

若一元弱酸的离解度很小，即 $\alpha \leqslant 5\%$ 或 $\dfrac{c/c^\ominus}{K_a^\ominus} \geqslant 400$ 时，则得出 H^+ 浓度的最简式为

$$c(H^+)/c^\ominus = \sqrt{K_a^\ominus \cdot c/c^\ominus}$$

处理一元弱碱的方法与一元弱酸类似，只需将以上各计算一元弱酸溶液中 $c(H^+)$ 浓度的有关公式中的 $K_a^\ominus$ 换成 $K_b^\ominus$，$c(H^+)$ 换成 $c(OH^-)$ 即可。

一元弱碱溶液 $c(OH^-)$ 浓度的计算公式为

$$c(OH^-)/c^\ominus = \frac{-K_b^\ominus + \sqrt{(K_b^\ominus)^2 + 4K_b^\ominus \cdot c/c^\ominus}}{2}$$

若一元弱碱的 $\alpha \leqslant 5\%$ 或 $\dfrac{c/c^\ominus}{K_b^\ominus} \geqslant 400$ 时，最简式为

$$c(OH^-)/c^\ominus = \sqrt{K_b^\ominus \cdot c/c^\ominus}$$

【例 5-1】计算 298 K 时，$0.10\ mol \cdot L^{-1}$ CH_3COOH 溶液的 pH 值、$c(CH_3COO^-)$ 和 CH_3COOH 的离解度。

解：查表可知，$K_a^\ominus(CH_3COOH) = 1.76 \times 10^{-5}$

$$\frac{c/c^\ominus}{K_a^\ominus} = \frac{0.10}{1.76 \times 10^{-5}} = 5.6 \times 10^3 > 400$$

$$c(H_3O^+) = \sqrt{K_a^\ominus \cdot c/c^\ominus} \cdot c^\ominus = \sqrt{1.76 \times 10^{-5} \times 0.10} \times 1.0\ mol \cdot L^{-1}$$
$$= 1.33 \times 10^{-3}\ mol \cdot L^{-1}$$

pH $= 2.89$

$c(CH_3COO^-) = c(H^+) = 1.33 \times 10^{-3}\ mol \cdot L^{-1}$

$$\alpha = \frac{c(H^+)}{c} = \frac{1.33 \times 10^{-3}\ mol \cdot L^{-1}}{0.10\ mol \cdot L^{-1}} \times 100\% = 1.33\%$$

【例 5-2】将 $2.45\ g$ 固体 NaCN 配制成 $500\ mL$ 水溶液，计算此溶液的 pOH。已知 HCN 的

$K_a^{\ominus} = 4.93 \times 10^{-10}$。

解： $c(\text{CN}^-) = \dfrac{2.45}{49 \times 500 \times 10^{-3}} = 0.1 \ \text{mol} \cdot \text{L}^{-1}$

CN^- 在水溶液中有下列平衡：

$$\text{CN}^- + \text{H}_2\text{O} \rightleftharpoons \text{HCN} + \text{OH}^-$$

$$K_b^{\ominus}(\text{CN}^-) = K_w^{\ominus}/K_a^{\ominus}(\text{HCN}) = \frac{1.0 \times 10^{-14}}{4.93 \times 10^{-10}} = 2.0 \times 10^{-5}$$

$$\frac{c/c^{\ominus}}{K_b^{\ominus}(\text{CN}^-)} = \frac{0.10}{2.0 \times 10^{-5}} = 5\ 000 > 400$$

则
$$c(\text{OH}^-)/c^{\ominus} = \sqrt{K_b^{\ominus} \cdot c/c^{\ominus}} = \sqrt{2.0 \times 10^{-5} \times 0.1} = 1.4 \times 10^{-3}$$
$$\text{pOH} = 2.85$$

5.2.2　多元弱酸弱碱的离解平衡

相对于一元弱酸（碱）的一步离解过程，多元弱酸（碱）在水溶液中的离解过程是分步进行的。一元弱酸（碱）的离解平衡原理，也适用于多元弱酸（碱）的离解平衡。如二元弱酸 H_2CO_3 存在二级离解平衡：

$$\text{H}_2\text{CO}_3(\text{aq}) + \text{H}_2\text{O}(\text{l}) \rightleftharpoons \text{H}_3\text{O}^+(\text{aq}) + \text{HCO}_3^-(\text{aq}) \tag{1}$$

$$K_{a1}^{\ominus} = \frac{[c(\text{H}_3\text{O}^+)/c^{\ominus}] \cdot [c(\text{HCO}_3^-)/c^{\ominus}]}{c(\text{H}_2\text{CO}_3)/c^{\ominus}} = 4.30 \times 10^{-7}$$

$$\text{HCO}_3^-(\text{aq}) + \text{H}_2\text{O}(\text{l}) \rightleftharpoons \text{H}_3\text{O}^+(\text{aq}) + \text{CO}_3^{2-}(\text{aq}) \tag{2}$$

$$K_{a2}^{\ominus} = \frac{[c(\text{H}_3\text{O}^+)/c^{\ominus}] \cdot [c(\text{CO}_3^{2-})/c^{\ominus}]}{c(\text{HCO}_3^-)/c^{\ominus}} = 5.61 \times 10^{-11}$$

$K_{a1}^{\ominus}$、$K_{a2}^{\ominus}$ 分别是 H_2CO_3 的第一级离解平衡常数和第二级离解平衡常数。

同 H_2CO_3 一样，多数多元酸的离解方式为分级进行。通常来讲，每级都是部分离解，有对应的离解平衡常数（如 H_3PO_4 有三个离解常数 $K_{a1}^{\ominus}$、$K_{a2}^{\ominus}$ 及 $K_{a3}^{\ominus}$）；也存在个别多元酸第一级完全离解，表现为强酸，而其余的离解则是部分进行，如 H_2SO。

$$\text{H}_2\text{SO}_4 \rightleftharpoons \text{H}^+ + \text{HSO}_4^-$$
$$\text{HSO}_4^- \rightleftharpoons \text{H}^+ + \text{SO}_4^{2-} \qquad K_{a2}^{\ominus} = 1.2 \times 10^{-2}$$

继续分析 H_2CO_3 的分步离解，可以发现第一步离解中的共轭碱 HCO_3^- 是第二步离解中的酸，其共轭碱又为第二步离解中的 CO_3^{2-}，所以 HCO_3^- 是两性物质。再者，多元弱酸（碱）溶液中，除了自身的多步离解平衡，还存在溶剂的离解平衡。多个离解平衡能同时很快达到平衡，平衡时溶液中 $c(\text{H}_3\text{O}^+)$ 保持恒定且满足各平衡的平衡常数表达式的数学关系，显而易见的是，各平衡的平衡常数相对大小不同，它们离解出来的 H_3O^+ 对溶液中 $c(\text{H}_3\text{O}^+)$ 贡献也不同。

少数多元弱酸的 $K_{a1}^{\ominus}$、$K_{a2}^{\ominus}$、$K_{a3}^{\ominus}$……相差很小，多数多元弱酸的 $K_{a1}^{\ominus}$、$K_{a2}^{\ominus}$、$K_{a3}^{\ominus}$……都相差很大。原因可以这么理解，多元弱酸第一级离解是从中性分子中解离出一个 H^+，第二级离

解则要从负电离子中解离出一个 H^+，那么第二级离解就困难得多，依此类推，导致多元弱酸的 $K_{a1}^{\ominus} \gg K_{a2}^{\ominus} \gg K_{a3}^{\ominus} \gg \cdots \cdots$ 通常，若 $K_{a1}^{\ominus}/K_{a2}^{\ominus} > 1\,000$，溶液中 H_3O^+ 基本来自于第一步的离解反应，溶液中 $c(H_3O^+)$ 的计算按一元弱酸的离解平衡进行近似处理。反之，碱亦相同。需要说明的是，多元弱碱的离解平衡常数用 $K_{b1}^{\ominus}$、$K_{b2}^{\ominus}$ 表示，举例如下。

$$CO_3^{2-} + H_2O \rightleftharpoons OH^- + HCO_3^-$$

$$K_{b1}^{\ominus} = \frac{[c(OH^-)/c^{\ominus}] \cdot [c(HCO_3^-)/c^{\ominus}]}{c(CO_3^{2-})/c^{\ominus}} = \frac{K_w^{\ominus}}{K_{a2}^{\ominus}} = 1.78 \times 10^{-4}$$

$$HCO_3^- + H_2O \rightleftharpoons OH^- + H_2CO_3$$

$$K_{b2}^{\ominus} = \frac{[c(OH^-)/c^{\ominus}] \cdot [c(H_2CO_3)/c^{\ominus}]}{c(HCO_3^-)/c^{\ominus}} = \frac{K_w^{\ominus}}{K_{a1}^{\ominus}} = 2.33 \times 10^{-8}$$

以二元弱酸 H_2CO_3 为例，有时为了计算和说明平衡时各离子和分子相对浓度之间的关系，会根据多重平衡法则进行合并，但不表示反应是一次离解，离解依然是分级进行的。

$$K_{a1}^{\ominus} \cdot K_{a2}^{\ominus} = \frac{[c(H_3O^+)/c^{\ominus}] \cdot [c(HCO_3^-)/c^{\ominus}]}{c(H_2CO_3)/c^{\ominus}} \cdot \frac{[c(H_3O^+)/c^{\ominus}] \cdot [c(CO_3^{2-})/c^{\ominus}]}{c(HCO_3^-)/c^{\ominus}}$$

$$= \frac{[c(H_3O^+)/c^{\ominus}]^2 \cdot [c(CO_3^{2-})/c^{\ominus}]}{c(H_2CO_3)/c^{\ominus}} = K_a^{\ominus} = 2.4 \times 10^{-17}$$

【例 5-3】计算 $0.02 \text{ mol} \cdot L^{-1}$ H_2CO_3 溶液中 H^+、HCO_3^-、CO_3^{2-} 的浓度及 H_2CO_3 的离解度各是多少？（已知 H_2CO_3 $K_{a1}^{\ominus} = 4.30 \times 10^{-7}$，$K_{a2}^{\ominus} = 5.61 \times 10^{-11}$）

解：由于 $K_{a1}^{\ominus} \gg K_{a2}^{\ominus}$，且 $\dfrac{c/c^{\ominus}}{K_{a1}^{\ominus}} > 400$，所以溶液中的 H^+ 主要来自于第一级离解，可以按一元弱酸近似公式计算：

$$c(H^+)/c^{\ominus} = \sqrt{K_{a1}^{\ominus} \cdot c/c^{\ominus}}$$

$$c(H^+)/c^{\ominus} = \sqrt{4.3 \times 10^{-7} \times 0.02} = 9.3 \times 10^{-5}$$

因 $c(H^+) \approx c(HCO_3^-)$，所以 H^+ 和 HCO_3^- 浓度均为 $9.3 \times 10^{-5} \text{ mol} \cdot L^{-1}$。

再由 $K_{a2}^{\ominus}$ 表达式可推导出 $c(CO_3^{2-})/c^{\ominus} \approx K_{a2}^{\ominus}$

$$c(CO_3^{2-}) = 5.61 \times 10^{-11} \text{ mol} \cdot L^{-1}$$

离解度 $\alpha = c(H^+)/c = 9.3 \times 10^{-5}/0.02 = 4.66 \times 10^{-3} = 0.466\%$

5.2.3 两性物质水溶液的酸碱性

按照酸碱质子理论，既能接受质子又能给出质子的中性物质是两性物质。这里不再考虑 H_2O，其他常见的两性物质有酸式盐（如 $NaHCO_3$、Na_2HPO_4、NaH_2PO_4）、弱酸弱碱盐（CH_3COONH_4 等）。现以 $NaHCO_3$（HCO_3^-）溶液为例，讨论该类溶液酸度的计算方法。

$$HCO_3^- + H_2O \rightleftharpoons H_3O^+ + CO_3^{2-} \tag{1}$$

$$K_{a2}^{\ominus} = \frac{[c(H_3O^+)/c^{\ominus}] \cdot [c(CO_3^{2-})/c^{\ominus}]}{c(HCO_3^-)/c^{\ominus}} = 5.61 \times 10^{-11}$$

$$HCO_3^- + H_2O \Longrightarrow OH^- + H_2CO_3 \tag{2}$$

$$K_{b2}^\ominus = \frac{[c(OH^-)/c^\ominus] \cdot [c(H_2CO_3)/c^\ominus]}{c(HCO_3^-)/c^\ominus} = \frac{K_w^\ominus}{K_{a1}^\ominus} = 2.4 \times 10^{-8}$$

可以看出，$K_{b2}^\ominus \gg K_{a2}^\ominus$，说明 HCO_3^- 碱式离解趋势大于酸式，故溶液呈碱性。推而广之，对任一两性物质的水溶液，若 $K_a^\ominus > K_b^\ominus$，说明酸式离解趋势大于碱式，呈酸性；$K_a^\ominus < K_b^\ominus$，说明酸式离解趋势小于碱式，呈碱性；$K_a^\ominus \approx K_b^\ominus$，说明酸式和碱式的离解趋势相近，呈中性。

还以 $NaHCO_3$ 为例，根据溶液中的离子浓度守恒、正负电荷守恒及相关平衡数学表达式，可推导出 $NaHCO_3$ 溶液中粗略酸度的最简计算式，具体过程可参考其他相关参考书。

$$c(H^+)/c^\ominus = \sqrt{K_{a1}^\ominus \cdot K_{a2}^\ominus}$$

为了方便大家使用，两性物质水溶液酸度的粗略计算公式表达如下：

$$c(H^+)/c^\ominus = \sqrt{K_a^\ominus(HB) \cdot K_a^\ominus(A)} \tag{5-4}$$

式中，$K_a^\ominus(HB)$ 是表现为碱的离子对应的其共轭酸的酸常数；$K_a^\ominus(A)$ 是表现为酸的离子对应的酸常数。如：

$H_2PO_4^-$ 水溶液粗略酸度值　$c(H^+)/c^\ominus = \sqrt{K_{a1}^\ominus(H_3PO_4) \cdot K_{a2}^\ominus(H_3PO_4)}$

CH_3COONH_4 水溶液粗略酸度值　$c(H^+)/c^\ominus = \sqrt{K_a^\ominus(CH_3COOH) \cdot K_a^\ominus(NH_4^+)}$

【例 5-4】 按质子理论，$H_2PO_4^-$ 既可以释放质子又可以获得质子，试说明为什么 NaH_2PO_4 溶液显酸性？

解： 在 NaH_2PO_4 溶液中，主要存在下列两个平衡：

$$H_2PO_4^- \Longrightarrow H^+ + HPO_4^{2-} \qquad K_{a2}^\ominus = 2.23 \times 10^{-8}$$

$$H_2PO_4^- + H_2O \Longrightarrow H_3PO_4 + OH^- \qquad K_{b3}^\ominus = \frac{K_w^\ominus}{K_{a1}^\ominus} = 1.33 \times 10^{-12}$$

因为 $K_{a2}^\ominus \gg K_{b3}^\ominus$，表示 $H_2PO_4^-$ 释放质子的能力大于获得质子的能力，所以溶液显酸性。

5.3　酸碱平衡的移动(Changing Acid-Base Equilibria)

和其他化学平衡相同，酸碱离解平衡也是暂时相对的动态平衡。若体系条件改变，将使平衡发生移动，在新的条件下重新建立平衡。一定温度下，影响酸碱平衡移动的因素主要归结于同离子效应和盐效应。

5.3.1　同离子效应与盐效应

5.3.1.1　同离子效应

在弱酸或弱碱溶液中，加入具有与弱酸或弱碱相同离子的强电解质后，弱酸或弱碱的离解平衡向左移动，其离解度降低，这就是同离子效应(common-ion effect)。

例如，往 CH_3COOH 的水溶液中加入一定量的 H_2SO_4 或 CH_3COONa 溶液后，那么

$$CH_3COOH + H_2O \Longrightarrow H_3O^+ + CH_3COO^-$$

溶液中 $c(H_3O^+)$ 或 $c(CH_3COO^-)$ 浓度将大大增加，这就使 CH_3COOH 在水中的离解平衡必然向左移动，从而降低 CH_3COOH 的离解度。同样，我们向氨水溶液中加入适量的 $NaOH$ 或 NH_4Cl 后，也同样会降低氨水的离解度。应该说，离子浓度的改变，对弱酸或弱碱的离解平衡移动影响非常显著。

$$NH_3 + H_2O \Longrightarrow OH^- + NH_4^+$$

【例 5-5】 在 1.0 L 浓度为 0.10 mol·L^{-1} 的 CH_3COOH 溶液中，加入 0.10 mol 固体 CH_3COONa，忽略体积变化，请问溶液的 pH 值和 CH_3COOH 的离解度有何变化？

解：（1）未加入 CH_3COONa 之前

$$\frac{c/c^{\ominus}}{K_a^{\ominus}} = 0.10/1.76 \times 10^{-5} = 5.6 \times 10^3 > 400$$

故：$c(H^+) = \sqrt{K_a^{\ominus} \cdot c/c^{\ominus}} \cdot c^{\ominus} = \sqrt{1.76 \times 10^{-5} \times 0.10} \times 1.0$ mol·L^{-1}

$$= 1.33 \times 10^{-3} \text{ mol·L}^{-1}$$

$$pH = 2.89$$

$$\alpha = \frac{c(H^+)}{c} = \frac{1.33 \times 10^{-3} \text{ mol·L}^{-1}}{0.10 \text{ mol·L}^{-1}} \times 100\% = 1.33\%$$

（2）加入 CH_3COONa 之后

根据（1）的结果及平衡左向移动，溶液中 $c(CH_3COO^-)$ 可认为是 0.10 mol·L^{-1}，同样，还可以认为平衡时 $c(CH_3COOH)$ 为 0.10 mol·L^{-1}。

$$CH_3COOH + H_2O \Longrightarrow H_3O^+ + CH_3COO^-$$

起始浓度/mol·L^{-1}	0.1	0	0.1
平衡浓度/mol·L^{-1}	0.1	$c(H^+)$	0.1

$$K_a^{\ominus} = \frac{[c(H^+)/c^{\ominus}] \cdot [c(CH_3COO^-)/c^{\ominus}]}{c(CH_3COOH)/c^{\ominus}}$$

$$c(H^+) = K_a^{\ominus} \cdot \frac{[c(CH_3COOH)/c^{\ominus}]}{c(CH_3COO^-)/c^{\ominus}} \cdot c^{\ominus} = 1.76 \times 10^{-5} \times \frac{0.10}{0.10} \times 1.0 \text{ mol·L}^{-1}$$

$$= 1.76 \times 10^{-5} \text{ mol·L}^{-1}$$

$$pH = 4.74$$

$$\alpha = \frac{c(H^+)}{c} = \frac{1.76 \times 10^{-5} \text{ mol·L}^{-1}}{0.10 \text{ mol·L}^{-1}} \times 100\% = 0.018\%$$

对例 5-5 结果进行分析比较，该溶液的 pH 值从 2.89 变至 4.74，$c(H^+)$ 从 1.33×10^{-3} mol·L^{-1} 降至 1.76×10^{-5} mol·L^{-1}，CH_3COOH 的离解度也从 1.33% 变为 0.018%，显然同离子效应抑制 CH_3COOH 离解、降低 CH_3COOH 离解度、改变溶液的酸度非常明显。

对例 5-5 进行展开，可以得到一个结论，同离子效应存在于任何共轭酸碱对的混合溶液体系中。结合例 5-5 的数值近似方法，共轭酸碱对混合溶液酸度计算的简化公式如下：

$$c(\text{H}^+)/c^{\ominus}=K_a^{\ominus}\cdot\frac{c_a/c^{\ominus}}{c_b/c^{\ominus}}\qquad \text{pH}=\text{p}K_a^{\ominus}-\lg\frac{c_a/c^{\ominus}}{c_b/c^{\ominus}} \tag{5-5}$$

$$c(\text{OH}^-)/c^{\ominus}=K_b^{\ominus}\cdot\frac{c_b/c^{\ominus}}{c_a/c^{\ominus}}\qquad \text{pOH}=\text{p}K_b^{\ominus}-\lg\frac{c_b/c^{\ominus}}{c_a/c^{\ominus}} \tag{5-6}$$

式中，c_a、c_b 分别表示共轭酸、共轭碱的浓度。由简化公式可明确看出，调节溶液中共轭酸碱对的浓度比，一定程度上可控制溶液的 pH 值。

5.3.1.2　盐效应

在弱酸或弱碱溶液中，加入不含有与弱酸或弱碱相同离子的强电解质后，溶液中总离子的浓度增大，单位体积内离子数量增多，离子之间碰撞机会增大，导致弱酸弱碱离解出的离子的有效浓度下降，平衡自然向右移动，这就是盐效应。应该说，同离子效应时，其实也伴随着盐效应，但同离子效应的影响远远显著于盐效应，因此一般只考虑同离子效应而忽略盐效应。

5.3.2　溶液酸度对酸碱平衡的影响

弱电解质在水溶液中总是以两种以上型体存在。例如，乙酸水溶液和乙酸钠水溶液中，都存在 CH_3COOH（酸型体）和 CH_3COO^-（碱型体）两种型体；磷酸水溶液或者各种磷酸盐的水溶液中，存在 H_3PO_4（酸型体）、H_2PO_4^-（酸碱两性型体）、HPO_4^{2-}（酸碱两性型体）和 PO_4^{3-}（碱型体）三种型体。

若改变溶液酸度，酸碱离解平衡就会发生移动。以弱酸溶液举例，若增大溶液酸度，离解平衡向左移动，酸型体浓度升高；反之，若减小溶液酸度，离解平衡向右移动，碱型体浓度升高。弱碱可自行推理。判断一定酸度的溶液中弱酸（碱）的型体存在形式以及计算各种存在型体的浓度，在化学工作实践中有着十分重要的实际意义和应用价值，为此，本小节以一元弱酸和二元弱酸为例，讨论溶液酸度对平衡移动的影响和酸碱型体数量变化的影响。

5.3.2.1　一元酸型体分布

假设一元弱酸为 HA，在水中的离解平衡和几个化学表达式如下：

$$\text{HA} \rightleftharpoons \text{H}^+ + \text{A}^-$$

$$K_a^{\ominus}=\frac{[c(\text{H}^+)/c^{\ominus}]\cdot[c(\text{A}^-)/c^{\ominus}]}{c(\text{HA})/c^{\ominus}}$$

$$\text{pH}=\text{p}K_a^{\ominus}-\lg\frac{c(\text{HA})/c^{\ominus}}{c(\text{A}^-)/c^{\ominus}}=\text{p}K_a^{\ominus}-\lg\frac{c(\text{HA})}{c(\text{A}^-)}$$

可见，$c(\text{HA})/c(\text{A}^-)$ 的比值和溶液的 pH 值有一定的对应关系。

当 $\text{pH}=\text{p}K_a^{\ominus}$ 时，$\dfrac{c(\text{HA})}{c(\text{A}^-)}=1$，酸碱型体浓度相等；

当 $\text{pH}<\text{p}K_a^{\ominus}$ 时，$\dfrac{c(\text{HA})}{c(\text{A}^-)}>1$，主要存在型体为 HA；

当 $\text{pH}>\text{p}K_a^{\ominus}$ 时，$\dfrac{c(\text{HA})}{c(\text{A}^-)}<1$，主要存在型体为 A^-。

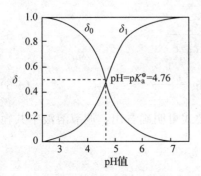

图 5-1 CH₃COOH 水溶液中型体分布曲线

溶液中酸、碱各型体的平衡浓度占总浓度的分数称为分布分数(用 δ 表示),可以作出 δ - pH 图,称为型体分布图。图 5-1 就是以 pH 值为横轴,以 δ 为纵轴,得到 CH_3COOH 水溶液中的两种型体随 pH 值变化的数量变化曲线。

由图 5-1 可知:pH $<$ p$K_a^\ominus$ 时,主要存在型体为 CH_3COOH;pH $=$ p$K_a^\ominus$ 时,CH_3COOH 与 CH_3COO^- 两种型体各占一半,pH $>$ p$K_a^\ominus$ 时,主要存在型体为 CH_3COO^-。

5.3.2.2 多元酸型体分布

二元弱酸(H_2A)体系中存在 H_2A、HA^-、A^{2-} 三种型体。现在直接以草酸为例,分析二元弱酸在不同酸度时的酸碱型体分布规律。同图 5-1,以 pH 值为横轴,以 δ 为纵轴,作图得到 $\delta_0(H_2C_2O_4)$、$\delta_1(HC_2O_4^-)$、$\delta_2(C_2O_4^{2-})$ 的分布曲线(图 5-2)。

由图 5-2 可知:当 pH $<$ p$K_{a1}^\ominus$ 时,主要存在型体为 $H_2C_2O_4$;当 pH $>$ p$K_{a2}^\ominus$ 时,主要存在型体为 $C_2O_4^{2-}$;当 p$K_{a1}^\ominus$ $<$ pH $<$ p$K_{a2}^\ominus$ 时,主要存在型体为 $HC_2O_4^-$。

分布曲线非常直观地反映溶液 pH 值与存在主要型体的对应关系,化学实际中多有应用。例如,采用 $C_2O_4^{2-}$ 为沉淀剂测定 Ca^{2+} 浓度时,溶液的 pH 值范围是多少呢?从图 5-2 可知,在 pH $\geqslant$ 6.0 时,存在型体几乎全部是 $C_2O_4^{2-}$ 形式,有利于沉淀形成,所以此实验要求溶液的 pH $\geqslant$ 6.0。

三元酸(磷酸)溶液中各种存在型体的分布分数与溶液 pH 的关系曲线如图 5-3 所示。当 pH $<$ p$K_{a1}^\ominus$ 时,主要存在型体为 H_3PO_4;当 p$K_{a1}^\ominus$ $<$ pH $<$ p$K_{a2}^\ominus$ 时,主要存在型体为 $H_2PO_4^-$;当 p$K_{a2}^\ominus$ $<$ pH $<$ p$K_{a3}^\ominus$ 时,主要存在型体为 HPO_4^{2-};当 pH $>$ p$K_{a3}^\ominus$ 时,主要存在型体为 PO_4^{3-}。

实验数据表明,pH $=$ 4.7 时,$H_2PO_4^-$ 型体占 99.4%;pH $=$ 9.8 时,HPO_4^{2-} 型体占 99.5%。

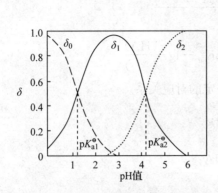

图 5-2 $H_2C_2O_4$ 水溶液中型体分布曲线

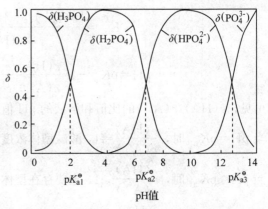

图 5-3 H_3PO_4 水溶液中型体分布曲线

5.4　缓冲溶液(Buffer Solution)

学习本节之前,我们先认知两个化学现象。一是人体血液的 pH 值正常情况下保持在 7.35～7.45 之间,不会因进食酸、碱性食物或体内代谢作用产生的物质而改变 pH 值范围;二是农用土壤也要求 pH 值在一定范围,否则需要改良和优化。

实际上,在生物化学、化工生产及化学分析中涉及的许多水溶液中进行的反应,要求在一定的 pH 值范围内发生,这就需要缓冲溶液。人体血液就是由于存在着 $H_2CO_3 - HCO_3^-$、$H_2PO_4^- - HPO_4^{2-}$、$HHb - Hb$(Hb 为血红蛋白)和 $HHbO_2 - HbO_2$(为氧合血红蛋白)等多种缓冲对,进而形成复杂的缓冲溶液体系,使得血液的 pH 值在 7.4 ± 0.05。土壤也是一个非常复杂的缓冲体系,含有 $H_2CO_3 - HCO_3^-$、$H_2PO_4^- - HPO_4^{2-}$ 和有机酸及其盐组成的缓冲对,能够为作物的生长提供最佳的 pH 值范围(水稻和小麦,分别要求土壤的 pH 值为 6～7 和 6.3～7.5)。所以,掌握和应用缓冲溶液具有十分重要的实际意义。

为了使大家了解缓冲溶液概念,我们来分析一下表 5-2。给定浓度的稀盐酸中加入少量氢氧化钠或浓盐酸,溶液体系 pH 值变化很大,不能称之为缓冲溶液;在给定的乙酸-乙酸钠溶液中,加入少量氢氧化钠或浓盐酸,溶液体系 pH 值变化很小,这就称之为缓冲溶液。

表 5-2　缓冲溶液与非缓冲溶液的比较实验

	1.8×10^{-5} mol·L^{-1} HCl	0.10 mol·L^{-1}CH$_3$COOH - 0.10 mol·L^{-1}CH$_3$COONa
1.0 L 溶液的 pH 值	4.74	4.74
加 0.01 mol NaOH(s) 后	12.00	4.83
加 0.01 mol HCl 后	2.00	4.86

5.4.1　缓冲溶液的组成

缓冲溶液具有缓解改变氢离子浓度而保持酸度相对稳定的特性,也是同离子效应的实际应用。在该溶液中加入少量强酸或强碱,或用水稍加稀释后,溶液的 pH 值变化不大。这种具有保持 pH 值相对稳定的溶液叫作缓冲溶液(buffer solution),这种抵抗外加少量强酸、强碱或稀释,保持溶液 pH 值的作用也称为缓冲作用 (buffer effect)。通常,由弱酸及其共轭碱($CH_3COOH - CH_3COO^-$,$HCO_3 - CO_3^{2-}$ 等)、弱碱及其共轭酸($NH_3 - NH_4^+$等)组成的溶液都可形成缓冲溶液,构成缓冲溶液的共轭酸碱对可称为缓冲对。

5.4.2　缓冲溶液的缓冲原理和 pH 值

缓冲溶液为什么具有缓冲作用,我们用一元弱酸 CH_3COOH 及其共轭碱 CH_3COO^- 组成的 $CH_3COOH - CH_3COO^-$ 缓冲溶液来分析说明。假定缓冲溶液含有浓度相对较大的 CH_3COOH 和 CH_3COONa。

$$c(H^+)/c^{\ominus} = K_a^{\ominus} \cdot \frac{c(CH_3COOH)/c^{\ominus}}{c(CH_3COO^-)/c^{\ominus}}$$

显然，$c(H_3O^+)$ 取决于 $c(CH_3COOH)/c(CH_3COO^-)$。溶液中加入少量强碱或强酸(不考虑溶液体积的变化)，会引起 $c(CH_3COOH)$、$c(CH_3COO^-)$ 的增大或减小，其数量变化可按化学计量方程式计算，但因 $c(CH_3COOH)$、$c(CH_3COO^-)$ 的本底值较大，$c(CH_3COOH)$、$c(CH_3COO^-)$ 的变化很小，它们的比值同样改变不大，进而 $c(H_3O^+)$ 改变也很小，所以 pH 值基本保持不变。

溶液中大量存在共轭酸碱对 CH_3COOH 和 CH_3COO^-，那么溶液中加入少量强酸时，外加 H_3O^+ 就会与溶液中大量存在的共轭碱 CH_3COO^- 发生反应，离解平衡左移，从而部分抵消外加 H_3O^+ 对溶液酸度的影响，pH 值基本保持不变；溶液中加入少量强碱时，外加 OH^- 就会与溶液中存在的 CH_3COOH 发生反应，离解平衡右移，从而部分抵消外加 OH^- 对溶液酸度的影响，pH 值基本保持不变；溶液中加入少量水稀释，CH_3COOH 浓度与 CH_3COO^- 浓度同等程度地降低，H_3O^+ 浓度也降低，但由于离解度增大和同离子效应的减弱，H_3O^+ 浓度有所增大，pH 值基本保持不变，但稀释会降低缓冲溶液的缓冲能力。

总的来说，由于缓冲溶液中存在着较高浓度的共轭酸碱对，外加少量的强酸、强碱及水后，溶液的组成成分浓度没有发生质的变化，从而保持了溶液的 pH 值基本恒定。

由前面推导可知，共轭酸碱组成的缓冲溶液的 pH 值或 pOH 值的计算公式为：

$$pH = pK_a^\ominus - \lg \frac{c_a/c^\ominus}{c_b/c^\ominus} \qquad pOH = pK_b^\ominus - \lg \frac{c_b/c^\ominus}{c_a/c^\ominus}$$

【例 5-6】已知，将浓度均为 $0.1\ mol \cdot L^{-1}$ 的 NH_4Cl 溶液和 $NH_3 \cdot H_2O$ 溶液各 1 L 混合，计算混合后溶液的 pH 值。如在此溶液中分别加入 (1) 0.02 mol 的 HCl；(2) 0.02 mol 的 NaOH；(3) 等体积水。溶液的 pH 值将分别是多少？已知 $pK_b^\ominus(NH_3 \cdot H_2O) = 4.75$。(假设加入 HCl 和 NaOH 后溶液的总体积不变)

解：两溶液等体积混合，浓度减少一半：

$$pOH = pK_b^\ominus - \lg \frac{c_b/c^\ominus}{c_a/c^\ominus} = 4.75$$

$$pH = 14 - pOH = 9.25$$

(1)若向此溶液中加入 0.02 mol 的 HCl 后，设加入的 HCl 完全与 $NH_3 \cdot H_2O$ 作用生成 NH_4Cl：

$$c_b = \frac{0.1 \times 1 - 0.02}{2} = 0.04\ mol \cdot L^{-1}$$

$$c_a = \frac{0.1 \times 1 + 0.02}{2} = 0.06\ mol \cdot L^{-1}$$

$$pH = 14 - pK_b^\ominus + \lg \frac{c_b/c^\ominus}{c_a/c^\ominus} = 9.07$$

(2)若向此溶液中加入 0.02 mol 的 NaOH 后，设加入的 OH^- 完全与 NH_4^+ 作用生成 $NH_3 \cdot H_2O$：

$$c_b = \frac{0.1 \times 1 + 0.02}{2} = 0.06\ mol \cdot L^{-1}$$

$$c_a = \frac{0.1 \times 1 - 0.02}{2} = 0.04 \ \text{mol} \cdot L^{-1}$$

$$pH = 14 - pK_b^{\ominus} + \lg \frac{c_b/c^{\ominus}}{c_a/c^{\ominus}} = 14 - 4.75 + \lg \frac{0.06}{0.04} = 9.43$$

(3) 加入等体积的水后，$c_b = c_a = 0.025 \ \text{mol} \cdot L^{-1}$

$$pH = 14 - pK_b^{\ominus} + \lg \frac{c_b/c^{\ominus}}{c_a/c^{\ominus}} = 14 - 4.75 + \lg \frac{0.025}{0.025} = 9.25$$

由计算结果可知缓冲溶液的缓冲作用非常明显。

【例 5-7】当下列溶液各加水稀释 10 倍时，其 pH 值有何变化？计算变化前后的 pH 值。

(1) $0.10 \ \text{mol} \cdot L^{-1} \ HCl$

(2) $0.10 \ \text{mol} \cdot L^{-1} \ NaOH$

(3) $0.10 \ \text{mol} \cdot L^{-1} \ CH_3COOH$

(4) $0.10 \ \text{mol} \cdot L^{-1} \ NH_3 \cdot H_2O + 0.10 \ \text{mol} \cdot L^{-1} \ NH_4Cl$

解： (1) 稀释前　$c(H^+) = 0.10 \ \text{mol} \cdot L^{-1}$，即 $pH = 1.00$

　　　　稀释后　$c(H^+) = 0.010 \ \text{mol} \cdot L^{-1}$，即 $pH = 2.00$

　　(2) 稀释前　$c(OH^-) = 0.10 \ \text{mol} \cdot L^{-1}$

　　即　　　　$pOH = 1.00$　　亦即 $pH = 14 - 100 = 13.00$

　　稀释后　　$c(OH^-) = 0.010 \ \text{mol} \cdot L^{-1}$

　　即　　　　$pOH = 2.00$　　亦即 $pH = 14 - 2.00 = 12.00$

　　(3) 稀释前　$c(H^+)/c^{\ominus} = \sqrt{K_a^{\ominus} \cdot c/c^{\ominus}}$

$$= \sqrt{10^{-4.76} \times 0.10} = 1.32 \times 10^{-3} \ \text{mol} \cdot L^{-1}$$

　　即　　　　$pH = 2.88$

　　稀释后　　$c = 0.010 \ \text{mol} \cdot L^{-1}$

$$c(H^+)/c^{\ominus} = \sqrt{K_a^{\ominus} \cdot c/c^{\ominus}} = \sqrt{0.010 \times 10^{-4.76}}$$

$$= \sqrt{10^{-6.76}} = 4.17 \times 10^{-4} \ \text{mol} \cdot L^{-1}$$

$$pH = 3.38$$

　　(4) 稀释前　$pH = pK_a^{\ominus} + \lg \frac{c_b/c^{\ominus}}{c_a/c^{\ominus}} = (14 - pK_b^{\ominus}) + \lg \frac{c_b/c^{\ominus}}{c_a/c^{\ominus}}$

$$= 14 - 4.75 + \lg \frac{0.10}{0.10} = 9.25$$

　　稀释后　　$c_a = c_b = 0.010 \ \text{mol} \cdot L^{-1}$

$$pH = pK_a^{\ominus} + \lg \frac{c_b/c^{\ominus}}{c_a/c^{\ominus}} = (14 - pK_b^{\ominus}) + \lg \frac{c_b/c^{\ominus}}{c_a/c^{\ominus}}$$

$$= 14 - 4.75 + \lg \frac{0.010}{0.010} = 9.25$$

【例 5-8】某 100 mL 缓冲溶液，$HB(pK_a^{\ominus} = 5.30)$ 的浓度为 $0.25 \ \text{mol} \cdot L^{-1}$，向此缓冲溶

液中加入 0.200 g NaOH(忽略体积的变化)后，pH 值为 5.6。问该缓冲溶液原来 pH 值为多少？

解：

$$pH = pK_a^\ominus - \lg \frac{c_a/c^\ominus}{c_b/c^\ominus} = 5.30 + \lg \frac{c_b}{0.25}$$

加入的

$$c(NaOH) = \frac{0.200}{40} \times \frac{1\,000}{100} = 0.05 \text{ mol} \cdot L^{-1}$$

因此

$$5.60 = 5.30 + \lg \frac{0.050 + c_b}{0.25 - 0.050}$$

$$c_b = 0.35 \text{ mol} \cdot L^{-1}$$

$$pH = 5.30 + \lg \frac{c_b}{0.25} = 5.30 + \lg \frac{0.35}{0.25} = 5.45$$

5.4.3   缓冲溶液的选择和配制

5.4.3.1   缓冲范围和缓冲容量

每一种缓冲溶液有特定的缓冲范围和一定的缓冲容量。从 CH_3COOH 和 CH_3COO^- 的分布曲线图(图 5-1)可以看出，pH < 2 时，CH_3COOH 型体几乎是 100%；pH > 12 时，CH_3COO^- 型体几乎是 100%。这就意味着，一定量的强酸或强碱加入到缓冲溶液中，缓冲对中的其中之一会完全消失，缓冲溶液就失去了缓冲能力。继续分析，还会发现，在 1~3.74 的 pH 值范围内，CH_3COOH 的分布系数 δ 改变了 0.10；在 5.74~14 的 pH 值范围内，CH_3COO^- 的分布系数 δ 改变了 0.10；而在 3.74~5.74 的 pH 值范围内，CH_3COOH 和 CH_3COO^- 的分布系数 δ 均改变了 0.90，对应于浓度比变化，$c(CH_3COOH)/c(CH_3COO^-)$ 比值变化范围由 10/1 变为 1/10。也就是说，在 3.74~5.74 的 pH 值范围内，浓度比变化虽然很大，但 pH 值变化相对小，这一范围就叫作缓冲范围(buffer range)，数学表达式为 $pK_a^\ominus \pm 1$。在 3.74~5.74 的 pH 值范围之外，浓度比稍有改变，pH 值变化较大，失去缓冲能力。

除了缓冲范围，缓冲溶液还有缓冲能力大小之分。为了定量表示缓冲能力的大小，用缓冲容量(β)来计算。缓冲容量越大，缓冲能力越强；缓冲容量越小，缓冲能力越弱。缓冲容量(β)是 1 L 缓冲溶液，pH 值改变 1 个单位(ΔpH)所需强酸或强碱的摩尔数(Δb)。它的数学表达式为：

$$\beta = \Delta b / \Delta pH \tag{5-7}$$

【例 5-9】 在 1 L 缓冲溶液中加入 0.20 mol HCl，它的 pH 值由 5.15 降到 5.05，试求缓冲溶液的缓冲容量。

解： 根据式(5-7)得

$$\beta = \Delta b / \Delta pH = 0.20/(5.15 - 5.05) = 2$$

影响缓冲容量的因素一般有两个。一个是缓冲溶液的总浓度；另一个是缓冲溶液缓冲对的浓度比。从表 5-3 可以看出，缓冲对浓度比相同，但两种缓冲溶液的总浓度相差 10 倍，导致缓冲容量相差约 12 倍，所以，当稀释缓冲溶液时，溶液 pH 值不变化，但是缓冲容量减小，缓冲能力降低。从表 5-4 可以看出，缓冲溶液总浓度一定下，当缓冲对浓度比为 1 时，溶液的

表 5-3　缓冲容量与总浓度的关系

项　目	缓冲溶液（Ⅰ）	缓冲溶液（Ⅱ）
缓冲对的浓度比	0.10 : 0.10(1 : 1)	0.010 : 0.010(1 : 1)
缓冲对总浓度	0.20	0.020
溶液的 pH 值	4.75	4.75
Δb(强碱)	0.005 0	0.005 0
加碱后溶液的 pH 值	4.79	5.23
ΔpH	0.040	0.48
缓冲容量 β	0.125	0.010 4

表 5-4　缓冲容量与缓冲对浓度比的关系

项　目	缓冲溶液（Ⅰ）	缓冲溶液（Ⅱ）	缓冲溶液（Ⅲ）
缓冲对总浓度	0.20	0.20	0.20
缓冲比	0.010 : 0.19	0.10 : 0.10	0.19 : 0.010
溶液的 pH 值	3.47	4.75	6.30
Δb(强碱)	0.005 0	0.005 0	0.005 0
加碱后溶液的 pH 值	3.66	4.79	6.34
ΔpH	0.19	0.040	0.31
缓冲容量 β	0.026	0.125	0.016

pH$=$p$K_a^{\ominus}$，缓冲容量最大，缓冲能力最强，所以，缓冲溶液的 pH 值距离 pK_a 值越近越好。

5.4.3.2　缓冲溶液的配制

如果需要配制一定 pH 值的缓冲溶液，就要在了解上述缓冲溶液的原理、组成、特点之上，遵循以下配制要点：

①根据所配缓冲溶液要求的 pH 值，选择最佳共轭酸碱对。选择原则是欲配制缓冲溶液的 pH 值与共轭酸的 p$K_a^{\ominus}$（或者缓冲溶液的 pOH 值与共轭碱的 p$K_b^{\ominus}$）值越接近越好。如欲配制 pH$=$5.0 左右的缓冲溶液时，可选择 CH_3COOH - CH_3COONa 缓冲对[p$K_a^{\ominus}$(CH_3COOH)$=$4.74]；欲配制 pH$=$9.0 左右的缓冲溶液时，可选择 $NH_3 \cdot H_2O$ - NH_4Cl 缓冲对。

②选择最佳共轭酸碱对后，确定缓冲溶液的总浓度且用缓冲溶液的 pH 值计算公式确定缓冲对的浓度比。实际工作中，缓冲溶液的总浓度一般在 0.05～0.2 mol·L^{-1} 之间，缓冲溶液的缓冲对浓度比不一定限于 1，有时为了方便，将缓冲对的浓度比换成等浓度体积比。

③通常，配制缓冲溶液的过程没有考虑离子强度的影响，且公式计算也具有近似性，所得缓冲溶液的 pH 值是近似的。当所需缓冲溶液要求精确 pH 值时，需通过仪器测定和校正。再者，实际中可查阅所需 pH 值缓冲溶液的标准配方。

【例 5-10】配制 pH$=$5.00 的缓冲溶液 500 mL，如果缓冲溶液中 c(CH_3COOH)$=$0.20 mol·L^{-1}，需 c(CH_3COOH)$=$1.0 mol·L^{-1} 的 CH_3COOH 和 c(CH_3COONa)$=$1.0 mol·L^{-1} 的 CH_3COONa 各多少毫升？

解：缓冲对为 CH_3COOH - CH_3COONa

$$pH=pK_a^{\ominus}-lg\frac{c_a/c^{\ominus}}{c_b/c^{\ominus}}$$

$$5.00=4.75-lg\frac{0.20}{c_b}$$

解得 $\quad c_b/c^{\ominus}=0.36 \text{ mol} \cdot \text{L}^{-1}$

根据 $\quad c_1V_1=c_2V_2$

需 CH_3COOH 的体积：

$$V_1=\frac{0.20\times500}{1.0}=100 \text{ mL}$$

需 CH_3COONa 的体积：

$$V_2=\frac{0.36\times500}{1.0}=180 \text{ mL}$$

将 100 mL 浓度为 1.0 mol·L^{-1} 的 CH_3COOH 溶液与 180 mL 浓度为 1.0 mol·L^{-1} 的 CH_3COONa 溶液混合，然后用蒸馏水稀释至 500 mL，摇匀即可。

【例 5-11】 欲配制 pH = 5 的缓冲溶液，需要在 500 mL 浓度为 0.20 mol·L^{-1} 的 CH_3COOH 溶液中加入固体 NaOH 多少克?

解： 设加入 NaOH 的质量为 x g

因为 $\qquad CH_3COOH + NaOH \Longrightarrow CH_3COONa + H_2O$

则在缓冲溶液中 CH_3COOH 的浓度为

$$c_a/c^{\ominus}=\frac{0.2\times0.5-\dfrac{x}{40}}{0.5}=0.2-\frac{x}{20}$$

CH_3COONa 的浓度为

$$c_b/c^{\ominus}=\frac{\dfrac{x}{40}}{0.5}=\frac{x}{20}$$

代入缓冲溶液 pH 计算公式中

$$5=4.75-lg\frac{0.2-\dfrac{x}{20}}{\dfrac{x}{20}}$$

解得

$$x=2.6 \text{ g}$$

【例 5-12】 今有三种酸 $ClCH_2COOH$、$HCOOH$ 和 $(CH_3)_2AsO_2H$，它们的电离常数分别为 1.40×10^{-3}、1.77×10^{-4} 和 6.40×10^{-7}，试问：(1)配制 pH = 3.50 的缓冲溶液选用哪种酸最好? (2)需要多少毫升浓度为 4.0 mol·L^{-1} 的酸和多少克 NaOH 才能配成 1 L 共轭酸碱对的总浓度为 1.0 mol·L^{-1} 的缓冲溶液。

解： (1)$pK_{a1}^{\ominus}=-lg1.40\times10^{-3}=2.85$

$pK_{a2}^{\ominus}=-lg1.77\times10^{-4}=3.75$

$$pK_{a3}^{\ominus} = -\lg 6.40 \times 10^{-7} = 6.2$$

所以，选用 HCOOH 最好。

(2) 设所形成的缓冲溶液中 HCOOH 为 x mol，HCOONa 为 y mol

据

$$pH = pK_a - \lg \frac{n_a}{n_b}$$

$$3.5 = 3.75 - \lg \frac{x}{y} \tag{1}$$

$$x + y = 1 \tag{2}$$

解得

$$x = 0.64 \quad y = 0.36$$

所以

$$m(\text{NaOH}) = 0.36 \text{ mol} \times 40 \text{ g} \cdot \text{mol}^{-1} = 14.4 \text{ g}$$

$$V(\text{HCOOH}) = \frac{(0.64 + 0.36) \text{ mol}}{4.0 \text{ mol} \cdot \text{L}^{-1}} = 0.25 \text{ L} = 250 \text{ mL}$$

本章小结

本章介绍了酸碱质子理论，根据质子理论讨论了酸碱反应的本质、酸碱的强弱、酸碱水溶液 pH 值的计算，酸碱在水溶液中的离解平衡及其移动，缓冲溶液组成、原理、配制和 pH 值计算等。主要内容如下：

(1) 基本概念：质子酸、质子碱、共轭酸碱对、酸碱的离解常数、离解度、同离子效应、盐效应、分布曲线、缓冲溶液、缓冲作用、缓冲范围、缓冲容量。

(2) 离解度的计算：$\alpha = \dfrac{\text{已离解的物质的浓度}}{\text{原始浓度}} \times 100\% = \sqrt{\dfrac{K_a^{\ominus}}{c/c^{\ominus}}}$

(3) 水溶液中共轭酸碱对 $K_a^{\ominus}$ 与 $K_b^{\ominus}$ 的换算：$K_a^{\ominus} \cdot K_b^{\ominus} = K_w^{\ominus}$

(4) 酸溶液中 $c(\text{H}^+)$ 的计算：$c(\text{H}^+)/c^{\ominus} = \dfrac{-K_a^{\ominus} + \sqrt{(K_a^{\ominus})^2 + 4K_a^{\ominus} \cdot c/c^{\ominus}}}{2}$

当 $\alpha \leqslant 5\%$ 或 $\dfrac{c/c^{\ominus}}{K_a^{\ominus}} \geqslant 400$，$c(\text{H}^+)/c^{\ominus} = \sqrt{K_a^{\ominus} \cdot c/c^{\ominus}}$

(5) 碱溶液中 $c(\text{OH}^-)$ 的计算：$c(\text{OH}^-)/c^{\ominus} = \dfrac{-K_b^{\ominus} + \sqrt{(K_b^{\ominus})^2 + 4K_b^{\ominus} \cdot c/c^{\ominus}}}{2}$

当 $\alpha \leqslant 5\%$ 或 $\dfrac{c/c^{\ominus}}{K_b^{\ominus}} \geqslant 400$，$c(\text{OH}^-)/c^{\ominus} = \sqrt{K_b^{\ominus} \cdot c/c^{\ominus}}$

(6) 缓冲溶液 pH 值的计算：$c(\text{H}^+)/c^{\ominus} = K_a^{\ominus} \cdot \dfrac{c_a/c^{\ominus}}{c_b/c^{\ominus}}$ $\quad$ $pH = pK_a^{\ominus} - \lg \dfrac{c_a/c^{\ominus}}{c_b/c^{\ominus}}$

$$c(\text{OH}^-)/c^{\ominus} = K_b^{\ominus} \cdot \dfrac{c_b/c^{\ominus}}{c_a/c^{\ominus}} \quad pOH = pK_b^{\ominus} - \lg \dfrac{c_b/c^{\ominus}}{c_a/c^{\ominus}}$$

科学家简介

路易斯

　　路易斯（Gilbert Newton Lewis，1875—1946），美国著名化学家，1875 年 10 月 23 日生于美国马萨诸塞州的韦默思。他 12 岁时就进入内布拉斯加大学预备学校学习，1896 年在哈佛大学获得学士学位，之后四年又获得硕士、博士学位。1900 年他到德国来比锡的哥丁根大学进修，在奥斯特瓦尔德和能斯特指导下从事研究工作一年，回国后在哈佛大学任教，1905 年到麻省理工学院工作，1911 年升任教授，1912 年担任加利福尼亚大学伯克利分校化学系系主任，一直工作到生命的终点。曾获得戴维奖章，瑞典阿伦尼乌斯奖章，美国的吉布斯奖章和里查兹奖章，还是苏联科学院的外籍院士。

　　路易斯十分重视基础教育，从担任系主任开始，他就立志要把化学系创建成一个既是一流的教学单位，又是一流的化学研究基地。他要求化学系的所有教师都要参加普通化学课程的教学和建设，要求低年级学生必须打好基础，为此他选派一流的教师给低年级学生上课。路易斯认为这就好像建造万丈高楼必须打好坚实的地基一样，学生只有在低年级时打下扎实的底子，包括实验基本功，才能学好高年级和研究生课程。路易斯重视化学教育工作还表现在十分支持美国化学教育杂志，他不仅自己带头在美国化学教育杂志上发表有分量的化学教育论文，而且还派出好几名知名教授去领导并编辑美国化学教育杂志。在路易斯的大力支持下，美国化学教育杂志蒸蒸日上，蜚声国内外，成为一本世界化学教育最有权威的杂志。

　　路易斯具有很强的开辟化学研究新领域的能力，他研究过许多化学基础理论，并在化学上提出了两个著名的理论：一是 1911 年提出的共享电子对化学键理论，认为原子在形成分子或多原子离子时，原子间可以共用一对或几对电子，以达到稳定结构；二是 1923 年提出的酸碱电子理论，按电子理论定义的酸碱也常分别称为路易斯酸或路易斯碱。这一理论是化学反应理论的一个重大突破，在有机反应和催化反应中得到了广泛应用。此外，在 1901 年和 1907 年，他先后提出"逸度"和"活度"概念；1921 年将离子强度的概念引入热力学，发现了稀溶液中盐的活度系数由离子强度决定的经验定律。1923 年与兰德尔合著《化学物质的热力学和自由能》，该书深入探讨了化学平衡，对自由能、活度等概念做出了新的解释。主要著作有《化学键及原子和分子的结构》《科学的剖析》等。

　　路易斯喜欢采用非正统的研究方法，他具有很强的分析能力和直觉，能设想出简单而又形象的模型和概念。有时，他未充分查阅资料文献就开展研究工作，他认为，若彻底掌握了文献资料，就有可能接受前人的许多偏见，从而窒息了自己的独创精神。他不但是一个科学家，而且是一个学派的卓越导师和领袖。在他的影响和指导下，他的学生、助手或同事中先后有五人分获诺贝尔奖，分别是：因发现重氢在 1934 年获诺贝尔化学奖的尤里（H. C. Urey）；从事化学热力学以及超低温下化学反应的研究于 1949 年获诺贝尔化学奖的吉奥（W. F. Gianque）；曾和路易斯共同进行过酸碱电子理论实验，后又参与第一颗原子弹制造以及人工合成超铀元素而于 1951 年获诺贝尔化学奖的西博格（G. T. Seabors）；开创用放射性碳测定地质年代而于 1960 年获诺贝尔化学奖的利比（W. F. Libby）；因研究植物光合作用的成就而于 1961 年获得诺贝尔化学奖的卡尔文(M. Calvin)。在路易斯领导下的化学系既出人才又出成果，从而使加州大学伯克利分校化学系逐渐成了举世闻名的一个系。

在路易斯担任系主任期间，对化学键理论颇感兴趣的鲍林曾在伯克利分校担任兼职研究员，从而在 1929 年起的五年中，鲍林每年有一两个月的时间在该校做物理和化学研究的访问学者。期间，他常在路易斯的办公室、家中交流关于化学键和分子结构的新发展。

路易斯虽然没有获得过诺贝尔奖，但他甘为人梯、培养造就众多一流科学家的精神，一直传为佳话，科学界常把他和众多诺贝尔奖获得者一同称为"超级英才"，并深受人们的尊敬。

思考题与习题

1. 根据酸碱质子理论，下列分子或离子哪些是酸？哪些是碱？哪些是酸碱两性物质？并写出其共轭酸或共轭碱。

NH_4^+　　CO_3^{2-}　　$NaOH$　　HNO_3　　CH_3COO^-　　HS^-　　H_2O　　$H_2PO_4^-$　　$[Fe(H_2O)_6]^{3+}$

2. 浓度为 $0.01\ mol\cdot L^{-1}$ 的某一元弱酸(HB)水溶液的 pH 值为 4.0，计算该一元弱酸的离解常数和电离度。若加入等体积 $0.006\ mol\cdot L^{-1}$ 的 NaOH 溶液，溶液的 pH 值为多少？

3. 某一元弱酸 HA 在 $0.10\ mol\cdot L^{-1}$ 溶液中有 2.0% 电离，试计算：(1) 电离常数 $K_a^{\ominus}$；(2)在 $0.05\ mol\cdot L^{-1}$ 溶液中的离解度；(3)在多大浓度时电离度为 1.0%。

4. 将浓度为 $1.00\ mol\cdot L^{-1}$ 的 NaOH 溶液加入到 100 mL 浓度为 $1.00\ mol\cdot L^{-1}$ 的 H_2SO_4 中，加多少体积可使所得溶液的 pH＝1.90。(H_2SO_4 的 $K_{a2}^{\ominus}=1.26\times10^{-2}$)

5. 计算在室温下饱和 CO_2 水溶液[即 $c(H_2CO_3)=0.040\ mol\cdot L^{-1}$]中 $c(H^+)$、$c(HCO_3^-)$ 及 $c(CO_3^{2-})$。

6. 若要使 S^{2-} 浓度为 $8.4\times10^{-5}\ mol\cdot L^{-1}$，饱和 H_2S 溶液的 pH 值应控制在什么数值？($K_{a1}^{\ominus}=1.3\times10^{-7}$，$K_{a2}^{\ominus}=7.1\times10^{-15}$)

7. 试计算 $0.20\ mol\cdot L^{-1}$ 的 Na_2CO_3 溶液中 $c(Na^+)$、$c(CO_3^{2-})$、$c(HCO_3^-)$、$c(H_2CO_3)$、$c(H^+)$、$c(OH^-)$ 各为多少？(H_2CO_3 的 $K_{a1}^{\ominus}=4.3\times10^{-7}$，$K_{a2}^{\ominus}=5.6\times10^{-11}$)

8. 将 $0.10\ mol\cdot L^{-1}$ 的 H_3PO_4 与 $0.15\ mol\cdot L^{-1}$ 的 NaOH 溶液等体积混合后，溶液中 H_3PO_4 的主要存在型体是什么？此时溶液 pH 值为多少？($K_{a1}^{\ominus}=7.5\times10^{-3}$，$K_{a2}^{\ominus}=6.2\times10^{-8}$，$K_{a3}^{\ominus}=2.2\times10^{-13}$)

9. 将 100 mL 浓度为 $0.25\ mol\cdot L^{-1}$ 的 NaH_2PO_4 溶液和 50 mL 浓度为 $0.35\ mol\cdot L^{-1}Na_2HPO_4$ 的溶液混合。求：(1)混合后的 pH 值；(2)若向混合溶液中加入 50 mL 浓度为 $0.1\ mol\cdot L^{-1}$ 的 NaOH 后，溶液的 pH 值又是多少？(H_3PO_4 的 $pK_{a1}^{\ominus}=2.12$，$pK_{a2}^{\ominus}=7.21$，$pK_{a3}^{\ominus}=12.66$)

10. 将 $0.20\ mol\cdot L^{-1}$ 的 CH_3COOH 和 $0.20\ mol\cdot L^{-1}$ 的 CH_3COONa 溶液等体积混合，试计算：(1)缓冲溶液的 pH 值；(2)往 50 mL 上述溶液中加入 0.50 mL 的 $1.0\ mol\cdot L^{-1}$ HCl 溶液后，混合溶液的 pH 值。

11. 将 10 mL $0.20\ mol\cdot L^{-1}$ 的 NaOH 溶液与 10 mL $0.40\ mol\cdot L^{-1}$ 的 CH_3COOH 溶液混合(设混合后总体积为混合前的体积之和)，求：(1)计算该溶液的 pH 值；(2)若向此溶液中加入 5 mL $0.010\ mol\cdot L^{-1}$ 的 NaOH 溶液，则溶液的 pH 值又为多少？

12. 现有下列四种溶液：① $0.20\ mol\cdot L^{-1}$ HCl；② $0.20\ mol\cdot L^{-1}$ $NH_3\cdot H_2O$；③ $0.20\ mol\cdot L^{-1}$ CH_3COOH；④ $0.20\ mol\cdot L^{-1}$ CH_3COONH_4。分别计算：(1)①②③④ 溶液的 pH 值；(2)把 ③ 和 ④ 等体积混合后的 pH 值。[已知 $K_b^{\ominus}(NH_3)=1.8\times10^{-5}$；$K_a^{\ominus}(CH_3COOH)=1.8\times10^{-5}$]

13. 下列四种溶液组成缓冲溶液，其抗酸成分和抗碱成分各是什么？（1）CH_3COOH - CH_3COONa；（2）HCl 与过量 $NH_3 \cdot H_2O$；（3）$NaHCO_3$ - Na_2CO_3；（4）NaH_2PO_4 与少量 $NaOH$（$NaOH$ 量比 NaH_2PO_4 量少）。

14. 下列三种缓冲对，最适合配制 pH = 3.2 的缓冲溶液的是哪一个？（1）CH_3COOH - CH_3COONa；（2）$HCOOH$ - $HCOONa$；（3）$NaHSO_3$ - Na_2SO_3。

15. 欲配制 pH = 9.00 $1.0 \, mol \cdot L^{-1}$ 的缓冲溶液 500 mL，需要固体 $(NH_4)_2SO_4$ 多少克？需要 $15 \, mol \cdot L^{-1}$ 的浓氨水多少毫升？

16. 在 10 mL $0.30 \, mol \cdot L^{-1}$ 的 $NaHCO_3$ 溶液中，需加入多少毫升 $0.20 \, mol \cdot L^{-1}$ 的 Na_2CO_3 溶液，才会使混合溶液的 pH = 10？

第 6 章
沉淀溶解平衡
（Precipitation-dissolution Equilibrium）

沉淀的形成与溶解是一类常见并实用的化学平衡，在科学研究和工业生产中经常利用生成难溶电解质的沉淀反应来制备材料、分离杂质、处理污水以及鉴定离子等。例如，在 $AgNO_3$ 溶液中加入 NaCl 生成白色的 AgCl 沉淀；自然界中石笋和钟乳石的形成与碳酸钙沉淀的生成和溶解反应有关等。所谓沉淀溶解平衡，即在含有固体难溶电解质的饱和溶液中存在着电解质与它离解产生的离子之间的平衡。因平衡是在未溶解的固体和溶液中离子之间，处于不同相，所以是一种多相离子平衡。作为沉淀溶解平衡中的固相物质（沉淀），是离子晶体，属强电解质，尽管其在水中溶解度可大可小，但凡是已溶解的部分，完全是以离子的形式存在于溶液中，在溶液中不存在未电离的盐分子。

6.1 难溶电解质的溶度积
（Solubility Product of Undissolved Electrolytes）

物质的溶解度只有大小之分，因为在水中没有完全不溶的物质。按照化合物在水中溶解度的大小，将在 100 g 水中溶解大于 1 g 的称为易溶物；介于 $0.01\sim1$ g 的称为微溶物；少于 0.01 g 的物质称为难溶物。$BaSO_4$、AgCl 等都是难溶物，是常见的难溶电解质。

6.1.1 溶度积常数

一定温度下，将难溶性电解质 $BaSO_4$ 固体放入水中时，两个相反的过程同时发生：在极性水分子的作用下，同水相接触的固体表面的 Ba^{2+} 离子和 SO_4^{2-} 离子进入水中，这个过程叫作溶解；另一方面，已溶解的部分 Ba^{2+} 离子和 SO_4^{2-} 离子在无序的运动中相互碰撞到一起而重新结合成 $BaSO_4$ 固体，这个过程叫作沉淀或结晶。随着时间的推移，当沉淀和溶解的速率相等时，溶液中的 Ba^{2+} 离子和 SO_4^{2-} 离子的浓度不再改变，即难溶性电解质达到了沉淀溶解平衡状态。

$$BaSO_4(s) \underset{\text{沉淀}}{\overset{\text{溶解}}{\rightleftharpoons}} Ba^{2+}(aq) + SO_4^{2-}(aq)$$

该平衡是一个多相平衡，溶液为饱和溶液且服从化学平衡定律。遵照化学平衡定律则应有如下的平衡关系式存在：

$$K_{sp}^{\ominus} = [c(Ba^{2+})/c^{\ominus}] \cdot [c(SO_4^{2-})/c^{\ominus}]$$

$K_{sp}^{\ominus}$ 叫作溶度积常数，简称溶度积，是难溶电解质沉淀溶解平衡的平衡常数。其意义为：一定温度下，在难溶电解质的饱和溶液中，离子浓度系数次方之积为一常数，它反映难溶强电解质溶解能力的大小。

严格地说，上述溶液中的离子浓度应该用活度表示，但是难溶电解质的溶解度很小，饱和溶液中的离子浓度很低。因此，在一般情况下，可以不考虑活度系数的影响，认为离子浓度近似等于活度，故常用浓度代替活度。

用一般公式来表示

$$A_mB_n(s) \Longrightarrow mA^{n+}(aq) + nB^{m-}(aq)$$

其平衡常数表达式为

$$K_{sp}^{\ominus}(A_mB_n) = [c(A^{n+})/c^{\ominus}]^m \cdot [c(B^{m-})/c^{\ominus}]^n \tag{6-1}$$

溶度积常数与其他平衡常数一样，只与难溶电解质的性质和温度有关，而与沉淀量无关。温度升高，多数难溶化合物的溶度积增大。通常，温度对 $K_{sp}^{\ominus}$ 的影响不大，若无特殊说明，通常使用 25 ℃数据。$K_{sp}^{\ominus}$ 的数值可由实验测定，也可由热力学数据计算。附录 5 给出了常见难溶电解质的溶度积常数。

6.1.2 溶度积常数与溶解度关系

物质的溶解度是指在一定温度下，达到溶解平衡时，一定量的溶剂中含有溶质的质量。溶解度一般用符号 s 表示，单位用 $mol \cdot L^{-1}$ 表示。溶度积和溶解度都可以用来表示难溶电解质的溶解性。两者既有联系，又有区别。它们之间可以相互换算，即可以从溶解度求得溶度积，也可以从溶度积求得溶解度。现在来讨论一下不同类型的难溶电解质，其溶度积和溶解度之间有怎样的关系（假定离子不发生水解）。

若难溶电解质类型为 AB 型，如

$$AB(s) \Longrightarrow A^+(aq) + B^-(aq)$$
$$\quad\quad s \quad\quad\quad s$$

$$K_{sp}^{\ominus}(AB) = [c(A^+)/c^{\ominus}] \cdot [c(B^-)/c^{\ominus}] = (s/c^{\ominus})^2$$

$$s/c^{\ominus} = \sqrt{K_{sp}^{\ominus}} \tag{6-2}$$

若难溶电解质类型为 A_2B 型或 AB_2 型，如

$$AB_2(s) \Longrightarrow A^{2+}(aq) + 2B^-(aq)$$
$$\quad\quad s \quad\quad\quad 2s$$

$$K_{sp}^{\ominus}(AB_2) = (s/c^{\ominus}) \times (2s/c^{\ominus})^2 = 4(s/c^{\ominus})^3 \tag{6-3}$$

$$s/c^{\ominus} = \sqrt[3]{\frac{K_{sp}^{\ominus}}{4}}$$

【例 6-1】298 K 时，AgCl 的溶解度为 1.33×10^{-5} $mol \cdot L^{-1}$，求 AgCl 在水中的溶度积。

解：根据反应式

$$AgCl(s) \Longrightarrow Ag^+(aq) + Cl^-(aq)$$

$$c(Ag^+) = c(Cl^-) = 1.33 \times 10^{-5} \text{ mol} \cdot L^{-1}$$

$$K_{sp}^{\ominus}(AgCl) = [c(Ag^+)/c^{\ominus}] \cdot [c(Cl^-)/c^{\ominus}] = (s/c^{\ominus})^2 = 1.77 \times 10^{-10}$$

【例 6-2】已知某温度时 Ag_2CrO_4 的 $K_{sp}^{\ominus}$ 为 1.12×10^{-12}，求 Ag_2CrO_4 的溶解度和溶液中的 Ag^+ 浓度。

解：根据反应式

$$Ag_2CrO_4(s) \rightleftharpoons 2Ag^+(aq) + CrO_4^{2-}(aq)$$

$$K_{sp}^{\ominus}(Ag_2CrO_4) = [c(Ag^+)/c^{\ominus}]^2 \cdot [c(CrO_4^{2-})/c^{\ominus}] = 4(s/c^{\ominus})^3 = 1.12 \times 10^{-12}$$

$$s = \sqrt[3]{\frac{K_{sp}^{\ominus}}{4}} = \sqrt[3]{\frac{1.12 \times 10^{-12}}{4}} = 6.5 \times 10^{-5} \text{ mol} \cdot L^{-1}$$

$$c(Ag^+) = 2s = 2 \times 6.5 \times 10^{-5} \text{ mol} \cdot L^{-1} = 1.3 \times 10^{-4} \text{ mol} \cdot L^{-1}$$

与例 6-1 的比较发现，$K_{sp}^{\ominus}(AgCl) > K_{sp}^{\ominus}(Ag_2CrO_4)$，但是 Ag^+ 的浓度更大，且 $s(AgCl) < s(Ag_2CrO_4)$。可见，$K_{sp}^{\ominus}$ 大的，s 不一定大。只有构型相同的难溶物，才能根据其 $K_{sp}^{\ominus}$ 的大小关系确定物质溶解性大小。不同类型的难溶电解质，由于溶度积与溶解度间的关系不同，一般不能依据溶度积来直接比较溶解度的大小，需通过计算得知结果。

6.1.3　溶度积规则

对某一给定的难溶电解质来说，在一定条件下沉淀能否生成或溶解，可以通过溶度积规则进行判断。前面已经学习过反应商原理，在沉淀溶解平衡中的反应商，通常称为反应的离子积，用符号 Q 表示。离子积 Q 表示任意给定态时溶液中相对离子浓度的系数次方之积，对于某难溶强电解质：

$$A_m B_n(s) \rightleftharpoons mA^{n+}(aq) + nB^{m-}(aq)$$

$$Q = [c(A^{n+})]^m \cdot [c(B^{m-})]^n$$

比较 Q 与 $K_{sp}^{\ominus}$ 之间的大小关系有以下三种情况：

① $Q < K_{sp}^{\ominus}$，溶液为不饱和溶液，无沉淀析出。若原来有沉淀存在，则沉淀溶解，直至饱和为止。

② $Q = K_{sp}^{\ominus}$，溶液为饱和溶液，溶液中离子与沉淀之间处于动态平衡。

③ $Q > K_{sp}^{\ominus}$，平衡向左移动，溶液处于过饱和状态，沉淀从溶液析出。

上述 Q 与 $K_{sp}^{\ominus}$ 之间的关系及其结论称为溶度积规则。利用溶度积规则，可根据溶液中相应离子的实际浓度 $c(A^{n+})$ 与 $c(B^{m-})$ 进行定量的计算判断，在该溶液中是否可能有 $A_m B_n$ 沉淀析出，或 $A_m B_n$ 是否可能溶解。同样也可求得在什么样的条件下才可能使某种难溶盐溶解，或使某种离子沉淀析出，并应用于分析分离中。

6.2　沉淀溶解平衡的移动
(Shift of Precipitation Dissolution Equilibrium)

浓度是影响沉淀溶解平衡的重要因素。改变溶液中有关离子的浓度，可以引起沉淀溶解平衡的移动。改变溶液的 pH 值、生成配合物、发生氧化反应可以改变有关离子的浓度，引起沉淀溶解平衡的移动。

6.2.1　沉淀的生成

根据溶度积规则，当溶液中 $Q > K_{sp}^{\ominus}$，可以判断有沉淀生成。

【例 6-3】已知 $BaSO_4$ 的 $K_{sp}^{\ominus} = 1.07 \times 10^{-10}$，将 $0.01\ mol \cdot L^{-1}$ 的 $BaCl_2$ 溶液与 $0.01\ mol \cdot L^{-1}$ 的 Na_2SO_4 溶液等体积混合，是否有 $BaSO_4$ 沉淀生成？若生成沉淀，求达到平衡时溶液中的 Ba^{2+} 浓度。

解：两种溶液等体积混合，则溶液中的离子浓度

$$c(Ba^{2+}) = c(SO_4^{2-}) = \frac{1}{2} \times 0.01\ mol \cdot L^{-1} = 0.005\ mol \cdot L^{-1}$$

$$Q = [c(Ba^{2+})/c^{\ominus}] \cdot [c(SO_4^{2-})/c^{\ominus}] = 0.005 \times 0.005 = 2.5 \times 10^{-5} > K_{sp}^{\ominus}$$

所以，有 $BaSO_4$ 沉淀生成，离子反应式为

$$Ba^{2+} + SO_4^{2-} \Longrightarrow BaSO_4(s)$$

达到平衡时　$Q = K_{sp}^{\ominus}$，$c(Ba^{2+})/c^{\ominus} = s = \sqrt{K_{sp}^{\ominus}} = \sqrt{1.07 \times 10^{-10}} = 1.03 \times 10^{-5}\ mol \cdot L^{-1}$

6.2.2　同离子效应和盐效应

与其他化学平衡一样，难溶电解质的多相离子平衡也是相对的、有条件的。如果上述 $Ba^{2+} + SO_4^{2-} \Longrightarrow BaSO_4(s)$ 的平衡系统中加入 SO_4^{2-}，由于 SO_4^{2-} 的浓度增大，使 $[c(Ba^{2+})/c^{\ominus}] \cdot [c(SO_4^{2-})/c^{\ominus}] > K_{sp}^{\ominus}(BaSO_4)$，平衡将向生成 $BaSO_4$ 沉淀的方向移动，直至溶液中的离子积重新等于溶度积为止。当达到新平衡时，溶液中 Ba^{2+} 的浓度相对于原来平衡时减小了，也就是沉淀更完了。同时也意味着，在新的条件下，$BaSO_4$ 的溶解度比起纯水中降低了。这种因加入含有共同离子的强电解质，而使难溶电解质溶解度降低的现象称为同离子效应。同离子效应在工业生产、污水处理及分析化学中应用广泛。

【例 6-4】求室温下 $BaSO_4$ 在 $0.010\ mol \cdot L^{-1}\ Na_2SO_4$ 溶液中的溶解度。

解：
$$BaSO_4(s) \Longrightarrow Ba^{2+} + SO_4^{2-}$$
$$\qquad\qquad\qquad s \qquad\quad s + 0.01$$

$$K_{sp}^{\ominus} = [c(Ba^{2+})/c^{\ominus}] \cdot [c(SO_4^{2-})/c^{\ominus}] = s(s + 0.01) = 1.07 \times 10^{-10}$$

由于 $K_{sp}^{\ominus}$ 很小，$BaSO_4$ 的溶解度也很小，同时存在着的同离子效应会使 $BaSO_4$ 的溶解度也更小，故 $s + 0.01 \approx 0.01\ mol \cdot L^{-1}$，可解得

$$s = 1.07 \times 10^{-8}\ mol \cdot L^{-1}$$

与纯水中的溶解度（$s = 1.03 \times 10^{-5}\ mol \cdot L^{-1}$）比较可以发现，同离子效应可以大大降低沉淀的溶解度，使得离子沉淀完全。在利用沉淀反应分离或者鉴定某些离子时，往往根据同离子效应加入适当过量的沉淀剂（沉淀剂一般过量 20%～50% 为宜），使沉淀反应趋于完全。一般而言，溶液中离子的浓度小于或等于 $1.0 \times 10^{-5}\ mol \cdot L^{-1}$，可以认为沉淀完全了。

利用同离子效应，加入过量沉淀剂是降低沉淀溶解度的最有效方法，但是沉淀剂过量太多则在对生成的沉淀产生同离子效应的同时还会产生盐效应，削弱同离子效应的影响，导致沉淀

物溶解度的增加。盐效应的产生，是由于溶液中离子浓度增高，使离子强度增高，因而异号离子间作用增大，使得离子活度降低，沉淀溶解平衡向离解方向移动所致。盐效应的影响较不显著，一般可不考虑。

6.2.3　pH 值对沉淀溶解平衡的影响

对不溶性碱[如 $Cu(OH)_2$ 等]、弱酸盐（$BaCO_3$ 或者金属硫化物等）等难溶电解质，酸碱反应会生成 H_2O、H_2CO_3、H_2S 等弱电解质或气体，故可以通过改变 pH 值对这些难溶电解质的沉淀溶解平衡产生影响。例如，$CaCO_3(s)$ 可溶于 HCl，就是 CO_3^{2-} 离子与 H^+ 离子发生反应生成 CO_2 气体，不断降低 CO_3^{2-} 浓度，使得 $Q < K_{sp}^{\ominus}$，沉淀溶解；同样，控制溶液中的 OH^- 离子浓度，也会使某些金属离子生成沉淀。

大多数难溶的金属氢氧化物可以通过加酸溶解，一般而言，知道氢氧化物的溶度积和金属离子的初始浓度，可以算出氢氧化物开始沉淀和沉淀完全时溶液的 pH 值。下面讨论一下 $Mg(OH)_2$ 的沉淀情况，已知 $Mg(OH)_2$ 的 $K_{sp}^{\ominus} = 5.61 \times 10^{-12}$，$Mg^{2+}$ 离子的初始浓度为 $0.10\ mol \cdot L^{-1}$，则 $Mg(OH)_2$ 开始沉淀的 pH 值为

$$[c(OH^-)/c^{\ominus}]_{(开始沉淀)} = \sqrt{K_{sp}^{\ominus}/[c(Mg^{2+})/c^{\ominus}]} = \sqrt{5.61 \times 10^{-12}/0.10} = 7.5 \times 10^{-6}\ mol \cdot L^{-1}$$

$$[c(OH^-)/c^{\ominus}]_{(开始沉淀)} = 7.5 \times 10^{-6}$$

$$pH_{(开始沉淀)} = 14 - pOH = 14 + lg(7.5 \times 10^{-6}) = 8.88$$

即在 $0.10\ mol \cdot L^{-1}$ 的 Mg^{2+} 离子溶液中加入 OH^- 离子，当 pH 值到达 8.88 时，将会生成 $Mg(OH)_2$ 的沉淀。

沉淀完全时 Mg^{2+} 离子的浓度假定为 $10^{-5}\ mol \cdot L^{-1}$，同样可以得出沉淀完全时的 pH 值：

$$[c(OH^-)/c^{\ominus}]_{(沉淀完全)} = \sqrt{K_{sp}^{\ominus}/[c(Mg^{2+})/c^{\ominus}]} = \sqrt{5.61 \times 10^{-12}/10^{-5}} = 7.5 \times 10^{-4}\ mol \cdot L^{-1}$$

$$[c(OH^-)/c^{\ominus}]_{(沉淀完全)} = 7.5 \times 10^{-4}$$

$$pH_{(沉淀完全)} = 14 - pOH = 14 + lg(7.5 \times 10^{-4}) = 10.88$$

上述的计算公式推广，可以得到相应的计算公式。若金属氢氧化物的通式为 $M(OH)_n$，可知 $K_{sp}^{\ominus} = [c(M^{n+})/c^{\ominus}] \cdot [c(OH^-)/c^{\ominus}]^n$，故

$$[c(OH^-)/c^{\ominus}] = \sqrt[n]{\frac{K_{sp}^{\ominus}}{c(M^{n+})/c^{\ominus}}} \tag{6-4}$$

通过上式，可以计算出不同金属离子开始沉淀和沉淀完全时的 pH 值，可以利用这一性质，控制溶液的 pH 值，达到分离金属离子的目的。

【例 6-5】将 $5.0 \times 10^{-3}\ L$ 浓度为 $0.20\ mol \cdot L^{-1}$ 的 $MgCl_2$ 溶液与等体积的浓度为 $0.10\ mol \cdot L^{-1}$ 的 $NH_3 \cdot H_2O$ 混合，问该混合液中有无 $Mg(OH)_2$ 沉淀生成？为了使溶液中不析出 $Mg(OH)_2$ 沉淀，至少应向该溶液中加入多少固体 NH_4Cl？（忽略加入固体 NH_4Cl 引起溶液总体积的变化）

解：两种溶液混合，发生的反应如下：

$$NH_3 \cdot H_2O \Longrightarrow NH_4^+ + OH^- \qquad 查表得 \; K_b^\ominus = \frac{[c(NH_4^+)/c^\ominus] \cdot [c(OH^-)/c^\ominus]}{c(NH_3 \cdot H_2O)/c^\ominus} =$$

1.77×10^{-5}

$$Mg^{2+} + 2OH^- \Longrightarrow Mg(OH)_2(s) \qquad 查表得 \; K_{sp}^\ominus = 5.61 \times 10^{-12}$$

溶液中的离子浓度为

$$c(NH_3 \cdot H_2O) = \frac{1}{2} \times 0.10 \; mol \cdot L^{-1} = 0.05 \; mol \cdot L^{-1}$$

$$c(Mg^{2+}) = \frac{1}{2} \times 0.20 \; mol \cdot L^{-1} = 0.10 \; mol \cdot L^{-1}$$

$$c(OH^-) = \sqrt{K_b^\ominus \cdot [c(NH_3 \cdot H_2O)/c^\ominus]} \cdot c^\ominus = \sqrt{1.77 \times 10^{-5} \times 0.05} \; mol \cdot L^{-1}$$
$$= 9.4 \times 10^{-4} \; mol \cdot L^{-1}$$

$$Q = [c(Mg^{2+})/c^\ominus] \cdot [c(OH^-)/c^\ominus]^2 = 0.10 \times (9.4 \times 10^{-4})^2 = 8.8 \times 10^{-8} > K_{sp}^\ominus$$

根据溶度积规则，可知有 $Mg(OH)_2$ 沉淀生成。

若要不生成 $Mg(OH)_2$ 沉淀，则需要 $Q \leqslant K_{sp}^\ominus$，此处条件下，$c(Mg^{2+})$ 浓度不变，通过加入 NH_4Cl 改变 $c(OH^-)$ 的浓度。根据题意可知，不生成 $Mg(OH)_2$ 沉淀的最高 OH^- 浓度是

$$c(OH^-) = \sqrt{K_{sp}^\ominus / [c(Mg^{2+})/c^\ominus]} \cdot c^\ominus = \sqrt{5.61 \times 10^{-12}/0.10} = 7.5 \times 10^{-6} \; mol \cdot L^{-1}$$

加入 NH_4Cl 与 $NH_3 \cdot H_2O$ 形成缓冲溶液，溶液中的离子平衡关系式为

$$[c(OH^-)/c^\ominus] = \frac{K_b^\ominus \cdot [c(NH_3 \cdot H_2O)/c^\ominus]}{c(NH_4^+)/c^\ominus}$$

$$7.5 \times 10^{-6} = \frac{1.77 \times 10^{-5} \times 0.05}{c(NH_4^+)/c^\ominus}$$

$$c(NH_4^+) = 0.12 \; mol \cdot L^{-1} = c(NH_4Cl)$$

$m(NH_4Cl) = nM_r = c(NH_4^+) \cdot VM_r = 0.12 \; mol \cdot L^{-1} \times 1 \times 10^{-2} \; L \times 53.5 \; g \cdot mol^{-1} = 0.64 \; g$

在本题给的混合溶液中，未加入 NH_4Cl 前，应有 $Mg(OH)_2$ 沉淀析出。若向该混合液中加入 $0.64 \; g$ 的 NH_4Cl 固体，可阻止 $Mg(OH)_2$ 沉淀析出。

大多数金属硫化物在水中都是难溶物，可以把金属硫化物看作是弱酸 H_2S 的盐，对于饱和 H_2S 溶液，其浓度可以当作一个常数（$0.1 \; mol \cdot L^{-1}$）。若将产生难溶金属硫化物看作是金属离子和 H_2S 反应产生了 H^+ 离子，在处理金属硫化物的沉淀溶解平衡时，就可以与金属氢氧化物一样把 H^+ 离子浓度看作金属离子浓度的函数，以 ZnS 为例。

$$H_2S(aq) + Zn^{2+}(aq) \Longrightarrow ZnS(s) + 2H^+(aq)$$

$$K^\ominus = \frac{[c(H^+)/c^\ominus]^2}{[c(Zn^{2+})/c^\ominus] \cdot [c(H_2S)/c^\ominus]}$$

$$c(H^+) = \sqrt{0.1 K^\ominus \cdot [c(Zn^{2+})/c^\ominus]} \cdot c^\ominus$$

其他金属离子可以相同方法求解。因此在理论上，控制溶液的 pH 值可将溶解度相差较大的金属硫化物分离。

【例 6-6】分别计算 MnS、CuS 在盐酸中溶解的平衡常数，并说明两个酸溶反应自发进行的可能性。

解：
$$MnS(s) + 2H^+(aq) \rightleftharpoons H_2S(aq) + Mn^{2+}(aq)$$

$$K^{\ominus} = \frac{[c(Mn^{2+})/c^{\ominus}] \cdot [c(H_2S)/c^{\ominus}]}{[c(H^+)/c^{\ominus}]^2} = \frac{[c(Mn^{2+})/c^{\ominus}] \cdot [c(H_2S)/c^{\ominus}]}{[c(H^+)/c^{\ominus}]^2} \cdot \frac{c(S^{2-})/c^{\ominus}}{c(S^{2-})/c^{\ominus}}$$

$$= \frac{K_{sp}^{\ominus}(MnS)}{K_a^{\ominus}(H_2S)} = \frac{4.65 \times 10^{-14}}{9.2 \times 10^{-22}} = 5.1 \times 10^7$$

用同样的方法，计算 CuS 与 HCl 反应的平衡常数：
$$CuS(s) + 2H^+(aq) \rightleftharpoons H_2S(aq) + Cu^{2+}(aq)$$

$$K^{\ominus} = \frac{[c(Cu^{2+})/c^{\ominus}] \cdot [c(H_2S)/c^{\ominus}]}{[c(H^+)/c^{\ominus}]^2} = \frac{[c(Cu^{2+})/c^{\ominus}] \cdot [c(H_2S)/c^{\ominus}]}{[c(H^+)/c^{\ominus}]^2} \cdot \frac{c(S^{2-})/c^{\ominus}}{c(S^{2-})/c^{\ominus}}$$

$$= \frac{K_{sp}^{\ominus}(CuS)}{K_a^{\ominus}(H_2S)} = \frac{1.27 \times 10^{-36}}{9.2 \times 10^{-22}} = 1.4 \times 10^{-15}$$

MnS 酸溶反应的平衡常数很大（$K^{\ominus} > 10^7$），说明 MnS(s) 在盐酸中的酸溶反应能自发进行，而且进行得较彻底。CuS(s) 的酸溶平衡常数很小（$K^{\ominus} \ll 10^{-7}$），所以 CuS(s) 在盐酸中几乎不能溶解（反应非自发）。可见，决定酸溶平衡常数大小的是难溶电解质的 $K_{sp}^{\ominus}$ 以及反应物酸和产物酸的相对强弱。在例 6-6 中，两个酸溶反应的酸相同，只是由于 $K_{sp}^{\ominus}(CuS) \ll K_{sp}^{\ominus}(MnS)$，使得 CuS(s) 在盐酸中不溶，需要使用氧化性的 HNO_3 溶解 CuS(s)。

6.2.4 氧化还原反应、配位反应对沉淀溶解平衡的影响

加入某一试剂，使难溶盐中的某一离子发生氧化还原反应而降低浓度。例如：
$$3CuS(s) + 8HNO_3 \rightleftharpoons 3Cu(NO_3)_2 + 3S\downarrow + 2NO\uparrow + 4H_2O$$

HNO_3 为氧化剂，它使 S^{2-} 氧化成单质 S 而降低浓度，以使 $Q(CuS) < K_{sp}^{\ominus}(CuS)$，CuS 沉淀溶解。加入的氧化剂或还原剂与难溶电解质在水中离解产生的阴离子或阳离子发生反应，离子浓度降低使沉淀溶解平衡向溶解方向移动，所以，氧化还原反应也经常用来进行沉淀的溶解。

某些试剂能与难溶电解质中的金属离子反应生成配合物，从而破坏了沉淀溶解平衡，使沉淀溶解。例如，AgCl 沉淀可以溶于氨水，原因是 Ag^+ 被 NH_3 络合生成 $[Ag(NH_3)_2]^+$，使平衡 $AgCl(s) \rightleftharpoons Ag^+ + Cl^-$ 右移，AgCl 溶解。
$$AgCl(s) + 2NH_3 \rightleftharpoons [Ag(NH_3)_2]^+ + Cl^-$$

配合溶解能力取决于所生成配离子的稳定性和沉淀物的溶解度。生成的配离子的 $K_f^{\ominus}$ 值越大或沉淀物的溶解度越大，越有利于这种沉淀的溶解。例如，AgCl 能溶于氨水中而 AgBr 基本不溶，这是由于 AgBr 的溶解度比 AgCl 小得多。这类反应将在配位化合物一章中学习和讨论。

6.3　不同沉淀之间的平衡
（Equilibrium between Different Precipitates）

6.3.1　分步沉淀

在实际工作中常常遇到溶液中有几种离子同时存在，或者沉淀中有几种化合物的情况，为了将不同的离子或化合物分开，可以采用分步沉淀或分步溶解的方法。分步沉淀即当溶液中含有几种离子，加入一种试剂时，它们都能产生沉淀，但由于这几种沉淀物质的 $K_{sp}^{\ominus}$ 不同，它们将按照一定的顺序先后析出的现象。根据溶度积原理，可以判断一个混合溶液中沉淀反应进行的次序，哪种离子先沉淀，哪种离子后沉淀？是否能够将不同的离子分离开？弄清这些问题有利于分离过程的研究。

根据溶度积规则，生成沉淀所需沉淀试剂浓度小的离子先被沉淀出来，即 Q 先达到 $K_{sp}^{\ominus}$ 的离子先被沉淀出来。对于同一类型的化合物，且离子浓度相同情况，$K_{sp}^{\ominus}$ 小的先成为沉淀析出，$K_{sp}^{\ominus}$ 大的后成为沉淀析出。对于离子浓度不同或不同类型的化合物，不能用 $K_{sp}^{\ominus}$ 的大小判断沉淀的先后次序，需要通过计算分别求出产生沉淀时所需沉淀剂的最低浓度，其值低者先沉淀。

【例 6-7】 在一个含有 $0.01\ mol \cdot L^{-1}$ Cl^- 和 $0.01\ mol \cdot L^{-1}$ I^- 的混合溶液中，逐滴加入 $0.01\ mol \cdot L^{-1}$ $AgNO_3$ 溶液，哪一种离子先沉淀？后一种离子沉淀时，先沉淀的离子是否已经沉淀完全？[已知 $K_{sp}^{\ominus}(AgCl)=1.77 \times 10^{-10}$，$K_{sp}^{\ominus}(AgI)=8.51 \times 10^{-17}$]

解： 根据溶度积原理，哪一种沉淀所需要的 Ag^+ 浓度低，其沉淀先析出。

AgCl 沉淀时所需的 $c(Ag^+)=\dfrac{K_{sp}^{\ominus}(AgCl)}{c(Cl^-)/c^{\ominus}} \cdot c^{\ominus} = \dfrac{1.77 \times 10^{-10}}{0.01\ mol \cdot L^{-1}/1.0\ mol \cdot L^{-1}} \times$ $1.0\ mol \cdot L^{-1}=1.77 \times 10^{-8}\ mol \cdot L^{-1}$

AgI 沉淀时所需的 $c(Ag^+)=\dfrac{K_{sp}^{\ominus}(AgI)}{c(I^-)/c^{\ominus}} \cdot c^{\ominus} = \dfrac{8.51 \times 10^{-17}}{0.01\ mol \cdot L^{-1}/1.0\ mol \cdot L^{-1}} \times$ $1.0\ mol \cdot L^{-1}=8.51 \times 10^{-15}\ mol \cdot L^{-1}$

所以，AgI 先析出。

随着 AgI 沉淀的不断析出，溶液中 I^- 浓度逐渐降低，Ag^+ 浓度逐渐增加，当 Ag^+ 浓度达到 $1.56 \times 10^{-8}\ mol \cdot L^{-1}$ 时，AgCl 开始析出。此时溶液中的 I^- 浓度还有多大呢？此时的 Ag^+ 同时满足 AgCl 和 AgI 的溶度积，那么就有

$$[c(Ag^+)/c^{\ominus}] \cdot [c(Cl^-)/c^{\ominus}]=K_{sp}(AgCl) = 1.77 \times 10^{-10}$$

$$[c(Ag^+)/c^{\ominus}] \cdot [c(I^-)/c^{\ominus}]=K_{sp}(AgI)=8.51 \times 10^{-17}$$

$$c(I^-)=8.51 \times 10^{-17}/1.77 \times 10^{-8}=4.81 \times 10^{-9}\ mol \cdot L^{-1}$$

当 AgCl 开始沉淀时，$I^-[c(I^-)=4.81 \times 10^{-9}\ mol \cdot L^{-1}<10^{-5}]$ 已经沉淀完全。必须注

意的是，如果 $AgNO_3$ 溶液不是很稀且逐滴加入，而是一次性加入并使得其浓度大于使该混合溶液体系中 AgCl 和 AgI 沉淀所需的 Ag^+，那么 AgCl 和 AgI 将同时沉淀。用分步沉淀的方法将溶液中的不同离子分开，最重要的是选择合适的沉淀剂，所谓"合适"，是指加入的沉淀剂与不同离子生成溶解度不同的化合物，而且这些化合物溶解度的差别要足够大，否则就不可能达到分离的目的。可见，分步沉淀多用于离子的分离，两种沉淀的溶度积相差越大，分离得越完全。

6.3.2　沉淀的转化

强酸的难溶盐一般很难在酸中溶解，但可以将其转化为弱酸的难溶盐，然后用合适的酸溶解此弱酸盐。这种在某种沉淀中加入适当的沉淀试剂，使原有的沉淀溶解而生成另一种沉淀的过程称为沉淀的转化。沉淀的转化在科研和生产中具有重要的应用价值。例如，锅炉或蒸气管内锅垢的存在，不仅阻碍传热、浪费燃料，而且还有可能引起爆裂，造成事故。锅垢的主要成分 $CaSO_4$ 是一种致密而附着力很强的沉淀，它既不溶于水又不易溶于酸，因而难以被消除。可以用 Na_2CO_3 溶液处理，使其转化为疏松且可溶于酸的 $CaCO_3$ 沉淀而除去锅垢。$CaSO_4$ 转化为 $CaCO_3$ 的反应式为

$$CaSO_4(s) + CO_3^{2-}(aq) \Longrightarrow CaCO_3(s) + SO_4^{2-}(aq)$$

$$K^{\ominus} = \frac{[c(SO_4^{2-})/c^{\ominus}]}{[c(CO_3^{2-})/c^{\ominus}]} \cdot \frac{[c(Ca^{2+})/c^{\ominus}]}{[c(Ca^{2+})/c^{\ominus}]} = \frac{K_{sp}^{\ominus}(CaSO_4)}{K_{sp}^{\ominus}(CaCO_3)} = \frac{7.1 \times 10^{-5}}{4.96 \times 10^{-9}} = 1.4 \times 10^4$$

反应的平衡常数较大，表明反应向右进行的趋势很强。因为 $K_{sp}^{\ominus}(CaCO_3) < K_{sp}^{\ominus}(CaSO_4)$，所以 CO_3^{2-} 比 SO_4^{2-} 更易与 Ca^{2+} 生成难溶盐沉淀，在平行的竞争中处于优势，因而 $CaSO_4$ 溶解产生的 Ca^{2+} 不断与 CO_3^{2-} 生成 $CaCO_3$ 沉淀析出，使溶液中 Ca^{2+} 浓度降低，$CaSO_4$ 晶体则不断溶解，只要加入足量的 Na_2CO_3 就可以把 $CaSO_4$ 完全转化为 $CaCO_3$。

【例 6-8】 $BaSO_4(s)$ 不溶于酸，能否用 Na_2CO_3 溶液处理使其转化为易溶于酸的 $BaCO_3$(s)？如果有 0.10 mol $BaSO_4(s)$，在 1.0 L 饱和 Na_2CO_3 溶液（浓度为 1.6 $mol \cdot L^{-1}$）中能转化多少？

解：
$$BaSO_4(s) + CO_3^{2-}(aq) \Longrightarrow BaCO_3(s) + SO_4^{2-}(aq)$$

$$K^{\ominus} = \frac{[c(SO_4^{2-})/c^{\ominus}]}{[c(CO_3^{2-})/c^{\ominus}]} \cdot \frac{[c(Ba^{2+})/c^{\ominus}]}{[c(Ba^{2+})/c^{\ominus}]} = \frac{K_{sp}^{\ominus}(BaSO_4)}{K_{sp}^{\ominus}(BaCO_3)} = \frac{1.07 \times 10^{-10}}{2.58 \times 10^{-9}} = 4.1 \times 10^{-2}$$

反应的 $K^{\ominus}$ 值不大，说明转化不会彻底，但 $K^{\ominus}$ 值又不是太小，通过提高 CO_3^{2-} 浓度，使转化平衡向右移动，使 $BaSO_4(s)$ 不断转化为 $BaCO_3(s)$。

设 $BaSO_4(s)$ 在 1.0 L 饱和 Na_2CO_3 溶液中有 x mol 转化为 $BaCO_3(s)$，

$$BaSO_4(s) + CO_3^{2-}(aq) \Longrightarrow BaCO_3(s) + SO_4^{2-}(aq)$$

$$\quad\quad\quad\quad 1.6-x \quad\quad\quad\quad\quad\quad\quad\quad x$$

$$x/(1.6-x) = 4.1 \times 10^{-2}$$

$$x = 0.063 \text{ mol}$$

即在 1.0 L 饱和 Na_2CO_3 溶液中有 0.063 mol 的 $BaSO_4(s)$ 转化为 $BaCO_3(s)$。

沉淀转化是一种难溶电解质不断溶解，而另一种难溶电解质不断生成的过程，就是沉淀溶

解平衡的移动。一般溶解度小的沉淀转化为溶解度更小的沉淀，且两种沉淀的溶解度差别越大，转化越容易。对于相同类型的难溶电解质，由 $K_{sp}^{\ominus}$ 较大的向 $K_{sp}^{\ominus}$ 较小的方向进行。溶解度相差不大时，一定条件下能使溶解度小的沉淀向溶解度大的沉淀转化。

本章小结

1. 溶度积常数

对于某难溶强电解质电解质溶液存在如下平衡，

$$A_m B_n(s) \Longleftrightarrow m A^{n+}(aq) + n B^{m-}(aq)$$

其平衡常数表达式为：$K_{sp}^{\ominus}(A_m B_n) = [c(A^{n+})/c^{\ominus}]^m \cdot [c(B^{m-})/c^{\ominus}]^n$，称为溶度积常数。

2. 溶度积 $K_{sp}^{\ominus}$ 和溶解度 s 关系

构型相同的难溶物，能根据其 $K_{sp}^{\ominus}$ 的大小关系确定物质溶解性大小；不同类型的难溶电解质，由于溶度积与溶解度间的关系不同，一般不能依据溶度积来直接比较溶解度的大小。

3. 溶度积规则

①$Q < K_{sp}^{\ominus}$，溶液为不饱和溶液，无沉淀析出。若原来有沉淀存在，则沉淀溶解，直至饱和为止。

②$Q = K_{sp}^{\ominus}$，溶液为饱和溶液，溶液中离子与沉淀之间处于动态平衡。

③$Q > K_{sp}^{\ominus}$，平衡向左移动，溶液处于过饱和状态，沉淀从溶液析出。

4. 沉淀溶解平衡的移动

向某难溶电解质的过饱和溶液中，加入能与电解质离子反应的强酸、强碱、配位剂、氧化剂、还原剂等，使得 $Q < K_{sp}^{\ominus}$，可使得平衡向着沉淀溶解的方向移动。

5. 分布沉淀

根据溶度积规则，生成沉淀所需沉淀试剂浓度小的离子先被沉淀出来，即 Q 先达到 $K_{sp}^{\ominus}$ 的离子先被沉淀出来。

6. 沉淀的转化

一种难溶电解质在适当条件下，可以转化为另一种溶解度接近或更加难溶的电解质。

科学家简介

侯德榜

侯德榜（1890—1974），出生于福建省侯官县，毕业于美国麻省理工学院，中国化学家，"侯氏制碱法"的创始人。

侯德榜是中国化学工业史上一位杰出的科学家，他为祖国的化学工业事业奋斗终生，并以独创的制碱工艺闻名于世，他就像一块坚硬的基石，托起了中国现代化学工业的大厦。

1890 年 8 月 9 日出生于福建省侯官县坡尾(今福州市台江区义洲)，自幼半耕半读，勤奋好学，有"挂车攻读"美名。1903—1906 年得姑妈资助在福州英华书院学习。他目睹外国工头蛮横欺凌我国码头工人，耳闻美国的旧金山种族主义者大规模迫害华侨、驱逐华工等令人发指的消息，使之产生了强烈的爱国心。1913 年毕业于北京清华留美预备学堂，以 10 门功课 1 000 分的成绩被保送入美国麻省理工学院化工科学习。1918—1921 年在美国哥伦比亚大学研究院研究制革，并以《铁盐鞣革》的论文获该校博士学位。1921 年回国，应聘在我国化学工业开拓者和奠基人范旭东开办的塘沽碱厂。为了实现中国人自己制碱的梦想，揭开著名的索尔维法生产的秘密，打破洋人的封锁，侯德榜把全部身心都投入到研究和改进制碱工艺上，经过 5 年艰苦的摸索，终于在 1926 年生产出合格的纯碱。1939 年首先提出并自行设计的新的联合制碱法的连续过程，使纯碱工业和氮肥工业得到发展，这就是著名的"侯氏制碱法"。

侯氏制碱法，又称联合制碱法。所谓"联合制碱法"中的"联合"，指该法将合成氨工业与制碱工业组合在一起，利用了生产氨时的副产品二氧化碳，革除了用石灰石分解来生产，简化了生产设备。此外，联合制碱法也避免了生产氨碱法中用处不大的副产物氯化钙，而用可作化肥的氯化铵来回收，提高了食盐利用率，缩短了生产流程，减少了对环境的污染，降低了纯碱的成本。联合制碱法很快为世界所采用。反应分三步进行：

(1) $NH_3 + H_2O + CO_2 = NH_4HCO_3$

(2) $NH_4HCO_3 + NaCl = NH_4Cl + NaHCO_3 \downarrow$

(3) $2NaHCO_3 \xrightarrow{\text{煅烧}} Na_2CO_3 + H_2O + CO_2 \uparrow$

侯氏制碱法的原理是依据离子反应发生的原理进行的，离子反应会向着离子浓度减小的方向进行。他要制纯碱(Na_2CO_3)，就利用 $NaHCO_3$ 在溶液中溶解度较小，所以先制得 $NaHCO_3$。再利用 $NaHCO_3$ 不稳定性分解得到纯碱。要制得 $NaHCO_3$ 就要有大量钠离子和碳酸氢根离子，所以就在饱和食盐水中通入氨气，形成饱和氨盐水，再向其中通入二氧化碳，在溶液中就有了大量的钠离子、铵根离子、氯离子和碳酸氢根离子，这其中 $NaHCO_3$ 溶解度最小，所以析出，其余产品处理后可作肥料或循环使用。

思考题与习题

1. 什么叫溶度积常数？溶度积小的物质，其溶解度是否小？试举例说明。

2. 下列关于 MgF_2 的溶度积 $K_{sp}^{\ominus}$ 与溶解度 s 之间的关系式中哪一个正确？

(1) $K_{sp}^{\ominus} = 2s$；(2) $K_{sp}^{\ominus} = s^2$；(3) $K_{sp}^{\ominus} = 2s^2$；(4) $K_{sp}^{\ominus} = s^3$；(5) $K_{sp}^{\ominus} = 4s^3$

3. 如何从化学平衡观点来理解溶度积规则？试用溶度积规则解释下列事实。

(1) $CaCO_3$ 溶于稀 HCl 溶液中；

(2) $Mg(OH)_2$ 溶于 NH_4Cl 溶液中；

(3) ZnS 能溶于 HCl 和 H_2SO_4 中，而 CuS 不溶于 HCl 和 H_2SO_4 中，却能溶于 HNO_3 中；

(4) $BaSO_4$ 不溶于 HCl 中。

4. 往草酸($H_2C_2O_4$)溶液中加入 $CaCl_2$ 溶液，得到 CaC_2O_4 沉淀。将沉淀过滤后，往滤液中加入氨水，

又有 CaC_2O_4 沉淀产生。试从离子平衡观点予以说明。

5. 解释为何在氨水中 AgCl 能溶解，AgBr 仅稍溶解，而在 $Na_2S_2O_3$ 溶液中 AgCl 和 AgBr 均能溶解。

6. 根据 PbI_2 和 $BaCrO_4$ 的 $K_{sp}^{\ominus}$ 数据，计算它们的溶解度(s)(不考虑阴、阳离子的副反应)。(s 用 $mol \cdot L^{-1}$ 表示)

7. 在 18 ℃时，CaF_2 的溶解度为 0.055 $g \cdot L^{-1}$，求此温度下 CaF_2 的溶度积。

8. 根据 PbI_2 的溶度积，计算(在 25 ℃时)：

(1)PbI_2 在水的溶解度($mol \cdot L^{-1}$)；

(2)PbI_2 饱和溶液中的 Pb^{2+} 和 I^- 离子的浓度；

(3)PbI_2 在 0.010 $mol \cdot L^{-1}$ KI 溶液中的溶解度；

(4)PbI_2 在 0.010 $mol \cdot L^{-1}$ $Pb(NO_3)_2$ 溶液中的溶解度。

9. 将浓度为 4×10^{-3} $mol \cdot L^{-1}$ 的 $AgNO_3$ 溶液与浓度为 4×10^{-6} $mol \cdot L^{-1}$ 的 KI 溶液等体积混合，有无 AgI 沉淀产生？

10. 分别向 5.0 mL 0.02 $mol \cdot L^{-1}$ $CaCl_2$ 溶液和 5.0 mL 0.02 $mol \cdot L^{-1}$ $BaCl_2$ 溶液中加入 5.0 mL 0.02 $mol \cdot L^{-1}$ Na_2SO_4 溶液，是否都有沉淀产生？(以计算说明)

11. 工业废水的排放标准规定 Cd^{2+} 降到 0.10 $mg \cdot L^{-1}$ 以下即可排放。若用加消石灰中和沉淀法除 Cd^{2+}，按理论计算，废水溶液中的 pH 值至少应为多少？

12. 将 Cl^- 缓慢加入到 0.20 $mol \cdot L^{-1}$ 的 Pb^{2+} 溶液中，试计算：

(1)当 $c(Cl^-) = 5.0 \times 10^{-3}$ $mol \cdot L^{-1}$ 时，是否有沉淀生成？

(2) Cl^- 浓度多大时开始生成沉淀？

(3)当 $c(Cl^-) = 6.0 \times 10^{-2}$ $mol \cdot L^{-1}$ 时，残留的 Pb^{2+} 的百分数是多少？

13. 一溶液中含有 Fe^{3+} 和 Fe^{2+} 离子，它们的浓度都是 0.05 $mol \cdot L^{-1}$。如果要求 $Fe(OH)_3$ 沉淀完全而 Fe^{2+} 离子不生成 $Fe(OH)_2$ 沉淀，问溶液的 pH 值应如何控制？

14. 在 0.5 $mol \cdot L^{-1}$ $MgCl_2$ 溶液中加入等体积的 0.10 $mol \cdot L^{-1}$ 氨水，若此氨水溶液中同时含有 0.02 $mol \cdot L^{-1}$ 的 NH_4Cl，问：

(1) $Mg(OH)_2$ 能否沉淀？

(2)如有 $Mg(OH)_2$ 沉淀产生，需要在每升这样的氨水中再加入多少克 NH_4Cl 才能使 $Mg(OH)_2$ 恰好不沉淀？

15. 求 0.01 $mol \cdot L^{-1}$ 的 Pb^{2+} 开始生成 $Pb(OH)_2$ 沉淀时的 pH 值和 Pb^{2+} 沉淀完全时的 pH 值。

16. 将 0.01 mol 的 SnS 溶于 1.0 L 盐酸中，求所需的盐酸的最低浓度。$[K_{sp}^{\ominus}(SnS) = 3.25 \times 10^{-28}]$

17. 将 $AgNO_3$ 溶液逐滴加入到含有 Cl^- 和 CrO_4^{2-} 离子的溶液中，若 $c(CrO_4^{2-}) = c(Cl^-) = 0.10$ $mol \cdot L^{-1}$，问：

(1)AgCl 与 Ag_2CrO_4 哪一种先沉淀？

(2)当 Ag_2CrO_4 开始沉淀时，溶液中 Cl^- 离子浓度为多少？

(3)在 500 mL 溶液中，尚有 Cl^- 离子多少克？

18. 生产易溶锰盐时使用 H_2S 除去溶液中的 Cu^{2+}、Zn^{2+} 和 Fe^{2+} 杂质离子，试通过计算说明，当 MnS 开始沉淀时，溶液中这些杂质离子的浓度($mol \cdot L^{-1}$)各为多少？$[假设 c(Mn^{2+})_{初始} = 0.01$ $mol \cdot L^{-1}]$

19. 0.10 L 浓度为 0.10 $mol \cdot L^{-1}$ Na_2CrO_4 溶液，可以使多少克 $BaCO_3$ 固体转化成 $BaCrO_4$？

20. 通过计算说明分别用 Na_2CO_3 溶液和 Na_2S 溶液处理 AgI 沉淀，能否实现沉淀的转化？

第 7 章
原子结构(Atomic Structure)

分子、原子和离子是组成宏观物质的基本单元。要了解物质的组成、性质及物质发生化学反应的本质,就需要进入微观世界,了解原子内部结构和性能,尤其是决定原子性质的核外电子结构。

7.1 近代原子结构理论的确立(The Establishment of Modern Theory of Atomic Structure)

近代原子结构理论的建立,大体上可以分为四个阶段,即道尔顿原子学说、汤姆逊发现电子、卢瑟福"行星式"原子模型以及波尔原子模型。

7.1.1 道尔顿原子学说

1803 年,英国的化学家道尔顿继承古希腊朴素原子论和牛顿微粒说,提出原子学说。原子学说认为:物质由不可分的微粒——原子构成,原子是一切化学变化中不可再分的最小单位;同种元素的原子性质和质量都相同,不同元素原子的性质和质量各不相同;每一种物质都由特定的原子组成。道尔顿的原子学说揭示出了一切化学现象的本质都是原子运动,明确了化学的研究对象,对化学真正成为一门学科具有十分重要的意义。

7.1.2 汤姆逊发现电子

1897 年,英国物理学家汤姆逊(J. J. Thomson)通过阴极射线实验发现原子内部存在带负电的粒子,从而打破了原子不可分的禁锢。1904 年,汤姆逊提出了原子的"蛋糕式镶嵌"模型,他认为,正电荷均匀地分布在整个原子中,带负电的电子被分散在带正电荷的原子饼中,形成电中性的原子。电子发现后,人们又陆续发现了带正电的原子核和核内质子与中子。随着科学的发展,更小的粒子夸克也已被实验证实。

7.1.3 卢瑟福"行星式"原子模型

1911 年,英国的物理学家卢瑟福(E. Rutherford)用 α 粒子轰击金箔的散射实验,发现了原子核。在该实验的基础上,卢瑟福提出了"原子行星模型"。他认为,原子中绝大部分空间是空的,由几乎集中了原子全部质量的原子核为球心和核外绕着原子核高速运转的电子所组成。就像太阳系中的行星绕着太阳运动一样。

卢瑟福的"行星式"原子模型提到，电子像行星一样绕原子核运动的描述与经典的电磁学理论相矛盾。根据电磁学理论，带电的电子在高速运转时，要连续不断地发射电磁波，并随着电磁波的发射，电子最终落到电子核上而导致原子的毁灭。另外，随着电子运动逐渐变慢，原子应该辐射出连续的电磁波光谱。而事实上，原子既没有毁灭，原子光谱也不是连续的光谱，这一点已被当时发现的氢原子光谱所证实。因此，卢瑟福的原子模型出现了与事实之间的矛盾。

7.1.4 氢原子光谱实验与玻尔原子理论

7.1.4.1 氢原子光谱

原子在受到一定的能量的激发后，会以光谱的形式放出能量，这种光谱只包含几种特征波长的光线，称为原子光谱。每种原子都有自己的特征光谱。氢原子是最简单的原子，因此，它的原子光谱也最简单。大约在 1885 年，瑞士的一位中学教师巴耳末（Balmer）发现受激发的氢原子在可见光区有四条较明亮的线条，分别把它们标记为 H_α、H_β、H_γ、H_δ（图 7-1），形成氢原子光谱的巴耳末系，并将这些谱线归纳为一个经验公式。随后，氢光谱的在紫外区和红外区的若干谱线也相继被发现。

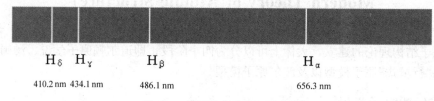

$$H_\delta \quad H_\gamma \qquad\qquad H_\beta \qquad\qquad\qquad H_\alpha$$
$$410.2\,nm \quad 434.1\,nm \qquad\quad 486.1\,nm \qquad\qquad\qquad 656.3\,nm$$

图 7-1 氢原子光谱的巴耳末系

1913 年，瑞典的物理学家里德堡（Rydberg）对氢原子光谱的各谱线进行研究，找出了能概括氢原子各谱线波长的通式：

$$\frac{1}{\lambda} = R\left(\frac{1}{n_1^2} - \frac{1}{n_2^2}\right) \tag{7-1}$$

式中，R 为里德堡常数，其值为 1.097×10^7 m^{-1}；n_1、n_2 均为正整数，且 $n_1 < n_2$；λ 是波长。

7.1.4.2 玻尔理论

1913 年，丹麦的物理学家玻尔（N. Bohr）在卢瑟福原子模型的基础上，结合普朗克（Planck）的量子论和爱因斯坦（Einstein）的光子学说，提出了以下假设，创立了波尔理论，成功地解释了氢原子光谱。

①原子轨道的不连续性　波尔理论的定态假设指出，氢原子核外电子只能在符合玻尔量子化条件的、具有确定半径的圆形轨道上运动。在这些轨道中电子的角动量 L 必须是 $h/2\pi$ 的整数倍，如式（7-2）所示，这种轨道称为稳定轨道。

$$L = n(h/2\pi) \tag{7-2}$$

式中，$L = mvr$，其中 m 为电子的质量，v 为电子的速度，r 为轨道半径；n 为量子化条件，其取值为正整数 1，2，3，…；h 为普朗克常数，其取值为 6.62×10^{-34} J·s。

②原子轨道能量的不连续性　原子有很多上述的稳定轨道，电子在不同的稳定轨道上运动时，其能量是不同的。其中，能量最低的定态称为基态，其他的定态称为激发态。电子在稳定的原子轨道上运动时，既不吸收能量也不放出能量。

③电子辐射能的不连续性　当电子在不同的原子轨道间跃迁时，就会发生能量的辐射或吸收。通常情况下，电子处于能量低的基态，处于基态的电子可吸收能量跃迁至激发态；处于激发态的电子不稳定，又会跃迁回基态，同时以光的形式辐射出能量，辐射的光子能量 $h\upsilon$ 等于两个轨道能量之差，频率为

$$\upsilon = \frac{E_2 - E_1}{h} \tag{7-3}$$

玻尔理论圆满地解释氢光谱及其他类氢光谱（如 He^+、Li^{2+} 等），对原子结构理论的发展起到了重要的作用。但是，玻尔理论不能解释多电子原子的发射光谱，也不能说明氢原子发射光谱的精细结构。原因在于，虽然玻尔的氢原子结构理论第一次将量子化的概念引入了原子结构，很好地解释了原子光谱中谱线的不连续性；但是它没有摆脱牛顿力学的束缚，而电子的运动并不遵守经典力学定律，它遵循的是微观粒子所特有的规律性。

7.2　微观粒子的运动特征
(Motion Characteristics of Microscopic Particles)

微观粒子与宏观物体的性质和运动规律不同。微观粒子有三大显著特征。一是微观粒子的量子化特征；二是微观粒子的波粒二象性；三是微观粒子的测不准特性。

7.2.1　微观粒子的量子化特征

1900 年，普朗克（M. Planck）首次提出了微观粒子具有量子化特征的假说。微观粒子的量子化是指微观粒子的物理量的变化是不连续的，而是以某一最小单位跳跃式增减的现象。微观粒子的量子化包括能量的量子化和电荷的量子化。能量的量子化指微观粒子能量的变化是以光量子为单位变化的；电荷的量子化是指在原子的电离过程中，电荷的变化是不连续的，而是以电子电量的整数倍变化的。

7.2.2　微观粒子的波粒二象性

爱因斯坦的光子学说认为光既有波动性，又具有粒子性，称之为波粒二象性。1924 年，法国物理学家德布罗意（L. De Broglie）在光的这一性质的启发下，提出了电子等微观粒子也具有波粒二象性的假设，并提出表征粒子性的动量 p 和表征波动性的波长 λ 之间存在如下关系：

$$\lambda = \frac{h}{p} = \frac{h}{m\upsilon} \tag{7-4}$$

式中，λ 为波长，是反映波动性的特征物理量，称为德布罗意波长；m 为微粒质量；υ 是微粒移动的速度；p 为动量，都是反映粒子性的特征物理量。

1927 年，德布罗意提出的微观粒子具有波粒二象性的假说由电子的衍射实验得到证实。实验将一束高速运动的电子流穿过薄晶片（或金属箔），观察电子通过薄晶片后落在荧光屏上的

图像。当控制电子发射源，每次只发射出一个电子时，结果每个电子在荧光屏幕上出现的位置是毫无规律的，不能预知也不能确定，这体现了电子的微粒性。当电子发射源持续不断地发射出电子，电子在荧光屏上就逐渐形成了一系列有规律性的明暗相间的衍射环纹(图 7-2)，如同光的衍射一样；当电子发射源在某一瞬间发射出大量电子时，荧光屏上同样可以得到这样的衍射条纹。这说明电子波不同于机械波，它是由大量电子运动或单个电子长期运动所表现出来的统计结果。衍射图中亮的地方衍射强度大，说明电子出现的概率大(机会多)，衍射图中暗的地方衍射强度小，说明电子出现的概率小(机会少)。随后中子、质子、原子、分子等微粒都观察到了与电子相似的衍射现象，说明波粒二象性是微观粒子普遍存在的性质。

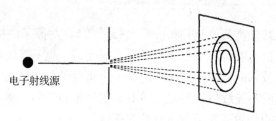

电子射线源

图 7-2　电子衍射示意图和电子衍射图谱

7.2.3　测不准原理

具有波粒二象性粒子的运动与宏观物质的运动规律有很大的不同。按照经典力学，物体的运动有确定的轨迹，即物体在某一时刻可以用具体的位置坐标和动量(或速度)来描述，在一定的条件下，可以预测到物体的运动轨迹。对于具有波粒二象性的微观粒子，不能像宏观物体那样求得准确的位置和动量，而只能用统计的方法指出它出现的可能性，即概率的大小。1927年，海森伯格(W. Heisenberg)提出微观粒子运动瞬间的位置和动量是不能同时准确测定的，位置的测量误差 Δx 和动量的测量误差 Δp 符合以下关系：

$$\Delta x \cdot \Delta p \geqslant h/4\pi \tag{7-5}$$

根据式(7-5)可以看出，Δx 越小表示位置测定值越准确，动量不确定值 Δp 测定值就越大，即动量测定值越不准确；Δx 越大，位置测定值越不准确，此时动量测定值 Δp 越小，测定越准确。微观粒子的这个规律就叫作海森伯格测不准原理。测不准原理证实了微观粒子不存在像宏观物体那样的运动轨道，不能用经典力学来描述，需要引入新的理论来描述微观粒子的运动状态。

7.3　核外电子运动状态(Kinestate of Electron)

7.3.1　波函数

在原子分子中运动的电子，由于遵循测不准关系，不能同时有确定的位置坐标和动量，不能用描述宏观物体的经典力学来描述，需要采用量子力学的理论。量子力学中，可以用一个与体系粒子的位置有关的函数表达式——波函数 ψ 来描述电子的运动状态。根据量子力学的基本理论，1926 年，奥地利物理学家薛定谔(E. Schrödinger)建立了描述微观粒子运动的波动方程——薛定谔方程[式(7-6)]来描述电子的运动，通过求解薛定谔方程，就得到波函数。需要说明的是，薛定谔方程的求解过程已超出本课程的要求，我们这里仅讲述该方程的解——波函数的含义。

$$\frac{\partial^2\psi}{\partial x^2}+\frac{\partial^2\psi}{\partial y^2}+\frac{\partial^2\psi}{\partial z^2}+\frac{8\pi^2 m}{h^2}(E-V)\psi=0 \tag{7-6}$$

式中，ψ 是波函数；m 为电子的质量；h 为普朗克常数；E 为电子的总能量；V 为电子的势能。薛定谔方程将描述电子微粒性的物理量（m、E、V）与描述电子波动性的波函数 ψ 通过普朗克常数 h 联系在一起，因此，该方程能够正确地描述电子的运动状态。

描述电子运动状态的波函数，是空间三维直角坐标 x,y,z 的函数，可用 $\psi(x,y,z)$ 来表示，或用球坐标 $\psi(r,\theta,\varphi)$ 来表示（图 7-3）。由于电子具有波的特性，因此，只有符合一定量子数（n,l,m）条件的波函数 $\psi_{n,l,m}$ 才能有效地表示电子运动的波动性。这样一组波函数 $\psi_{n,l,m}$ 就可以描述原子内部电子运动的不同状态，这些不同状态习惯称之为原子轨道。但是，必须注意的是，这里的轨道与玻尔氢原子结构理论中的原子轨道有明显的不同，它没有固定轨迹的意思，指的是一个电子可能的空间运动状态的函数式。

认识电子空间运动特点的主要依据是波函数。为了更形象、更直观地了解电子运动，可以借助数学的方法，将波函数进行变量分离，得到包含径向变量 r 和角度变量 θ,φ 的两个函数乘积的形式，即

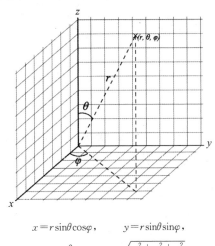

$$x=r\sin\theta\cos\varphi,\qquad y=r\sin\theta\sin\varphi,$$
$$z=r\cos\theta,\qquad r=\sqrt{x^2+y^2+z^2}$$

图 7-3　直角坐标系与球坐标系的关系

$$\psi_{n,l,m}(r,\theta,\varphi)=R_{n,l}(r)\cdot Y_{l,m}(\theta,\varphi)$$

式中，$R(r)$ 只含有径向变量 r，称为波函数的径向分布，表示电子随半径 r 变化时的分布，反映了电子运动离核的远近（图 7-4）；$Y(\theta,\varphi)$ 只含角度变量（θ,φ），称为波函数的角度分布，表示电子随角度（θ,φ）的变化时的分布，反映了电子在空间的伸展方向（图 7-5）。

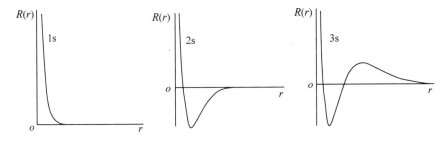

图 7-4　氢原子波函数径向分布

7.3.2　四个量子数

原子中核外电子的运动状态用波函数 $\psi_{n,l,m}$ 时，一组量子数 n、l、m 决定一个波函数，即决定一个原子轨道，但根据实验和理论的研究证明，电子本身还有自旋运动，因此，要完整

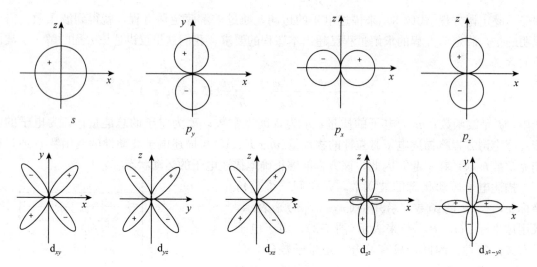

图 7-5　波函数的角度分布

确定一个电子的运动状态，还需要第四个量子数(m_s)。由此可见，了解各个量子数的物理意义及其取值规则对原子核外电子运动状态的描述非常重要。

7.3.2.1　主量子数(n)

根据轨道能量量子化的概念可知，原子核外的电子分布在不同能量的电子层中，电子层是根据电子出现概率较大的区域距离原子核的远近来划分的。主量子数 n 就是用来描述电子离核远近及电子层能量高低的参数。主量子数取值越大，表示电子层离核越远，能量越高；取值越小，表示电子层离核越近，能量越低。

主量子数 n 取值为正整数，即 $n=1，2，3，4，5，6，7$……其中，$n=1$ 表示离核最近、能量最低的电子层，为第一电子层，光谱学上用大写字母 K 表示；$n=2$ 表示离核次近、能量次低的电子层，为第二电子层，光谱学上用大写字母 L 表示。其他的类推。主量子数和字母代表的电子层对应关系如下：

主量子数(n)	1	2	3	4	5	6	7
电子层符号	K	L	M	N	O	P	Q

对单电子原子体系，其原子轨道的能量只决定于主量子数，主量子数相同，原子轨道的能量就相等；对多电子原子体系，原子轨道的能量除了与主量子数有关以外，还要受到角量子数的影响。

7.3.2.2　角量子数(l)

当用分辨率较高的分光镜观察一些元素的原子光谱时，可以发现光谱中的一条谱线又可以分成两条或两条以上相互靠近的很细谱线。这说明，在同一个电子层(一条较粗的谱线)中还存在着能量差别很小的亚层(多条细谱线)。为了区分这些亚层，就需要引入另外一个参数，即角量子数。用字母 l 表示。

角量子数的取值受主量子数 n 的限制，为 $0，1，2，…，(n-1)$ 的正整数，不能大于$(n-$

1)。每一个数值代表一个亚层，例如，$l=0$，代表光谱学的 s 亚层；$l=1$，代表光谱学的 p 亚层。l 数值与光谱学规定的亚层符号之间存在如下对应关系：

角量子数(l)　　　0　　1　　2　　3　　4　　5

亚层符号　　　　　s　　p　　d　　f　　g　　h

角量子数体现的是不同形状的原子轨道。例如，$l=0$ 表示圆球形 s 轨道；$l=1$ 表示哑铃形 p 轨道；$l=2$ 表示花瓣形的 d 轨道等。此外，角量子数还与主量子数一起决定多电子原子轨道的能量。对于多电子原子中 n 相同、l 不同的原子轨道，即同一电子层中的不同亚层，l 越大，能量越高。例如，$n=4$，$l=0$，1，2，3，分别对应于 4s、4p、4d、4f，在多电子原子中，其轨道能量由小到大依次为 4s ＜ 4p ＜ 4d ＜ 4f。

7.3.2.3 磁量子数(m)

磁量子数是用来描述原子轨道或电子云在空间伸展方向的参数，用字母 m 来表示。

m 的取值受角量子数 l 的限制，为 0，±1，±2，…，±l。在同一个亚层中，m 的取值为 $2l+1$ 个。例如，$l=0$ 时，m 只能取 0 这一个值；$l=1$ 时，m 可以取 0，+1，−1 三个值。

一个磁量子数的取值决定原子轨道的一种伸展方向，一种伸展方向就是一个轨道，一个亚层中，m 有几个取值，就代表有几种伸展方向，即有几个轨道。例如，当 $l=0$ 时，m 只能为 0 这一个值，说明 s 亚层只能有一个轨道，即 s 轨道；$l=1$ 时，m 可以取 0，+1，−1 三个值，表示 p 亚层有三个轨道，它们分别是沿 x，y，z 轴分布的 p_x，p_y，p_z 轨道；同理，d 亚层有五个轨道，而 f 亚层有七个轨道。

磁量子数与原子轨道的能量无关，即在没有外加磁场的条件下，同一亚层的原子轨道的能量相等，称为等价轨道。也就是说 p 亚层有三个等价轨道，d 亚层有五个等价轨道，f 亚层有七个等价轨道。

7.3.2.4 自旋磁量子数(m_s)

电子除了绕原子核运动外，还能绕自身旋转，称为自旋。因此，描述核外电子的运动状态，还需要引入第四个量子数，即自旋量子数 m_s。

自旋量子数是用来描述电子自旋方向的，它只有两个可能的取值，即 $m_s=\pm\dfrac{1}{2}$，一般用 "↑" 和 "↓" 来表示。

综合以上四个量子数的叙述，可以看出，描述一个电子的运动状态，需要确定四个量子数 n、l、m、m_s 的取值。其中，电子所处的原子轨道由前三个量子数决定，电子的自旋方向由自旋量子数决定。根据四个量子数的取值规则，可以算出各电子层中电子可能存在的所有状态（表 7-1）。

表 7-1　量子数与电子的运动状态

主量子数(n)	电子层符号	角量子数(l)	轨道符号	磁量子数(m)	轨道简并度	电子层中轨道总数(n^2)	自旋磁量子数	电子状态总数($2n^2$)
1	K	0	1s	0	1	1	±1/2	2 (1s^2)

（续）

主量子数(n)	电子层符号	角量子数(l)	轨道符号	磁量子数(m)	轨道简并度	电子层中轨道总数（n^2）	自旋磁量子数	电子状态总数（$2n^2$）
2	L	0	2s	0	1	4	$\pm 1/2$	8（$2s^2 2p^6$）
		1	2p	0, ± 1	3			
3	M	0	3s	0	1	9	$\pm 1/2$	18（$3s^2 3p^6 3d^{10}$）
		1	3p	0, ± 1	3			
		2	3d	0, ± 1, ± 2	5			
4	N	0	4s	0	1	16	$\pm 1/2$	32（$4s^2 4p^6 4d^{10} 4f^{14}$）
		1	4p	0, ± 1	3			
		2	4d	0, ± 1, ± 2	5			
		3	4f	0, ± 1, ± 2, ± 3	7			

7.3.3 概率密度和电子云

波函数 ψ 是一种函数关系式，没有物理意义，无法直观地反映电子的运动状态。波函数的物理意义是通过 $|\psi|^2$ 来体现的。

为了更加深入地理解电子在原子核外的运动状态及特征，可以用"电子云"来比较形象、直观地描述电子的运动。

由于电子具有波粒二象性的特点，在原子中，高速运动的电子不是在固定的轨道中绕核运动，而是在距核很近到很远的整个原子空间中运动，在短时间内电子就多次游遍原子空间各处。电子在原子空间各个地方出现的机会不相同，有的地方出现的机会多，有的地方出现的机会少。因此，可以用电子在某处出现的机会多少即概率来描述原子中电子的运动。由于电子在原子核外出现的概率跟电子活动的空间（即体积）有关，为了更方便地表示电子在某处出现的频率多少，不考虑体积的影响，可用概率密度来描述电子的运动。概率密度是指电子在某一点周围的单位体积中电子出现的概率，用波函数绝对值的平方 $|\psi|^2$ 表示。为便于理解，常用小黑点来表示电子在核外空间可能出现的位置，用小黑点的密集程度来表示电子出现的概率密度

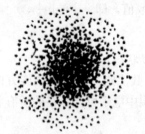

的大小。在小黑点密集的地方，电子出现的概率密度大，在小黑点稀疏的地方，电子出现的概率密度小。这种用小黑点来形象化地表示电子在原子核外空间概率密度分布的图形，被形象地称为"电子云"，如图 7-6 为氢原子 1s 电子云示意。需要注意的是，电子云是电子在核外空间出现概率密度分布的形象化表示，并非真正电子组成的云。

概率（probability）和概率密度（probability density）既有区别又有联系。概率是电子在某一区域出现的机会，与电子出现的区域（体积）有关。概率密度是电子在单位体积出现的概率。概率与概率密度之间的关系如下：

图 7-6 基态氢原子电子云示意

$$概率密度（|\psi|^2）= 概率/体积$$

　　用波函数 $\psi_{n,l,m}$ 表示的原子轨道在空间有不同的径向分布特点和角度分布特点，同样表示核外电子运动的电子云也存在着径向分布和角度分布，可分别用电子云径向分布图和角度分布图表示。图 7-7 为电子云的角度分布，由图可以看出，s 态电子云是球形对称的，这表示，在核外空间半径相同的各个方向上概率密度都相等。而 p 态和 d 态电子云在核外空间不同的方向上概率密度不同，在某些方向上概率密度出现最大值。

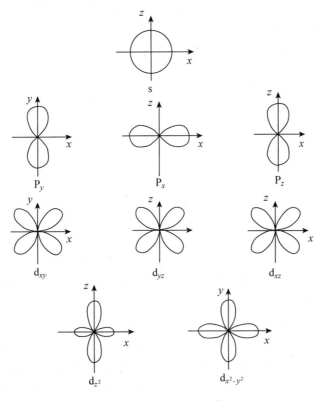

图 7-7　电子云角度分布

　　电子云径向分布函数(radial distribution function)用 $D(r)$ 表示，$D(r) = R_{n,l}^2(r)\,4\pi r^2$。它表示电子在一个以原子核为中心，半径为 r、微单位厚度为 dr 的同心圆薄球壳夹层内出现的概率，即反映了原子核外电子出现的概率与距离 r 的关系。注意这里说的是概率而不是概率密度。概率是概率密度与体积的乘积，薄球壳夹层的表面积为 $4\pi r^2$，薄球壳夹层的体积为 $dV = 4\pi r^2 dr$。所以，概率 $= |\psi|^2 4\pi r^2 dr = R_{n,l}^2(r)\,4\pi r^2 dr = D(r)dr$。用 $D(r)$ 对半径 r 作图，就得到了电子云的径向分布图，这种图形反映了电子云随半径 r 的变化。氢原子电子云径向分布函数见图 7-8。

　　由电子云的径向分布图可知：

　　①在基态氢原子中，电子出现概率的极大值的位置与概率密度极大值处(原子核附近，见图 7-6)不一致。这是因为核附近概率密度虽然很大，但在此处薄球壳夹层体积几乎小得等于零，随着 r 的增大，薄球壳夹层体积越来越大，但概率密度却越来越小，这两个相反因素决定 1s 径向分布函数图在某处出现一个峰值。从量子力学的观点来理解，电子出现概率最大处离核的距离就是玻尔半径，该值与氢原子 1s 径向分布函数图的峰值相对应。

　　②径向分布函数图中的峰数有 $(n-l)$ 个，例如，1s 有 1 个峰，4s 有 4 个峰，2p 有 1 个

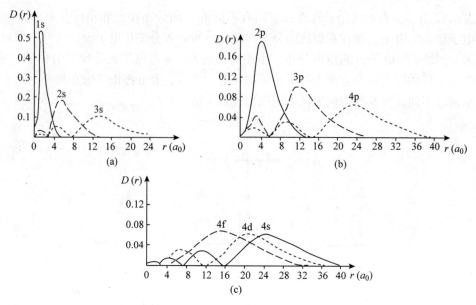

图 7-8　氢原子电子云径向分布函数示意

峰，3p 有 2 个峰……

③轨道角动量量子数 l 相同，主量子数 n 不同时，最高峰距核位置不同，n 越小，距核越近，能量越低；n 越大，距核越远，能量越高；如 $E_{1s} < E_{2s} < E_{3s}$。由此可说明，核外电子是按能量高低顺序从里到外分层排布的。

④主量子数 n 相同，轨道角动量量子数 l 不同时，ns 比 np 多一个离核较近的峰，np 又比 nd 多一个离核较近的峰……第一个峰与核的距离是 ns < np < nd < nf，说明不同 l 的"钻穿"到核附近的能力不同。钻穿能力的顺序是 ns > np > nd > nf。例如，4s 的第一个峰竟钻穿到 3d 的主峰之内去了。l 值越小，小峰离核越近，钻穿效应越强。钻穿效应对多电子原子体系的原子轨道能级高低有很重要的影响。

7.4　多电子原子的结构（Multi-electron Atom Structure）

7.4.1　屏蔽效应和钻穿效应

对于氢原子或类氢原子来说，由于核外只有一个电子，这个电子只受到原子核的作用；而对于多电子原子来讲，电子除了受到原子核的吸引力以外，还要受到核外其余电子对它的影响，外部电子要受到内部电子向外的排斥力。这种排斥力的存在削弱了原子核对电子的引力，就好像原子核的有效核电荷降低一样，这种内层电子对外层电子排斥作用称为屏蔽效应（shielding effect）。被削弱的核电荷叫作"屏蔽常数"，用 σ 表示。有效核电荷数 $Z^* = Z$（实际核电荷）$-\sigma$。与此相应，多电子原子中某电子的能量计算式变为：

$$E = -2.179 \times 10^{-18} \frac{Z^{*2}}{n^2} \text{J} = -2.179 \times 10^{-18} \frac{(Z-\sigma)^2}{n^2} \text{J} \tag{7-7}$$

屏蔽常数 σ 的大小，与电子所处轨道的主量子数 n 和角量子数 l 有关。一般来讲，外层对内层电子的屏蔽效应忽略不计，同层电子之间的屏蔽常数为 0.35（第一电子层之间为 0.3），$n-1$ 层对 n 层为 0.85，$n-1$ 层以内对 n 层为 1.00。n 越大，电子离核越远，受其他电子屏蔽越强，σ 就越大，Z^* 就越小，能量 E 就越高。因此，当 l 相同，n 不同时，n 越大，能量越高，即 $E_{1s}<E_{2s}<E_{3s}\cdots\cdots$

按照式(7-7)，主量子数 n 相同，能量就相等；但实际上，电子的能量，除了与 n 有关以外，还和角量子数 l 有关。n 相同的电子的能量随 l 增大，能量升高，即 ns$<n$p$<n$d$<\cdots\cdots$例如，2p 电子的能量 E_{2p} 大于 2s 电子的能量 E_{2s}。这是因为 σ 的大小与 l 有关，这一点可以从钻穿效应得到解释。

以氢原子的核外电子云径向分布图(图 7-8)为例，可以看出，对于主量子数相同的 3s 和 3p 电子，3s 分布图中靠近核附近有三个峰，3p 靠近核附近有两个峰，这表明 3s 电子在核附近出现的机会越多。即当 n 相同时，l 越小峰越多，电子向原子核方向钻得越深，受到其余电子的屏蔽就会减少，σ 较小，能量较低；l 越大峰越少，电子向原子核方向钻得越浅，受到其余电子的屏蔽增加，σ 增大，能量较高。这种由于电子的钻穿而使能量发生变化的现象，称为钻穿效应(penetration effect)。屏蔽效应使得轨道的能量升高，而钻穿效应使得轨道的能量降低。对于一个具体的轨道，能量的大小是屏蔽效应和钻穿效应的综合结果。

根据以上轨道能量的讨论，各轨道能量大小（能级）由 n 和 l 决定，概括为以下几点：

①l 相同，n 不同时，n 越大，能量越高，即 $E_{1s}<E_{2s}<E_{3s}\cdots\cdots$

②n 相同，l 不同时，l 越大，能量越高，即 $E_{n\mathrm{s}}<E_{n\mathrm{p}}<E_{n\mathrm{d}}\cdots\cdots$

③n 和 l 都不同时，可根据 $(n+0.7l)$ 规则比较轨道能量高低。例如，4s 的 $(n+0.7l)$ 值为 4.0，3d 的 $(n+0.7l)$ 值为 4.4，即 3d 的能量高

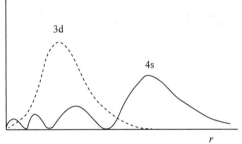

图 7-9　氢原子的 4s，3d 的径向分布图

于 4s。我们把内电子层某些亚层的轨道比外层的某些轨道能级高的现象叫作能级交错。能级交错的结果可以参考氢原子的径向分布函数(图 7-9)来解释。4s 的最大峰比 3d 距核远，但它有三个小峰距离核比较近，即 4s 的钻穿效应比 3d 要强，最终 4s 的能级比 3d 的能级较低。

7.4.2　近似能级图

多电子原子内轨道的能级顺序，可用"原子轨道近似能级图"表示。图 7-10 是美国著名化学家鲍林根据大量光谱实验数据和理论计算结果得到的多电子原子的轨道近似能级图(approximate energy-level diagram)。图中按照 ns、$(n-2)$f、$(n-1)$d、np 的排列顺序，将能级相近的轨道分为七个能级组，每一个方框代表一个能级组，该能级图与徐光宪院士的 $(n+0.7l)$ 经验值相一致。鲍林的原子轨道能级图形象地说明了多电子原子体系中原子轨道能量的高低，指明了多电子原子体系中电子的填充顺序。但实际上，多电子原子的原子轨道能量要比鲍林的原子轨道能级图复杂得多(图 7-11)。

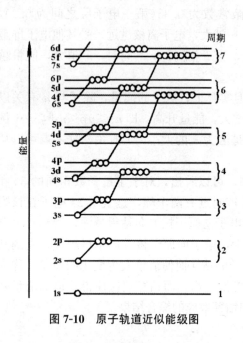

图 7-10 原子轨道近似能级图

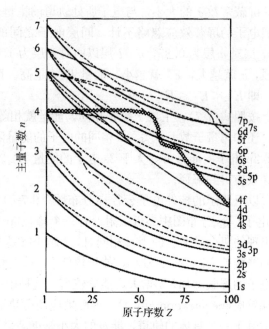

图 7-11 原子轨道能量高低随原子序数变化图

7.4.3 核外电子排布

多电子原子基态核外电子排布遵循三个原则：能量最低原理、泡利不相容原理和洪特规则。

7.4.3.1 能量最低原理

电子在原子轨道上的排布，总是尽量使整个原子的能量处于最低状态。依照这条原理，电子按照近似能级图中由低到高的顺序填充各轨道。

7.4.3.2 泡利不相容原理

在同一个原子中不能有四个量子数完全相同的电子存在，或者说，每个原子轨道最多只能容纳两个自旋相反的电子，这就是泡利不相容原理，又称泡利原理。根据泡利原理，可以算出 s、p、d、f 轨道最多可容纳电子数分别为 2、6、10、14。还可计算出每一电子层中容纳最多的电子数为 $2n^2$。

7.4.3.3 洪特规则

德国科学家洪特根据光谱实验数据总结出一条规律："电子在简并轨道上排布时，将尽可能以自旋相同的方式分占不同轨道。"这种排列方式可以避免电子成对的排斥，使原子能量处于最低。对于简并轨道，电子处于全满（p^6、d^{10}、f^{14}）、半满（p^3、d^5、f^7）或全空（p^0、d^0、f^0）时，原子的能量较低，状态较稳定。这表明洪特规则是能量最低原理的具体体现。

根据电子排布的三个原则和鲍林近似能级图，可以得到各元素原子基态的电子组态，见表 7-2 所列。

表 7-2 基态原子电子层排布

原子序数	元素名称	元素符号	电子层结构
1	氢	H	$1s^1$
2	氦	He	$1s^2$
3	锂	Li	$[He]2s^1$
4	铍	Be	$[He]2s^2$
5	硼	B	$[He]2s^22p^1$
6	碳	C	$[He]2s^22p^2$
7	氮	N	$[He]2s^22p^3$
8	氧	O	$[He]2s^22p^4$
9	氟	F	$[He]2s^22p^5$
10	氖	Ne	$[He]2s^22p^6$
11	钠	Na	$[Ne]3s^1$
12	镁	Mg	$[Ne]3s^2$
13	铝	Al	$[Ne]3s^23p^1$
14	硅	Si	$[Ne]3s^23p^2$
15	磷	P	$[Ne]3s^23p^3$
16	硫	S	$[Ne]3s^23p^4$
17	氯	Cl	$[Ne]3s^23p^5$
18	氩	Ar	$[Ne]3s^23p^6$
19	钾	K	$[Ar]4s^1$
20	钙	Ca	$[Ar]4s^2$
21	钪	Sc	$[Ar]3d^14s^2$
22	钛	Ti	$[Ar]3d^24s^2$
23	钒	V	$[Ar]3d^34s^2$
24	铬	Cr	$[Ar]3d^54s^1$
25	锰	Mn	$[Ar]3d^54s^2$
26	铁	Fe	$[Ar]3d^64s^2$
27	钴	Co	$[Ar]3d^74s^2$
28	镍	Ni	$[Ar]3d^84s^2$
29	铜	Cu	$[Ar]3d^{10}4s^1$
30	锌	Zn	$[Ar]3d^{10}4s^2$
31	镓	Ga	$[Ar]3d^{10}4s^24p^1$
32	锗	Ge	$[Ar]3d^{10}4s^24p^2$
33	砷	As	$[Ar]3d^{10}4s^24p^3$
34	硒	Se	$[Ar]3d^{10}4s^24p^4$
35	溴	Br	$[Ar]3d^{10}4s^24p^5$
36	氪	Kr	$[Ar]3d^{10}4s^24p^6$
37	铷	Rb	$[Kr]5s^1$
38	锶	Sr	$[Kr]5s^2$
39	钇	Y	$[Kr]4d^15s^2$
40	锆	Zr	$[Kr]4d^25s^2$
41	铌	Nb	$[Kr]4d^35s^2$
42	钼	Mo	$[Kr]4d^55s^1$
43	锝	Tc	$[Kr]4d^55s^2$
44	钌	Ru	$[Kr]4d^75s^1$
45	铑	Rh	$[Kr]4d^85s^1$
46	钯	Pd	$[Kr]4d^{10}$
47	银	Ag	$[Kr]4d^{10}5s^1$
48	镉	Cd	$[Kr]4d^{10}5s^2$
49	铟	In	$[Kr]4d^{10}5s^25p^1$
50	锡	Sn	$[Kr]4d^{10}5s^25p^2$
51	锑	Sb	$[Kr]4d^{10}5s^25p^3$
52	碲	Te	$[Kr]4d^{10}5s^25p^4$
53	碘	I	$[Kr]4d^{10}5s^25p^5$
54	氙	Xe	$[Kr]4d^{10}5s^25p^6$
55	铯	Cs	$[Xe]6s^1$
56	钡	Ba	$[Xe]6s^2$
57	镧	La	$[Xe]5d^16s^2$
58	铈	Ce	$[Xe]4f^15d^16s^2$
59	镨	Pr	$[Xe]4f^36s^2$
60	钕	Nd	$[Xe]4f^46s^2$
61	钷	Pm	$[Xe]4f^56s^2$
62	钐	Sm	$[Xe]4f^66s^2$
63	铕	Eu	$[Xe]4f^76s^2$
64	钆	Gd	$[Xe]4f^75d^16s^2$
65	铽	Tb	$[Xe]4f^96s^2$
66	镝	Dy	$[Xe]4f^{10}6s^2$
67	钬	Ho	$[Xe]4f^{11}6s^2$
68	铒	Er	$[Xe]4f^{12}6s^2$
69	铥	Tm	$[Xe]4f^{13}6s^2$
70	镱	Yb	$[Xe]4f^{14}6s^2$
71	镥	Lu	$[Xe]4f^{14}5d^16s^2$
72	铪	Hf	$[Xe]4f^{14}5d^26s^2$
73	钽	Ta	$[Xe]4f^{14}5d^36s^2$
74	钨	W	$[Xe]4f^{14}5d^46s^2$
75	铼	Re	$[Xe]4f^{14}5d^56s^2$
76	锇	Os	$[Xe]4f^{14}5d^66s^2$
77	铱	Ir	$[Xe]4f^{14}5d^76s^2$
78	铂	Pt	$[Xe]4f^{14}5d^96s^1$
79	金	Au	$[Xe]4f^{14}5d^{10}6s^1$
80	汞	Hg	$[Xe]4f^{14}5d^{10}6s^2$
81	铊	Tl	$[Xe]4f^{14}5d^{10}6s^26p^1$
82	铅	Pb	$[Xe]4f^{14}5d^{10}6s^26p^2$
83	铋	Bi	$[Xe]4f^{14}5d^{10}6s^26p^3$
84	钋	Po	$[Xe]4f^{14}5d^{10}6s^26p^4$
85	砹	At	$[Xe]4f^{14}5d^{10}6s^26p^5$
86	氡	Rn	$[Xe]4f^{14}5d^{10}6s^26p^6$
87	钫	Fr	$[Rn]7s^1$
88	镭	Ra	$[Rn]7s^2$
89	锕	Ac	$[Rn]6d^17s^2$
90	钍	Th	$[Rn]6d^27s^2$
91	镤	Pa	$[Rn]5f^26d^17s^2$
92	铀	U	$[Rn]5f^36d^17s^2$
93	镎	Np	$[Rn]5f^46d^17s^2$
94	钚	Pu	$[Rn]5f^67s^2$
95	镅	Am	$[Rn]5f^77s^2$
96	锔	Cm	$[Rn]5f^76d^17s^2$
97	锫	Bk	$[Rn]5f^97s^2$
98	锎	Cf	$[Rn]5f^{10}7s^2$
99	锿	Es	$[Rn]5f^{11}7s^2$
100	镄	Fm	$[Rn]5f^{12}7s^2$
101	钔	Md	$[Rn]5f^{13}7s^2$
102	锘	No	$[Rn]5f^{14}7s^2$
103	铹	Lw	$[Rn]5f^{14}6d^17s^2$
104		Rf	$[Rn]5f^{14}6d^27s^2$
105		Db	$[Rn]5f^{14}6d^37s^2$
106		Sg	$[Rn]5f^{14}6d^47s^2$
107		Bh	$[Rn]5f^{14}6d^57s^2$
108		Hs	$[Rn]5f^{14}6d^67s^2$
109		Mt	$[Rn]5f^{14}6d^77s^2$

注：表中虚线内是过渡元素，实线内是内过渡元素——镧系和锕系元素。

原子核外电子排布式常用光谱符号式表示，光谱符号右上角数字表示轨道中电子的数目，有时为了简便实用，基态原子的电子组态也可只写价电子层的电子组态，内层电子用稀有气体的原子符号代替。例如：

Na(11)	$1s^2 2s^2 2p^6 3s^1$	或		$[Ne]\, 3s^1$
Ca(20)	$1s^2 2s^2 2p^6 3s^2 3p^6 4s^2$	或		$[Ar]\, 4s^2$
Cu(29)	$1s^2 2s^2 2p^6 3s^2 3p^6 3d^{10} 4s^1$	或		$[Ar]\, 3d^{10}\, 4s^1$

7.5 原子结构与元素周期律
(Atomic Structure and Periodic Law of Elements)

现代化学元素周期律可表达为：元素的性质是原子序数的周期性函数，即随着元素的原子序数的递增，原子结构(价电子层构型、原子半径)呈现周期性的变化，导致元素的性质呈现周期性的变化。按照这个规律，所有的原子组成了一个体系——元素周期系。周期系用表格的形式表示出来即形成元素周期表。周期表较好地反映了元素的原子结构与元素性质的关系。

7.5.1 周期表的结构

周期表可以分为七行、十八列。其中，每一行为一个周期，共七个周期；十八列分为十六族：七个主族(ⅠA～ⅦA)、七个副族(ⅠB～ⅦB)、第八族(Ⅷ)和零族。周期表下方列出了镧系和锕系的全部元素。根据元素原子的核外电子排布特征，周期表中的元素又可划分为五个区，分别为 s 区、p 区、d 区、ds 区和 f 区。

7.5.1.1 周期的划分

在元素周期表中，每一个横排为一个周期。周期的划分与鲍林近似能级图中的能级组划分相一致，每一个周期对应一个能级组。七个周期的特点分别对应七个能级组的特点。根据鲍林原子轨道能级图，可以看出：

①由于每个轨道最多只能容纳两个电子，第一周期中只含有 1s 轨道，因此，第一周期中只有氢($1s^1$)和氦($1s^2$)两个元素，称为特短周期。第二、第三周期分别对应 2s、2p 和 3s、3p 两个能级组，因此，第二周期和第三周期各包含 8 个元素，称为短周期。第四和第五周期分别对应 4s、3d、4p 和 5s、4d、5p 两个能级组，各包含 18 个元素，称为长周期。第六周期除了包含 6s、5d、6p 轨道外，还增加了再次外层的 4f 轨道，因此，第六、第七周期各有 16 个轨道，32 个元素，称为特长周期。随着人类实验技术的不断进步，新的元素还会不断被人们发现。

②随着原子序数的递增，主量子数每增加 1，就要进入一个新的能级组，开始一个新的周期。元素基态原子的价电子属于哪个能级组，该元素就属于哪个周期。

每个周期微观上表示原子结构特点的重复，宏观上表示元素性质的周期性变化。

7.5.1.2 族的划分

元素周期表中的纵列称为族。除了第Ⅷ族含有三列以外，其余每一列为一个族。同族的元素价电子数相同、电子层结构相同或相近，仅主量子数不同。族又分为主族、副族、第Ⅷ族和零族。

主族元素电子构型的特点是基态原子的内层为全满或全空，是稳定的电子构型。例如，Ba(56)的电子排布为[Xe]$6s^2$，属于第ⅡA族，第六周期；As(33)电子排布式为[Ar]$3d^{10}4s^24p^3$，属于第ⅤA族，第四周期。副族(包括第Ⅷ族)元素电子构型的特点是除ⅠB、ⅡB族外，其余元素次外层电子d轨道、次次外层f轨道(镧系、锕系元素)均未完全充满，属于不稳定的电子构型。对于零族元素，它们最外层共有8个电子(He有2个电子)，属于稳定的电子层结构，这些元素不易发生化学反应，被称为"惰性元素"。

族的序号与元素的价电子数有一定的对应关系。其中，主族元素和ⅠB、ⅡB族元素所在的族序号数等于它的最外层电子数；第Ⅲ B族至第Ⅶ B族元素的价电子数为最外层的s电子和次外层的d电子数之和，该值等于元素的族序号数；第Ⅷ族三列元素的价电子数分别为8、9、10；零族元素的最外层电子数为2或8。

7.5.1.3　区的划分

根据元素原子价电子构型的特点，周期表中的元素可以划分成五个区，见表7-3所列。从左往右依次为s区、d区、ds区和p区，f区处在元素周期表的最下面，由镧系和锕系元素组成。

s区元素：最后一个电子填充在s轨道上，内层轨道或全满或全空的元素称为s区元素。该区元素的价电子构型为$ns^{1\sim2}$，包括ⅠA族碱金属和ⅡA族碱土金属元素，位于元素周期表的最左两列，属于活泼的金属。

p区元素：最后一个电子填充在p轨道上的元素称为p区元素。该区元素除H、He外，价电子构型为$ns^2np^{1\sim6}$，包括ⅢA族至ⅦA族和零族元素，位于元素周期表的右侧部分，并按照从左至右的顺序元素从倾向于失去电子的金属变为倾向于获得电子的非金属。

表 7-3　周期表中元素的分区

d 区元素：最后一个电子填充在$(n-1)$d 轨道上的元素称为 d 区元素。该区元素的电子构型为$(n-1)d^{1\sim9}ns^{1\sim2}$，包括ⅢB 至ⅦB 族和Ⅷ族元素，位于周期表的中部。d 区元素最外层含 1 个或 2 个电子，均为金属，此外，次外层轨道 d 轨道含 1～9 个电子，未完全充满，也可参加反应，使得 d 区元素表现出复杂的化合价。

ds 区元素：最后一个电子填充在$(n-1)$d 轨道上，并达到 d^{10} 状态的元素称为 ds 区元素。该区元素的电子构型为$(n-1)d^{10}ns^{1\sim2}$，包括ⅠB 和ⅡB 族元素，位于周期表中右部。该区元素最外层只有 1～2 个电子，容易失去，均为金属，化合价表现为$+1$ 或$+2$。

f 区元素：最后一个电子填充在 f 轨道上的元素称为 f 区元素。该区元素的电子构型为$(n-2)f^{0\sim14}(n-1)d^{0\sim2}ns^2$，包括镧系和锕系共 30 个元素，在元素周期表的下方单独列出。该区元素由于最后一个电子填入外数第三层，最外面两层的电子组态基本相同，因此，他们的化学性质非常相似。f 区元素最外层含 1 个或 2 个电子，同 d 区元素一样均为金属元素。

d 区元素称为过渡元素，f 区元素称为内过渡元素。

由于原子的电子层结构具有周期性，因此，元素的某些性质如原子半径、电离能、电子亲和能、电负性等也呈现周期性的变化。

7.5.2 原子半径

宏观物体常用形状和大小来描述，原子的大小也可以用"原子半径"来描述。由于电子在原子核外一个很大的空间运动，所以原子没有确定的边界和明确的大小。为了确定和描述原子的大小，通常根据原子在特定条件下的状态，将原子半径分为共价半径、金属半径和范德华半径。其中，共价半径为同种元素的两个原子以共价单键结合时，两原子核间距离的一半；金属半径是指在金属晶体中相邻两金属原子间距离的一半，此时，原子间以金属键结合；范德华半径则是指稀有气体在低温下形成单原子分子的分子晶体时，相邻两原子核间距离的一半，此时，原子间以分子间作用力结合。在三种结合力中，一般共价键最强，金属键次之，范德华力最小，所以，原子半径的大小顺序通常为：共价半径＜金属半径＜范德华半径。

不同类型的原子半径之间因测定方法的不同而存在较大差异。因此，一般只比较相同类型的原子半径。同种类型的原子半径大小与原子的核外电子层数及有效核电荷有关。原子层数越多，一般半径也越大；原子有效核电荷越大，外层电子受核引力越强，半径越小。表 7-4 列出了元素周期表中各原子半径。

从表 7-4 可以看出，原子半径随原子序数的增加呈现周期性的变化规律。具体表现为：

①同周期的主族元素，从左到右，随着原子序数的增加，原子半径逐渐减小。产生这种规律性的原因是由于同周期从左到右，随原子序数的增加，电子依次填入同一层轨道，同层电子间的屏蔽作用相对较小，增加的电子不足以屏蔽增加的核电荷对电子的引力。所以，随着原子序数的增加，有效核电荷增加，核对电子的引力增强，原子半径逐渐减小。位于周期表最右端的稀有气体的原子半径由于是范德华半径，因而比其左边的元素原子半径大。

②同主族的元素，从上至下，原子半径逐渐增大。这是由于同族元素自上至下电子层数逐渐增加，尽管核电荷明显增加，但由于内层电子对外层电子的屏蔽作用，有效核电荷增加使半径缩小的趋势不如因电子层数增加使原子半径增大的趋势大，因而半径逐渐增大。

表 7-4 元素原子半径(pm)

H																	He
37.1																	140
Li	Be											B	C	N	O	F	Ne
152	111.3											83	77	70	66	64	160
Na	Mg											Al	Si	P	S	Cl	Ar
153.7	160											143.1	117	110	104	99	190
K	Ca	Sc	Ti	V	Cr	Mn	Fe	Co	Ni	Cu	Zn	Ga	Ge	As	Se	Br	Kr
227.2	197.3	160.6	144.8	132.1	124.9	124	124.1	125.3	124.6	127.8	133.2	122.1	122.5	121	117	114.2	200
Rb	Sr	Y	Zr	Nb	Mo	Tc	Ru	Rh	Pd	Ag	Cd	In	Sn	Sb	Te	I	Xe
247.5	215.1	181	160	142.9	136.2	135.8	132.5	134.5	137.6	144.4	148.9	162.6	140.5	145	137	133.3	220
Cs	Ba	La	Hf	Ta	W	Re	Os	Ir	Pt	Au	Hg	Tl	Pb	Bi	Po	At	Rn
265.4	217.3	187.7	156.4	143	137.0	137.0	134	135.7	138	144.2	160	170.4	175.0	152	167		
Fr	Ra	Ac															
270	220	187.8															

注:表中数据摘自徐光宪《物质结构》(第 2 版)。其中,金属原子半径值为金属在其晶体中的原子半径,非金属半径为共价单键半径,稀有气体为范德华半径。

③同周期的副族元素,从左至右,原子半径也逐渐减小,但变化幅度比主族元素小。副族元素包括 d 区过渡元素、f 区内过渡元素。对于 d 区过渡元素而言,随原子序数的增加,电子依次填充在次外层的 d 轨道,使屏蔽效应相对主族增强,有效核电荷增加的幅度较小,原子半径收缩的程度不大。因此,对于 f 区内过渡元素,随原子序数的增加,电子依次填充在再次外层的 f 轨道,屏蔽效应更加增强,有效核电荷增加的幅度进一步减小,原子半径从左至右收缩的平均幅度更小,使得该区各元素都是性质相近的活泼金属。

④同一副族元素中,ⅢB 族从上到下,原子半径逐渐增大,如 Sc 半径 161 pm,Y 半径 181 pm,La 半径 188 pm。而从ⅢB 族之后的各副族元素,第五周期和第六周期的同族元素之间半径十分接近,如 Nb(143 pm)和 Ta(143 pm)半径相同,Mo(136 pm)和 W(137 pm)半径十分接近,而第六周期的 Hf(156 pm)比第五周期的 Zr(160 pm)的半径还要小。这是由于"镧系收缩"引起的。所谓"镧系收缩",是指元素周期表中镧所在的位置包含了镧系的 15 个元素,虽然镧系相邻元素之间原子半径相差很小,但是这 15 个元素的原子半径收缩的总和却是明显的,因而导致第五周期和第六周期镧后面同族元素之间半径十分接近。

7.5.3 元素的电离能、电子亲和能及元素的电负性

7.5.3.1 元素电离能

基态气态原子失去一个电子变为一价气态正离子所需的能量称为该元素原子的第一电离能（ionization energy），用符号 I_1 表示。例如：

$$Na(g) \rightarrow Na^+(g) + e^- \qquad I_1 = 495 \ kJ \cdot mol^{-1}$$

由一价气态正离子再失去一个电子变成二价气态正离子所需要的能量称为该元素原子的第二电离能，用 I_2 表示。依此类推，元素原子还有第三电离能、第四电离能等。对同种元素，由于失去电子后，元素的核电荷没变，核外电子数减少，核对电子的引力增强，再失去电子所需要的能量增加，因此，各电离能 $I_1 < I_2 < I_3 < I_4$。

元素的电离能能定量地反映元素气态原子失去电子的难易程度，可以用来比较元素的金属性强弱。对于不同的元素，一般只比较元素的第一电离能，第一电离能越小，原子越易失去电子，即该元素的金属越强。原子第一电离能的数据见表 7-5。图 7-12 表明 1~18 号元素原子第一电离能与原子序数的关系。

表 7-5 第一电离能 I_1(kJ · mol^{-1})

H 1312																	He 2 372
Li 520	Be 900											B 801	C 1 086	N 1 402	O 1 314	F 1 681	Ne 2 081
Na 496	Mg 738											Al 578	Si 787	P 1 012	S 1 000	Cl 1 251	Ar 1 251
K 419	Ca 590	Sc 631	Ti 658	V 650	Cr 653	Mn 717	Fe 759	Co 758	Ni 737	Cu 746	Zn 906	Ga 579	Ge 726	As 944	Se 941	Br 1 140	Kr 1 351
Rb 403	Sr 550	Y 616	Zr 660	Nb 664	Mo 685	Tc 702	Ru 711	Rh 720	Pd 805	Ag 731	Cd 1.7	In 588	Sn 709	Sb 832	Te 869	I 1 008	Xe 1 170
Cs 376	Ba 503	La 538	Hf 654	Ta 761	W 770	Re 760	Os 840	Ir 880	Pt 870	Au 890	Hg 1.9	Tl 589	Pb 716	Bi 703	Po 812	At 912	Rn 1 037

注：表中数据摘自 Robert C. West，*CRC Handbook of Chemistry and Physics*，63rd ed，并将原数据乘以 96.4846，将单位 eV 换算为 kJ · mol^{-1}。

元素原子的电离能的大小，主要取决于原子的电子层结构、有效核电荷及原子半径。其规

律性可概括为以下几点：

①同一主族元素的原子，从上至下，第一电离能逐渐减小。这是因为，同族元素价电子构型相同，从上至下，随电子层数增加，原子半径增大，有效核电荷减小，核对外层电子的吸引力减弱，电子容易失去，电离能减小，金属性逐渐增强。

②同一周期元素的原子，从左至右，第一电离能逐渐增大。这是因为，同周期元素，从左至右，原子电子层没变，随原子序数增加，有效核电荷逐渐增大，核对外层电子的吸引力逐渐增强，电子难失去，电离能增大，金属性减弱，非金属性增强，到稀有气体元素达到最大值。在这一变化规律中出现几处反常现象，如 $I_1(\text{Be}) > I_1(\text{B})$、$I_1(\text{Mg}) > I_1(\text{Al})$、$I_1(\text{N}) > I_1(\text{O})$、$I_1(\text{P}) > I_1(\text{S})$，见图 7-12。这一结果可用原子的电子层结构加以解释，当外层电子结构为全充满、半充满和全空时，原子体系能量较低，相对稳定。以 Mg 和 Al 为例，Mg 的价电子构型为 3s^2，s 电子亚层属于全满的稳定结构，第一电离能增大；Al 的价电子构型为 $3\text{s}^2 3\text{p}^1$，电离的电子是处于比 s 轨道能量高的 p 电子，容易失去变成稳定的全空结构。所以，Mg 的第一电离能比 Al 的第一电离能要大。Be 和 B、N 和 O、P 和 S 的情况与 Mg 和 Al 相似。

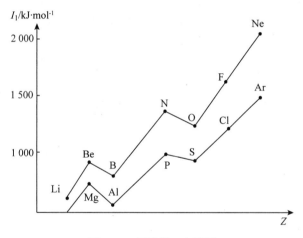

图 7-12 元素第一电离能

③同周期的过渡元素原子，第一电离能变化幅度不大。这是因为过渡元素原子电子依次填入次内层(d 过渡元素)或次次内层(f 过渡元素)。由于内层电子对核屏蔽作用较大，随原子序数的增加，有效核电荷增加幅度不大，最外层的电子受荷的引力相差不大，失去时需要的能量也就相近。

④对于副族元素，第四周期到第五周期，同族元素原子的第一电离能降低，与主族元素变化规律相似；第五周期到第六周期，同族元素原子的第一电离能反而升高，与镧系收缩有关。

7.5.3.2 元素的电子亲和能

基态气态原子得到一个电子变为一价气态负离子时的能量变化，称为该元素原子的电子亲和能(electron affinity energy)，用符号 E_1 表示。负一价的离子再接受一个电子，变为负二价的离子的能量变化，称为元素原子的第二电子亲和能 E_2。依此类推，元素的亲和能还有 E_3、E_4 等，若不加说明，通常指第一电子亲和能。与电离能不同，元素的电子亲和能有正负之分。

一般情况下，原子获得一个电子要放出能量，根据热力学定义，放热为负，元素的第一电子亲和能为负值，而元素负一价离子再接受一个电子时，由于受到负电荷(负一价离子)的排斥，往往需要吸收能量，从而使 E_2、E_3、E_4 等为正值。

电子亲和能直接测定比较困难，而间接方法不准确，因而，电子亲和能数值不如电离能可靠，应用不如电离能广泛。但电子亲和能的大小对说明元素的氧化性或非金属性的强弱也是有帮助的，元素的电子亲和能负得越多，表明原子越容易接受电子，非金属性越强。表 7-6 列出了元素的电子亲和能。从该表可以看出电子亲和能在周期系中的变化规律主要表现为以下几点：

①同一周期的主族元素，从左至右，电子亲和能负得越多，元素气态原子接受电子的能力增强，金属性减弱，非金属性增强。但也有一些例外，如 C 的电子亲和能比 N 负得多；Si 的电子亲和能比 P 负得多，这种反常与 N 和 P 轨道半满结构有关。

②同一族从上到下，电子亲和能负得越少，元素气态原子接受电子的能力减弱，非金属性减弱，金属性增强。但也存在反常——第二周期元素的电子亲和能比同族第三周期元素的电子亲和能负得少，如 F 和 Cl，这是由于第二周期原子半径较小，电子间斥力较大造成的。

表 7-6　主族元素的第一电子亲和能 E_1（kJ·mol^{-1}）

H							He
−72.7							+48.2
Li	Be	B	C	N	O	F	Ne
−59.9	+48.2	−26.7	−121.9	+6.75	−141.0	−328.0	+115.8
Na	Mg	Al	Si	P	S	Cl	Ar
−52.9	+38.6	−42.5	−133.6	−72.1	−200.4	−349.0	+96.5
K	Ca	Ga	Ge	As	Se	Br	Kr
−48.4	+28.9	−28.9	−115.8	−78.2	−195.0	−324.7	+96.5
Rb	Sr	In	Sn	Sb	Te	I	Xe
−46.9	+28.9	−28.9	−115.8	−103.2	−190.2	−295.1	+77.2

注：表中数据摘自 H. Hotop and W. C hineberger，*J. Phys. Ref. Data*，14，731(1985)。

③ⅡA 族、ⅡB 族及稀有气体的电子亲和能为正值。这与它们的价电子构型有关，对于ⅡA、ⅡB 族元素原子，结合一个电子时，电子要进入较高能级，因此，需要吸收能量，表现为正值。稀有气体结构稳定，难于结合电子，E 值也表现为正值。

7.5.3.3　元素的电负性

电离能和电子亲和能分别说明了元素原子失去和获得电子的能力，但是，原子一般不是孤立存在的，那么，当其在分子中时更多地表现为失去电子的能力还是获得电子的能力呢？为了说明这个问题，鲍林在 1932 年提出了电负性(electronegativity)的概念，用来量度分子中原子吸引成键电子能力的相对大小，以希腊字母 χ 表示。原子的电负性越大，原子对成键电子的吸引能力越大。

电负性是相对值，鲍林指定 F 的电负性为 4.0，依此为参照标准，求得其他元素的电负性值，见表 7-7 所列。

表 7-7　原子的电负性

H 2.1																	
Li 1.0	Be 1.5											B 2.0	C 2.5	N 3.0	O 3.5	F 4.0	
Na 0.9	Mg 1.2											Al 1.5	Si 1.8	P 2.1	S 2.5	Cl 3.0	
K 0.8	Ca 1.0	Sc 1.3	Ti 1.5	V 1.6	Cr 1.6	Mn 1.5	Fe 1.8	Co 1.9	Ni 1.9	Cu 1.9	Zn 1.6	Ga 1.6	Ge 1.8	As 2.0	Se 2.4	Br 2.8	
Rb 0.8	Sr 1.0	Y 1.2	Zr 1.4	Nb 1.6	Mo 1.8	Tc 1.9	Ru 2.2	Rh 2.2	Pd 2.2	Ag 1.9	Cd 1.7	In 1.7	Sn 1.8	Sb 1.9	Te 2.1	I 2.5	
Cs 0.7	Ba 0.9	La-Lu 1.0-1.2	Hf 1.3	Ta 1.5	W 1.7	Re 1.9	Os 2.2	Ir 2.2	Pt 2.2	Au 1.9	Hg 1.9	Tl 1.8	Pb 1.9	Bi 1.9	Po 2.0	At 2.2	
Fr 0.7	Ra 0.9	Ac-No 1.1-1.3															

由于电离能和电子亲和能随原子序数的增加表现出一定的周期性变化规律，电负性也同样表现周期性变化。同一周期主族元素，从左至右，原子电负性逐渐增大；同一族主族元素，从上至下，原子电负性逐渐增大。越靠近元素周期表的左下方，元素原子电负性越小；越靠近元素周期表的右上方，原子的电负性越大。对于副族元素，原子电负性数值接近，变化规律性不如主族元素强。

本章小结

1. 主要概念

能量的量子化、波粒二象性、波函数、原子轨道、电子云、概率密度、轨道能级、屏蔽效应、钻穿效应、原子半径、电离能、电子亲和能、电负性。

2. 核外电子运动状态描述（四个量子数）

主量子数 n：表示原子轨道离核的远近与原子轨道能量的高低；n 的取值：$n = 1$，2，3，

角量子数 l：表明了原子轨道的形状，与主量子数共同决定多原子体系原子轨道能量的高低，l 的取值：$l = 0, 1, 2, 3, \cdots, n-1$。

磁量子数 m：表示原子轨道在空间的伸展方向，m 的取值：$m = 0, \pm 1, \pm 2, \pm 3, \cdots, \pm l$。

自旋量子数 m_s：表示电子的自旋运动状态，m_s 的取值：$\pm \dfrac{1}{2}$。

3. 基态原子核外电子排布规则

能量最低原理、泡利不相容原理和洪特规则。

4. 元素性质的周期性变化

(1)原子半径：同周期主族元素从左往右，原子半径逐渐减小；同族主族元素从上往下，原子半径逐渐增大。

(2)电离能：同周期主族元素从左往右，第一电离能逐渐增大；同族主族元素从上往下，第一电离能逐渐增大。

(3)电子亲和能：同周期主族元素从左往右，电子亲和能数值越负；同族主族元素从上往下，电子亲和能数值越正。

(4)电负性：同周期主族元素从左往右，电负性越大；同族主族元素从上往下，电负性越小。

科学家简介

薛定谔

薛定谔（Erwin Schrödinger，1887—1961），又译薛丁格，原名埃尔文·鲁道夫·约瑟夫·亚历山大·施勒丁格，生于维也纳埃德伯格。奥地利理论物理学家，量子力学的奠基人之一。1933 年和英国物理学家狄拉克共同获得了诺贝尔物理学奖，被称为量子物理学之父。

薛定谔从 1906—1910 年在维也纳大学学习物理与数学，并在 1910 年取得博士学位。此后在维也纳物理研究所工作。

薛定谔参加了第一次世界大战，后在耶拿大学、斯图加特大学、布雷斯劳大学和苏黎世大学任教。1926 年在苏黎世大学，他提出了著名的薛定谔方程，创立了波动力学学说用以描述量子力学，为量子力学奠定了坚实的基础。方程的提出只是稍晚于沃纳·海森堡的矩阵力学学说，此方程至今仍被认为是绝对的标准，它使用了物理学上所通用的语言即微分方程。这使薛定谔一举成名，他还在同年证明了自己的波动力学是与海森堡和玻恩的矩阵力学在数学上是等价的。

1944 年，薛定谔出版了《生命是什么》，此书中提出了负熵（Negentropie）的概念。他自己发展了分子生物学，想通过用物理的语言来描述生物学中的课题。他还发表了许多的科普论文，它们至今仍然是进入到广义相对论和统计力学世界的最好向导。

薛定谔因患肺结核在 1961 年 1 月 4 日病逝于维也纳，他的墓碑上刻着以他命名的薛定谔方程。

思考题与习题

1. 电子等微观粒子有别于宏观物体的主要特征是什么？这些特征可由哪些实验事实证明？

2. 描述原子中电子运动状态的四个量子数的物理意义各是什么？

3. 下列说法是否正确，为什么？

(1)主量子数为 1 时，有两个方向相反的轨道；

(2)主量子数为 2 时，有 2s、2p 两个轨道；

(3)主量子数为 2 时，有四个轨道，即 2s、2p、2d、2f；

(4)因为 H 原子中有 1 个电子，故它只有一个轨道；

(5)当主量子数为 2 时，其角量子数只能取一个数，即 $l=1$；

(6)任何原子中，电子的能量只与主量子数有关。

4. 写出与下列量子数相应的各类轨道的符号：

(1)$n=2$，$l=1$；

(2)$n=3$，$l=2$；

(3)$n=4$，$l=0$；

(4)$n=4$，$l=3$。

5. 下列各量子数合理的为（　　）。

A. $n=2$　$l=2$　$m=0$　$m_s=+\dfrac{1}{2}$　　　　B. $n=3$　$l=0$　$m=-1$　$m_s=-\dfrac{1}{2}$

C. $n=4$　$l=4$　$m=0$　$m_s=+\dfrac{1}{2}$　　　　D. $n=3$　$l=2$　$m=2$　$m_s=-\dfrac{1}{2}$

6. 用四个量子数表示基态硫原子中两个不成对电子的运动状态。

7. 完成下列表格：

价层电子构型	元素所在周期	元素所在族
$2s^2\,2p^4$		
$3d^{10}\,4s^2\,4p^4$		
$4f^{14}\,5d^{16}\,s^2$		
$3d^7\,4s^2$		
$4f^9\,6s^2$		

8. 试从原子结构解释以下各项：

(1)逐级电离能总是 $I_1<I_2<I_3\cdots\cdots$

(2)第二、第三周期的元素由左到右第一电离能逐渐增大并出现两个转折点。

9. 第五副族元素 Nb 和 Ta 具有相近的金属半径，为什么？

10. 按照半径大小将下列等电子离子排序，并说明理由。

Na^+、F^-、Al^{3+}、Mg^{2+}、O^{2-}

11. Fe、Zn、Mn 是人体必需的微量元素，Hg、As、Cd 是对人体有害的元素。写出上述元素原子基态核外电子排布式。

12. 依据 Mg 和 Al 第一至第四电离能数据分析它们常见氧化态是多少，并说明原因。已知该两元素 $I_1\sim$

I_4(kJ·mol^{-1})：

     Mg：738，1 451，7 733，10 540

     Al：578，1 817，2 745，11 578

13. 第四周期的某两元素，其原子失去 3 个电子后，在角量子数为 2 的轨道上的电子：(1)恰好填满；(2)恰好半满。试推断对应两元素的原子序数和元素符号。

14. 写原子序数为 24 的元素的名称、符号及其基态原子的电子排布式，并用四个量子数分别表示每个价电子的运动状态。

第 8 章

化学键和分子结构
(Chemical Bonds and Molecular Structure)

　　分子是参与化学反应的基本单元，是保持物质化学性质的最小微粒。物质的性质主要决定于分子的性质，而分子的性质又由分子的内部结构所决定。因此，研究分子的内部结构对了解物质的性质和化学反应基本规律有着重要的意义。

　　物质分子由原子组成，原子之所以能结合成分子，是因为原子之间存在着相互作用力。通常把分子或晶体中的相邻原子(或离子)之间强烈吸引作用称为化学键。化学键是决定物质化学性质的主要因素。化学键主要有离子键、共价键和金属键三种基本类型，本章主要介绍离子键和共价键。

8.1　离子键(Ionic Bond)

　　在数以万计的物质中，离子化合物是重要的一类。1916 年德国化学家柯塞尔依据稀有气体具有稳定结构的事实，首先提出了离子键理论，用于解释离子化合物的形成过程。其基本要点包括：①当活泼的金属原子与活泼的非金属原子相互化合时，都有通过得失电子达到稳定结构的倾向。②原子间发生电荷转移形成具有稳定结构的正负离子，离子键靠静电作用相互吸引形成离子键。这种依靠阴阳离子间的静电作用力形成的化学键称为离子键，由离子键形成的化合物称为离子型化合物。

8.1.1　离子键的形成与晶格能

8.1.1.1　离子键的形成

　　当电负性较大的活泼非金属原子(主要是ⅦA族和ⅥA族的 O、S)与电负性较小的活泼金属原子(主要是ⅠA族和ⅡA族)在一定条件下互相接近时，两种原子发生电子转移，活泼非金属原子得到电子形成负离子(anion)，活泼金属原子失去电子形成正离子(positive ions)。

　　例如，在氯化钠的形成过程中，氯($1s^2 2s^2 2p^6 3s^2 3p^5$)原子和钠($1s^2 2s^2 2p^6 3s^1$)原子相互接近时，钠失去最外层的电子形成带正电荷的钠离子(Na^+)，氯得到一个电子形成带负电荷的氯离子(Cl^-)。由于带有相反电荷，Na^+ 和 Cl^- 之间相互吸引、相互靠近，同时放出能量，当作用力达到平衡时，Na^+ 和 Cl^- 之间就形成了离子键。该过程表示如下：

$$nCl(3s^2 3p^5) \xrightarrow{+ne^-} nCl^-(3s^2 3p^6)$$

$$nNa(2s^2 2p^6 3s^1) \xrightarrow{-ne^-} nNa^+(2s^2 2p^6)$$

$$nNa^+ + nCl^- \longrightarrow nNa^+Cl^-$$

不是所有的原子间都能形成离子键。离子键形成的条件：元素的电负性相差较大，一般认为电负性大于 1.7 的典型金属和非金属原子间才能形成离子键。

例如，氯化钠分子中，钠的电负性为 0.9，氯的电负性为 3.0，$\Delta x = 2.1$，所以，氯化钠是离子键结合的晶体化合物。

但在分子中纯粹的离子键是不存在的，即使电负性最小的铯与电负性最大的氟形成的 CsF 也具有 8% 的共价性。

8.1.1.2　晶格能

晶格能（lattice energy）是指相互远离的气态正离子与气态负离子结合成一摩尔固态离子晶体时所释放的能量。用来度量离子键的强度，用符号 U 来表示，单位为 $kJ \cdot mol^{-1}$。

例如，NaCl(s)的晶格能是指 $Na^+(g) + Cl^-(g) = NaCl(s)$ 所放出的能量，它与 NaCl(s)的摩尔生成焓、Na(s)的升华能、Na(g)的电离能、Cl_2(g)的离解能、Cl(g)的电子亲和能等有关。

晶格能的大小标志着离子型晶体中离子键的强弱，离子电荷越高，正离子和负离子的核间距越短，晶格能越大，离子键越强，离子晶体越稳定，其具有较高的熔点、沸点和硬度。

晶格能与物理性质的对应关系，见表 8-1。

表 8-1　晶格能与离子型化合物的物理性质

NaCl 型晶体	NaI	NaBr	NaCl	NaF
离子电荷	1	1	1	1
核间距/pm	318	294	279	231
晶格能/$kJ \cdot mol^{-1}$	686	732	786	891
熔点/K	933	1 013	1 074	1 261

8.1.2　离子键的特点

离子键的特点主要体现在离子键的电性、方向性和饱和性三个方面。

（1）静电作用力

离子键是原子在相互化合时形成正、负离子，并通过静电吸引作用形成的化学键。由于可以近似地将正离子和负离子的电荷分布看成是球性对称的。根据库仑定律，正离子和负离子间的静电引力与离子电荷的乘积成正比，与离子间距离的平方成反比。

$$f = \frac{q^+ q^-}{R^2}$$

因此，离子所带电荷越大、离子间距离越小，则离子间引力越强。

（2）无方向性

离子所带电荷的分布是球形对称的，在空间各方向的静电效应相同，可以从任何方向吸引带相反电荷的离子。例如在氯化钠晶体中，每个 Cl^- 离子周围等距离地排列着 6 个 Na^+ 离子，同样每个 Na^+ 离子周围等距离地排列着 6 个 Cl^- 离子。因此，离子键是没有方向性的。

（3）无饱和性

由于离子键无方向性，只要空间允许，一个离子将尽可能吸引更多的与自己带相反电荷的离子。一个离子的周围可以排列多少个带相反电荷的离子是由正离子和负离子半径的相对大小、电荷多少等因素所决定。因此，离子键是没有饱和性的。

8.1.3　离子的特征

离子是带有电荷的原子或原子团，是形成离子型化合物的基本单元。离子型化合物的性质与正负离子的性质有关。离子的重要特征是包括离子的电荷、离子的电子层构型和离子半径。

8.1.3.1　离子的电荷

典型金属元素和典型非金属元素在形成离子型化合物时都有达到稀有气体稳定结构的倾向，因此原子能失去或获得电子的数量（即离子的电荷）与形成正负离子的原子的结构有关。例如，Na 原子的电子层结构为 $1s^2 2s^2 2p^6 3s^1$，当 Na 原子失去一个电子，电子层结构变为稀有气体氖的结构（$1s^2 2s^2 2p^6$）时，需要吸收 496 kJ·mol^{-1} 的能量，而如果其再失去一个电子则需要 4 562 kJ·mol^{-1} 的能量。由此可见，Na 原子失去一个电子形成 Na^+ 离子。同理，元素周期表中 Ⅰ A 族其他元素在形成离子时一般失去一个电子形成 M^+ 离子，Ⅱ A 族元素在形成离子时一般失去两个电子形成 M^{2+} 离子。对于 Ⅶ A 族的元素，最外层电子的结构为 $ns^2 np^5$，只要接受一个电子就可以达到 $ns^2 np^6$ 的稳定结构，因此形成离子时一般为 X^- 离子。

离子所带的电荷影响物质的性质，相同原子形成的离子所带电荷不同，其性质也不相同。例如，Fe^{2+} 为浅绿色，而 Fe^{3+} 为黄棕色。

8.1.3.2　离子的电子构型

离子的电子构型是指影响离子性质的最外层和次外层电子的排布方式，它是由原子本身的性质、电子构型的稳定性以及与其作用的其他原子所决定的。对于简单的阴离子，其最外层基本都为 8 电子的稳定结构，而简单的阳离子，除了 8 电子的结构以外，还有其他几种构型。

①2 电子型（$1s^2$）　最外层为 2 个电子的离子，如 Li^+、Be^{2+}。

②8 电子型（$ns^2 np^6$）　最外层为 8 个电子的离子，如 Na^+、Mg^{2+}、Cl^-、O^{2-} 等。

③9～17 电子型（$ns^2 np^6 nd^{1\sim9}$）　最外层为 9～17 个电子的离子，主要为过渡金属元素，如 Fe^{2+}、Ni^{2+}、Cu^{2+} 等。

④18 电子型（$ns^2 np^6 nd^{10}$）　最外层为 18 个电子的离子，如 Zn^{2+}、Hg^{2+}、Cu^+ 等。

⑤18+2 电子型 $[(n-1)s^2 (n-1)p^6 (n-1)d^{10} ns^2]$　次外层为 18 个电子、最外层为 2 个电子的离子，如 Pb^{2+}、Sn^{2+} 等。

离子的电子构型同离子键的强度有密切的关系，当离子的电荷和半径接近的情况下，不同构型的正离子对一种负离子的结合力的大小有如下规律：8 电子构型的离子＜9～17 电子构型的离子＜18 或 18+2 电子构型的离子。

由于这种结合力的不同使得所组成的化合物的性质也不相同。例如，Na^+ 和 Cu^+ 两者半径大小相近，$r(Na^+)=95$ pm，$r(Cu^+)=96$ pm，但 Na^+ 为 8 电子构型，Cu^+ 为 18 电子构型，由于电子构型的不同导致它们与 Cl^- 形成的化合物性质差别明显，NaCl 易溶于水，而 CuCl 难溶于水。KCl 与 AgCl 也存在以上类似的情况。

8.1.3.3 离子的半径

由于离子中的电子在原子核外处于波动状态，因此离子的半径与原子半径类似，没有明确的含义，也无法严格确定。当正、负离子相互接触成键后，离子之间的静电引力与核外电子及原子核之间的排斥力达到平衡，正、负离子之间保持平衡距离，即核间距。这个平衡距离是一个相对稳定的数值，又根据离子晶体模型可以看出，如 AB 型离子晶体可以看作是两个相互接触的球体，核间距 d 即为两个球体的半径之和，$d = r^+ + r^-$，如果已经测得核间距 d，又知道其中一种离子的半径，就可以求得另外一个半径。例如，用 X 射线衍射法测得 MgO 晶体的核间距 d 为 210 pm，用光学法测得 O^{2-} 离子的半径为 132 pm，则可以求出 Mg^{2+} 的离子半径为 78 pm。

推断离子半径的方法还有很多，计算出来的结果会有一定差别，目前较为常用的是由鲍林方法计算整理的离子半径数据（表 8-2）。

表 8-2 鲍林离子半径 pm

离子	离子半径	离子	离子半径	离子	离子半径	离子	离子半径
Li^+	60	Be^{2+}	31	Hg^{2+}	110	Tl^{3+}	95
Na^+	95	Mg^{2+}	65	Pb^{2+}	120	F^-	136
K^+	133	Ca^{2+}	99	Sc^{2+}	81	Cl^-	181
Rb^+	148	Sr^{2+}	113	Y^{3+}	93	Br^-	196
Cs^+	169	Ba^{2+}	135	Ga^{3+}	62	I^-	216
Cu^+	96	Fe^{2+}	76	Fe^{3+}	64	O^{2-}	140
Ag^+	126	Zn^{2+}	74	Al^{3+}	50	S^{2-}	184
Au^+	137	Cd^{2+}	97	In^{3+}	81	Te^{2-}	221

离子半径的变化有一定的规律性，主要表现在以下几个方面：

①在元素周期表中主族元素，从上到下，具有相同电荷数的同族离子半径依次增大。例如，$r(Li^+) < r(Na^+) < r(K^+) < r(Rb^+) < r(Cs^+)$；$r(F^-) < r(Cl^-) < r(Br^-) < r(I^-)$。

②在元素周期表中同一周期的主族元素，从左到右，阳离子的电荷数越多，离子半径越小，阴离子的电荷数越多，离子半径就越大。例如，$r(Na^+) > r(Mg^{2+}) > r(Al^{3+})$；$r(N^{3-}) > r(O^{2-}) > r(F^-)$。

③对于同一元素而言，阳离子半径比原子半径小，阴离子半径比原子半径大，阳离子的价态越高离子半径越小，阴离子的价态越高离子半径越大。例如，$r(S^{2-}) > r(S) > r(S^{4+}) > r(S^{6+})$。

④在元素周期表中处于相邻族的左上方和右下方斜对角线上的正离子半径近似相等，即对角线原则。例如，$r(Li^+, 60 \text{ pm}) \approx r(Mg^{2+}, 65 \text{ pm})$；$r(Sc^{3+}, 81 \text{ pm}) \approx r(Zr^{4+}, 80 \text{ pm})$。

8.2 共价键（Covalent Bond）

离子键理论可以说明离子型化合物的形成和性质。但对于相同元素原子组成的分子和电负性相差不大的元素原子组成的化合物分子的形成无法进行说明，如，H_2、Cl_2、HCl、CO_2

等。1961 年美国化学家路易斯(G. N. Lewis)在解释非金属单质分子能稳定存在时，研究了各种分子及稀有气体的电子结构，提出了共价键理论：分子通过原子间共用一对或多对电子形成稀有气体的稳定电子层结构，这种分子中原子间通过共用电子对结合而成的化学键称为共价键。

路易斯的共价键理论解释了由相同原子组成的分子，但对于一些由两种非金属组成的分子无法用路易斯理论来解释。而且对于共价键的本质也不能给予解释。1927 年海特勒和伦敦两位科学家把量子力学的成就应用于 H_2 分子结构上，阐述了共价键的本质。后来鲍林等人在此基础上建立了现代价键理论、杂化轨道理论和价层电子对互斥理论。1932 年美国化学家米利肯和德国化学家洪特提出了分子轨道理论。

8.2.1　现代价键理论

8.2.1.1　氢分子的形成和共价键的本质

海特勒和伦敦运用量子力学方法处理 H_2 分子的形成，研究两个氢原子相互接近过程中系统能量 E 与核间距 R 的关系，结果见图 8-1。从图中可以看出，两个自旋方向相反的成单氢原子在相互接近时互相吸引，整个体系的能量要比其单独存在时低，在其核间距达到平衡距离时，体系能量达到最低。这时两个氢原子形成了稳定的化学键，这种状态称为氢分子的基态[图 8-2(b)]，基态是稳定状态；两个自旋方向平行的成单氢原子在相互接近时相互排斥，整个体系的能量要比其单独存在时高，它们越靠近，体系能量越高，这时两个氢原子不能形成稳定的分子，这种不稳定状态称为氢分子的排斥态[图 8-2(a)]。

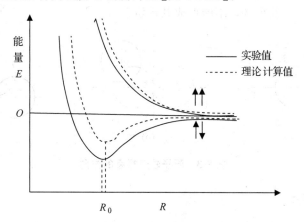

图 8-1　H_2 分子形成时能量变化曲线

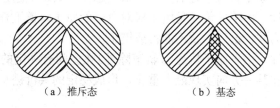

（a）推斥态　　　　　（b）基态

图 8-2　H_2 分子的原子轨道重叠示意

1930 年鲍林和斯莱托等人根据量子力学理论处理氢分子成键的方法加以推广，建立了近代价键理论。价键理论认为共价键是通过自旋相反的电子配对并形成原子轨道的最大重叠，使得体系达到能量最低状态而形成的。

共价键结合力的本质是电性的，是两个原子核对共用电子负电区域的吸引，共价键的结合力的大小决定于原子轨道重叠的多少，而重叠的多少又与共用电子数目和重叠方式有关。共价键的强度一般用键能表示。

因共价键的形成条件之一是原子中必须有成单的电子，而同此单电子配对的电子只能与其自旋相反。由于一个原子的一个成单电子只能与另一个成单电子配对，形成一个共价键，因此一个原子有几个成单电子就可与几个自旋相反的成单电子配对成键。

8.2.1.2　价键理论的要点

①自旋相反的未成对电子相互靠近时能互相配对，即发生原子轨道重叠，使核间电子概率密度增大，可形成稳定的共价键。例如，H_2 分子含有一个共价单键；O 原子最外层有两个未成对 2p 电子，如果两个 O 原子的未成对电子自旋方向相反，当它们互相靠近时，则形成具有共价双键的 O_2 分子；N 原子各有三个未成对的 2p 电子，因而 N_2 分子是以共价叁键结合的。

②原子轨道重叠时，总是沿着重叠最多的方向进行。重叠越多，核间电子云密度越大，形成的共价键越稳固。所以，共价键尽可能沿着原子轨道最大重叠的方向形成，这称为最大重叠原理。例如，一个 Cl 原子未成对电子若是 p_x 电子，当一个有自旋相反电子的 H 原子沿 X 轴方向与此 Cl 原子接近时，原子轨道间可以发生最大重叠，形成共价键[图 8-3(a)]；如果 H 原子沿另一方向同 Cl 原子接近，轨道重叠较少[图 8-3(b)]，结合不稳固；当 H 原子沿图 8-3(c)所示的方向靠近，则是无效重叠，不能形成共价键。

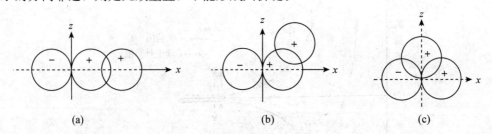

(a)　　　　　　　　　　　(b)　　　　　　　　　　　(c)

图 8-3　原子轨道重叠的方向

8.2.1.3　共价键的特点

①共价键的本质是原子轨道的重叠　共价键的结合力是两个原子核对共用电子对的吸引力，结合力的大小取决于原子轨道重叠的多少，重叠越多，共价键越强。

②共价键具有饱和性　由于共价键是由未成对电子的原子轨道重叠形成的，因此，当两原子的未成对电子都结合为共价键后，就不能再成键了。

③共价键具有方向性　由于原子轨道(s 轨道除外)在空间有一定的伸展方向，所以，当两原子相互靠近时，只能在某一方向实现最大重叠，形成稳定的共价键。

8.2.1.4　共价键的类型

共价键形成时，遵循原子轨道最大重叠原理，共价键的成键方式有两种：

①σ键 原子轨道重叠部分对键轴圆柱型对称,形成的键称为σ键,俗称"头碰头"。σ键的特点是重叠程度大,键能大,稳定性高,如 s - s、s - p_x、p_x - p_x 键的形成[图 8-4(a)]。

②π键 原子轨道重叠部分对键轴所在的某一特定平面具有反对称性,形成的键称为π键,俗称"肩并肩"。π键的特点是重叠程度较小,键电子能量较高,易活动,是化学反应的积极参与者。如 p_y - p_y、p_z - p_z 键的形成[图 8-4(b)]。

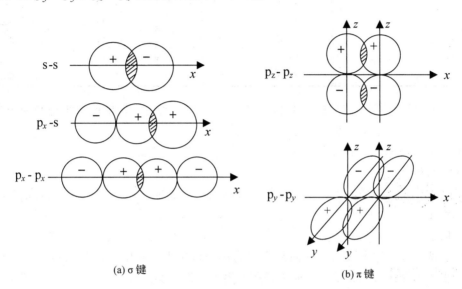

(a) σ键   (b) π键

图 8-4 σ键和π键示意

8.2.1.5 键参数

(1)离解能与键能

在热力学标态下,298 K 时,断开单位物质的量的某化学键时所需的能量(过程的焓变)称为该物质的键离解能(dissociation energy),用符号 D 表示。对于双原子分子,离解能就是键能(E)。例如,H_2 的离解能 $D(H—H) = E(H—H) = 436 \text{ kJ} \cdot \text{mol}^{-1}$。

对于多原子分子,键能和离解能在概念上有区别。在热力学标态下,298 K 时,断开单位物质的量的某化学键时,每个同种键所需能量的平均值称为该键的键能。

例如,NH_3 分子包含三个等价的 N—H 键,但每个键的离解能不一样。

$$NH_3(g) = NH_2(g) + H(g) \qquad D_1 = 435 \text{ kJ} \cdot \text{mol}^{-1}$$

$$NH_2(g) = NH_1(g) + H(g) \qquad D_2 = 397 \text{ kJ} \cdot \text{mol}^{-1}$$

$$NH_1(g) = N(g) + H(g) \qquad D_3 = 339 \text{ kJ} \cdot \text{mol}^{-1}$$

$$NH_3(g) = N(g) + 3H(g) \qquad D_{总} = D_1 + D_2 + D_3 = 1\,171 \text{ kJ} \cdot \text{mol}^{-1}$$

$$E(N—H) = \frac{D_1 + D_2 + D_3}{3} = \frac{1\,171}{3} = 390 \text{ kJ} \cdot \text{mol}^{-1}$$

因此,NH_3 的键能为 390 kJ·mol^{-1}。

一些常见共价键的键能见表 8-3。

表 8-3 一些常见的键能数值

键	键能/$kJ \cdot mol^{-1}$	键	键能/$kJ \cdot mol^{-1}$	键	键能/$kJ \cdot mol^{-1}$
H—H	436	N=N	582	C—N	292
F—F	158	N≡N	945	C—Cl	328
Cl—Cl	243	C—C	348	N—O	175
Br—Br	193	C=C	615	N=O	632
I—I	151	C≡C	812	C—O	351
O=O	495	O—H	463	C=O	728
N—N	161	N—H	390	C≡N	891

由表 8-3 中数据可知，键能大小关系：单键＜双键＜叁键。键能的大小还与原子半径和键的极性大小有关：原子半径小，键能大；键的极性大，键能大。例如，$E(Cl—Cl) > E(Br—Br) > E(I—I)$；$E(Cl—H) > E(Br—H) > E(I—H)$。键能还与键的类型有关：σ 键的键能大于 π 键的键能。

一般来说，用键能的大小可以衡量化学键的强弱，键能越大，相应的共价键越牢固，组成的分子越稳定。

(2)键长

分子中两个成键原子核间的平衡距离称为键长(bond length)。键长可以根据量子力学方法近似求得。但在复杂的分子中，通常是用光谱或衍射等实验方法来测定的。表 8-4 列出一些化学键的键长。一般来说，两原子间形成的键越短，键越强、越牢固。

表 8-4 一些常见的键长数值

键	键长/pm	键	键长/pm	键	键长/pm
H—H	74	H—S	135	N—N	146
H—F	92	H—N	102	N=N	125
H—Cl	127	C—H	112	N≡N	110
H—Br	141	C—C	154	C=O	116
H—I	161	C=C	134		
H—O	98	C≡C	120		

(3)键角

在分子中键和键之间的夹角称为键角(bond angle)。键角是确定分子几何构型的重要参数。例如，水分子中两个 O—H 键之间的夹角是 104.5°，这就决定了水分子是 V 形结构。一般而言，键角可以根据量子力学方法近似求得或通过实验的方法来测定。一些分子的键角列于表 8-5 中。

表 8-5 一些常见分子的键角

分子	键角	分子构型	分子	键角	分子构型
O_2	180°	直线	CH_4	109°28′	正四面体
CO_2	180°	直线	NH_3	107°18′	三角锥
BF_3	120°	平面三角形	H_2O	104°45′	V 形

（4）键的极性

共价键中根据键的极性（bond polarity）不同，有极性共价键和非极性共价键之分。同种元素的两个原子形成共价键时，共用电子对将均匀地绕两原子核运动，原子轨道相互重叠造成的电子云密度最大区域恰好在两原子之间，所以电荷的分布是对称的，正电荷重心和负电荷重心是重合的，这种共价键称为非极性共价键（nonpolar bond），如 H_2、Cl_2、F_2 等。不同元素的两个原子形成共价键时，两原子吸引电子的能力各不相同，共用电子对将会偏向吸引电子能力较大的原子一边，原子轨道相互重叠造成的电子云密度最大区域靠近吸引电子能力更大的原子一边，所以电荷的分布是不对称的，正电荷中心和负电荷中心不重合，这种键叫作极性键（polar bond），如 HCl、CO_2 等。

判断共价键的极性大小可以对比成键原子的电负性，如果成键的两个原子的电负性相等，则形成的键为非极性共价键。如果成键的两个原子的电负性相差不大时，形成极性共价键。在极性共价键中，成键原子的电负性差越大，键的极性也越大。当两个原子的电负性相差很大时，就形成离子键。在许多化合物中，有时既存在离子键，又存在共价键，如 NaOH 中 Na^+ 与 OH^- 之间是离子键，O 与 H 之间是极性共价键。

8.2.2　杂化轨道理论

价键理论的提出解释了一些共价键分子的形成，并且指出了共价键的形成过程和本质，但是无法解释一些分子的空间结构，如甲烷分子的结构是正四面体，碳原子在中心位置，四个氢原子在四面体的四个顶点。这和价键理论不符，甲烷中的碳原子的基态电子结构是 $1s^2 2s^2 2p^2$，只有两个成单电子，按照价键理论只能形成两个共价键，这样就不能用共价键理论解释。为此，鲍林在电子配对假设的基础上提出了杂化轨道理论（hybrid orbital theory），杂化轨道理论认为，原子轨道在成键形成分子时，存在激发、杂化、轨道重叠等过程。通过原子轨道的杂化，可以形成更稳定的化学键。

8.2.2.1　杂化轨道理论的基本要点

①杂化（hybridization）　原子在形成分子的过程中，为了增强轨道有效重叠程度，增强成键能力，原子倾向于将其中能量相近的、不同类型的原子轨道混杂起来组合成新的轨道，这一过程称为轨道杂化，杂化后形成的新原子轨道叫杂化轨道（hybrid orbital）。

②杂化轨道的数目与参与杂化的原子轨道的数目相同。

③杂化有利于形成牢固的共价键和稳定的分子。

应当注意：原子轨道的杂化只有在形成分子的过程中才会发生，孤立的原子是不可能发生杂化的。

8.2.2.2　杂化的类型与分子的空间构型

根据杂化时所用原子轨道种类的不同，杂化有多种类型。

（1）sp 杂化

sp 杂化是一个 ns 与一个 np 轨道的杂化，形成两个新的能量相同、成分相同的 sp 杂化轨道，每个 sp 杂轨中含 $\frac{1}{2}ns$ 轨道成分和 $\frac{1}{2}np$ 轨道成分，两个杂轨间夹角180°，分子为直线形。

图 8-5 表示出 sp 杂化及 $BeCl_2$ 分子的形成。当 Be 原子和 Cl 原子形成 $BeCl_2$ 分子时，基态 Be 原子 $2s^2$ 中的一个电子激发到 2p 轨道上，一个 s 轨道和一个 p 轨道杂化形成两个 sp 杂化轨道，这两个杂化轨道分别与两个 Cl 原子的 p 轨道形成 sp-pσ 键，构成 $BeCl_2$ 直线形的骨架结构。

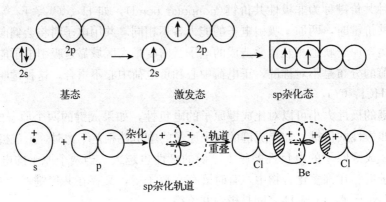

图 8-5　sp 杂化及 $BeCl_2$ 直线型分子的形成

$ZnCl_2$、$CdCl_2$、$HgCl_2$ 等都是中心原子以 sp 杂化轨道成键形成的直线形分子。

（2）sp^2 杂化

sp^2 杂化是一个 ns 与两个 np 轨道的杂化，形成三个新的能量相同、成分相同的 sp^2 杂化轨道，每个 sp^2 杂化轨道中含 $\frac{1}{3}n$s 轨道成分和 $\frac{2}{3}n$p 轨道成分，三个杂化轨道间夹角 120°，分子为平面三角形。

图 8-6 表示出 sp^2 杂化及 BF_3 三角形分子的结构。B 原子与 F 原子形成 BF_3 分子时，基态 B 原子 $2s^2$ 上一个电子激发到 2p 轨道上，一个 s 轨道和两个 p 轨道混杂形成三个 sp^2 杂化轨

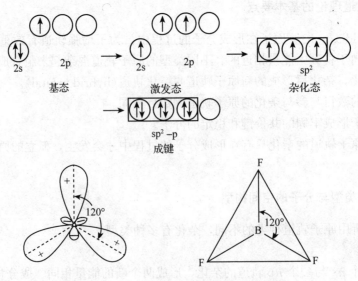

图 8-6　sp^2 杂化及 BF_3 三角形分子的结构

道，分别与 F 原子的 p 轨道重叠形成三个 $sp^2 - p\sigma$ 键，构成 BF_3 的平面三角形结构。

BCl_3、BBr_3、SO_3 分子及 CO_3^{2-}、NO_3^- 离子等的中心原子均采用 sp^2 杂化轨道与其配位原子的 p 轨道形成 σ 键，具有平面三角形的结构。

（3）sp^3 杂化

sp^3 杂化是一个 ns 与三个 np 轨道的杂化，形成四个新的能量相同、成分相同的 sp^3 杂化轨道，每个 sp^3 杂化轨道中含 $\frac{1}{4}$$n$s 轨道成分和 $\frac{3}{4}$$n$p 轨道成分，三个杂化轨道间夹角 109.5°，分子的空间构型为正四面体。

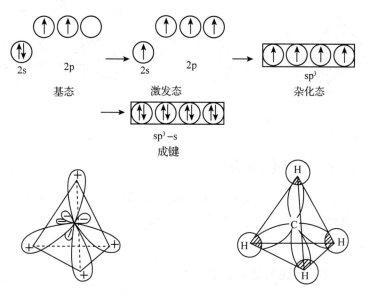

图 8-7　sp^3 杂化及 CH_4 正四面体分子的结构

图 8-7 表示出 sp^3 杂化及 CH_4 正四面体分子的结构。C 原子与 H 原子形成 CH_4 分子时，基态 C 原子 $2s^2$ 上一个电子激发到 2p 轨道上，一个 s 轨道和三个 p 轨道混杂形成四个 sp^3 杂化轨道，分别与 H 原子的 s 轨道重叠形成四个 $sp^3 - s\sigma$ 键，构成 CH_4 的正四面体结构。

（4）等性杂化与不等性杂化

上述三种类型的杂化是全部由具有未成对电子的轨道形成的，因各杂化轨道成分相同，故称为等性杂化。如果有具有孤对电子的原子轨道参与杂化，因杂化后的轨道成分不相同，故称为不等性杂化。

NH_3、PCl_3、H_2O 和 H_2S 等分子中中心原子均采用不等性杂化。图 8-8 表示出不等性 sp^3 杂化及 NH_3 三角锥和 H_2O 的 V 形结构。其中，NH_3 分子中 N 原子采用 sp^3 不等性杂化形成四个杂化轨道，空间取向为四面体形。三条含未成对电子的 sp^3 杂化轨道分别与三个 H 原子的 s 轨道重叠形成 $sp^3 - s\sigma$ 键，由于另一条杂化轨道被孤对电子占据，不参加成键作用，电子云密集于 N 原子周围，对成键电子对斥力较大，故 NH_3 分子中 N—H 键间夹角从 109°28′ 被压缩至 107°20′，NH_3 分子呈三角锥构型。H_2O 分子中，O 原子采用 sp^3 不等性杂化，形成的四个杂化轨道中有两条被孤对电子占据，另两条含未成对电子的 sp^3 杂化轨道分别与两个 H

原子的 s 轨道重叠形成 $sp^3 - s\sigma$ 键，由于孤对电子的排斥作用，使 H_2O 分子中 O—H 键间夹角为 $104°45'$，H_2O 分子呈 V 形结构。

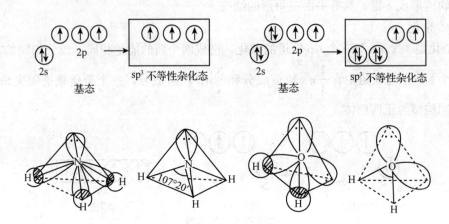

图 8-8　不等性 sp^3 杂化及 NH_3 三角锥和 H_2O 的 V 形结构

8.2.3　价层电子对互斥理论(简介)

价层电子对互斥理论(mutual exclusion theory of electron pair)是在静电学原理和大量分子几何构型事实的基础上建立的，它不考虑原子轨道的概念，只是依据能量最低原理来确定分子空间构型的方法。

8.2.3.1　价层电子对互斥理论的基本要点

①在 AX_n 型分子中，中心原子 A 周围的原子或原子团的几何构型主要由中心原子价电子层中电子对的互相排斥作用所决定，总是采取电子对互相排斥最小的构型。

②AX_n 型分子的构型还与中心原子的价层电子对的数目和类型有关。

③AX_n 型分子中，如果 A 与 X 之间是通过两对电子或三对电子结合而成的，则价层电子对互斥理论仍适用，只是把双键或三键作为一个电子对来看待。

④价层电子对互相排斥作用的大小，决定于电子对之间的夹角和电子对的成键情况。

8.2.3.2　判断共价分子结构的一般规则

①确定中心原子的价电子层中的总电子数，即中心原子的价电子数和配位体供给的电子数的总和。然后被 2 除，就是分子的中心原子价电子层的电子对数。

②按照中心原子周围的电子对数，从表 8-6 中找出相对应的理想几何结构图形。

③画出结构图，把中心原子放在中间，其他配位原子排在其周围，每一对电子连接一个配位原子，没有结合的电子对就是孤对电子对。

④根据孤对电子对，成键电子对之间相互排斥力的大小，确定排斥力最小的稳定结构，并判断结构对理想几何构型的偏离程度。

表 8-6 中心原子价层电子对的排列方式

A 的电子对数	成键电子对数	孤电子对数	几何构型	中心原子 A 价层电子对的排列方式	分子的几何构型实例
2	2	0	直线形		BeH_2 $HgCl_2$（直线形） CO_2
3	3	0	平面三角形		BF_3（平面三角形） BCl_3
	2	1	三角形		$SnBr_2$（V 形） $PbCl_2$
4	4	0	四面体		CH_4（四面体） CCl_4
	3	1	四面体		NH_3（三角锥）
	2	2	四面体		H_2O(V 形)
5	5	0	三角双锥		PCl_5（三角双锥）

（续）

A的电子对数	成键电子对数	孤电子对数	几何构型	中心原子A价层电子对的排列方式	分子的几何构型实例
5	3	2	三角双锥		ClF_3（T形）
6	6	0	八面体		SF_6（八面体）
	5	1	八面体		IF_5（四角锥）
	4	2	八面体		ICl_4^-（平面正方形）XeF_4

8.3　分子和离子极化（Polarization of Molecules and Ions）

8.3.1　分子的极性和极化

　　分子有无极性取决于整个分子的正、负电荷中心是否重合，如果分子的正、负电荷中心重合，则为非极性分子（nonpolar molecular）；反之，则为极性分子（polar molecular）。

　　分子是由原子通过化学键结合而组成的，分子有无极性显然与键的极性有关。在双原子分子中，分子的极性与键的极性是一致的。但在多原子分子中，如 CH_4，虽然每个 C—H 键都是极性的，但由于四个 H 原子位于四面体的四个顶角，因此整个分子正、负电荷中心还是重合的，CH_4 是非极性分子；而在 H_2O 中，两个 H 原子位于 O 原子的两侧，所以整个分子正、负电荷中心不重合，H_2O 为极性分子。由此可见，决定多原子分子是否有极性不仅要看键是否有极性，还要考虑分子的空间结构。

　　分子的极性常用偶极矩（dipole moment）μ 来衡量。μ 定义为：分子中正电荷中心（或负电荷中心）的电量 q 乘以两中心的距离 d 所得的积，即

$$\mu = qd$$

μ 是一个矢量，方向从正到负，单位为 C·m（库仑·米）。若分子的 $\mu=0$，为非极性分子，μ 越大，分子的极性越强。

　　当非极性分子受到外加电场的影响，分子中正电荷向电场负极偏移，分子中负电荷向电场正极偏移，使得分子发生变形，这一过程叫作分子的极化。极化可使非极性分子转为极性或者使极性分子的原有极性增强。

8.3.2　离子的极化

　　离子极化理论是分子极化理论在离子型化合物中的推广和应用，是从离子键理论出发，把化合物中的组成元素看作正、负离子，然后考虑正、负离子间的相互作用。

　　孤立的简单离子，电荷的分布可视为球形对称，离子的正、负电荷重心重合，故无偶极存在[图 8-9(a)]。

　　但在有电场存在下，电子云发生变形，偏离了球形对称，产生了诱导偶极[图 8-9(b)]。这种在外电场作用下，离子电子云发生变形产生诱导偶极的现象叫作离子的极化。

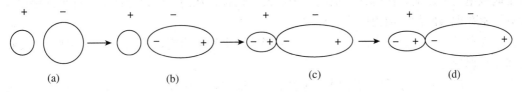

图 8-9　离子的极化过程

　　在离子晶体中，每个离子都处于邻近带相反电荷离子的电场中，因此，离子极化现象在离子晶体中普遍存在，阳离子的电场使阴离子极化，阴离子的电场也使阳离子极化。正、负离子相互极化的结果，使正、负离子都产生了诱导偶极[图 8-9(c)、(d)]。

8.4　分子间力和氢键
(Intermolecular Forces and Hydrogen Bonding)

8.4.1　分子间力

　　分子之间除了离子键、金属键和共价键这几种较强的作用以外，还存在一种较弱的相互作用，气体分子能够凝聚成液体和固体，主要靠这种作用。由于是范德华第一个提出这一作用，通常把分子间作用力叫作范德华力。它是决定物质熔点、沸点、溶解度等物理性质的重要因素。

一般来说，分子间的作用力有以下几个特点：

①分子间力永远存在于分子或原子间。

②分子间力是一种吸引力，其作用能比化学键能小 1~2 个数量级。

③分子间力一般没有方向性和饱和性。

分子间力包括三种，分别为色散力、取向力和诱导力。

8.4.1.1 色散力

色散力普遍存在于各种分子之间。任意分子由于电子的运动和原子核的振动可以发生瞬时的相对位移，两个分子可以通过这种瞬时偶极而相互吸引在一起。由于存在瞬时偶极而产生的相互作用力称为色散力。

8.4.1.2 取向力

取向力发生在极性分子与极性分子之间。极性分子具有偶极，这种偶极是电性的，因此两个极性分子在相互靠近时，同极相斥，异极相吸，分子发生转动，这就叫作取向。这种由于永久偶极而产生的相互作用叫作取向力。

8.4.1.3 诱导力

诱导力发生在极性分子与极性分子之间和极性分子与非极性分子之间。非极性分子受到极性分子偶极电场的影响，使得正、负电荷中心发生位移，从而产生诱导偶极。这种诱导偶极同极性分子永久偶极间的作用力叫作诱导力。

在极性分子和极性分子之间，由于相互的影响也会发生形变，从而产生诱导偶极，使得分子之间存在诱导力。

对于具体的物质，分子间的作用力的大小，是取向力、诱导力和色散力的总和，可用分子间作用能表示。分子间作用能即克服分子间作用力使一摩尔聚集状态的分子变成理想状态的气态分子所需吸收的能量。表 8-7 列出了一些分子的分子间作用能。

由表 8-7 可以看出，对于非极性分子，分子间力大小主要决定于色散力，且随着相对分子质量的增大，分子半径增加，分子的变形性增大，色散力也增大。

表 8-7　一些分子的分子间作用能的分配　　$kJ \cdot mol^{-1}$

分子	$\mu/(10^{-30} C \cdot m)$	取向力	诱导力	色散力	总作用力
Ar	0	0	0	8.49	8.49
Xe	0	0	0	17.41	17.41
CO	0.40	0.003	0.008	8.74	8.75
HI	1.27	0.025	0.113	25.87	26.01
HBr	2.64	0.690	0.502	21.94	23.13
HCl	3.57	3.31	1.00	16.83	21.14
NH_3	4.91	13.31	1.55	14.95	29.81
H_2O	6.18	36.39	1.93	9.00	47.32

对于极性分子，分子间力由三种作用力共同决定，且分子极性越强，取向力越大。一般情况下，色散力是分子间最主要的一种力，只有分子极性很大时（如 H_2O 分子）才以取向力为主。

分子间作用力大小可影响物质的许多物理性质，一般分子间作用力越大，物质的熔、沸点越高；物质分子与水分子间作用力越强，溶解度越大。

8.4.2　氢键

结构相似的同系列物质的熔、沸点一般随着分子质量的增大而升高。但在氢化物中唯有 NH_3、H_2O、HF 的熔、沸点偏高，原因是这些分子之间除有分子间力外，还有氢键（hydrogen bond）。

8.4.2.1　氢键的形成

当电负性很强的元素 X 与 H 原子形成共价键时，共用电子被强烈地吸向元素 X，而使 H 原子显正电性。而且 H 只有一个电子，这样一来 H 原子的核几乎裸露出来，近乎于质子状态。这个半径很小、无内层电子的带部分正电荷的 H 原子，使附近另一个电负性很大，含有孤电子对并带有部分负电荷的原子 Y 有可能充分靠近它，从而产生静电吸引作用，即产生氢键。同种分子可以存在氢键，如氟化氢气相为二聚体，甲酸、乙酸气相缔合。某些不同种分子之间也能形成氢键，如 NH_3 与 H_2O 之间。X—H 为强极性键，X 一般为 N、O、F。

8.4.2.2　氢键的特点

（1）键能

氢键键能为几十千焦每摩尔，大于分子间力，远小于化学键能，即氢键是一种很弱的键。

（2）具有方向性和饱和性

氢键本质上与共价键的方向性和饱和性不同。

方向性：X—H…Y 三个原子在同一方向上。原因是这样的方向成键两原子电子云之间的排斥力最小，形成的氢键最强，体系更稳定。

饱和性：每一个 X—H 只能与一个 Y 原子形成氢键，原因是 H 的原子半径很小，再有一个原子接近时，会受到 X、Y 原子电子云的排斥。

（3）分子内也存在氢键

HNO_3 分子，苯酚的邻位上有—NO_2、—COOH、—CHO、—$CONH_3$ 等基团时都可以形成分子内氢键。

8.4.2.3　氢键的类型

氢键有两种类型：一种为分子间氢键，另一种为分子内氢键。

分子间氢键如图 8-10 所示，可以是 HF 与 HF 之间、NH_3 与 NH_3 之间、H_2O 与 H_2O 之间、NH_3 与 H_2O 之间。

分子内氢键如图 8-11 所示，可以产生在邻硝基苯酚分子内或邻苯二酚分子内。

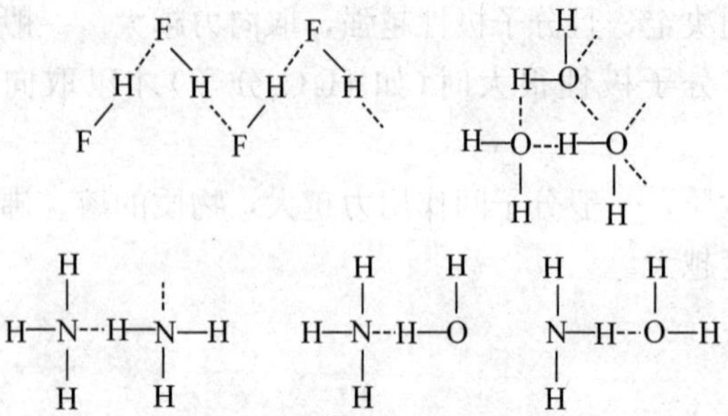

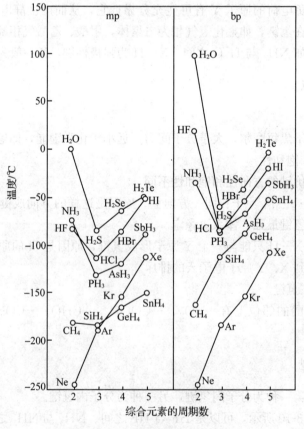

图 8-10　分子间氢键的例子 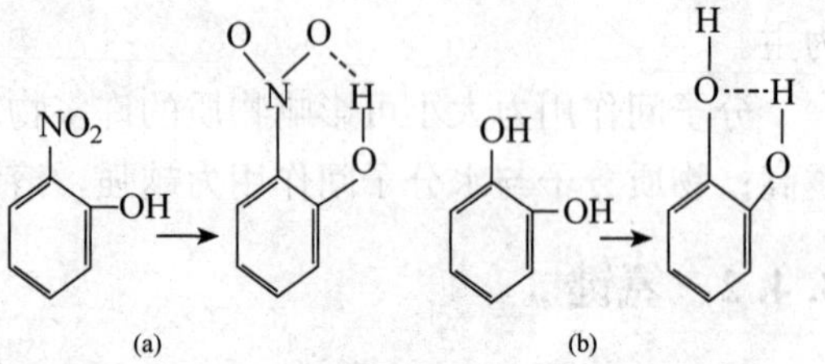　　　　图 8-11　邻位硝基苯酚(a)和邻苯二酚(b)
　　　　　　　　　　　　　　　　　　　中的分子内氢键

8.4.2.4　氢键对物性影响

①分子间有氢键，必须额外提供一份能量来破坏分子间的氢键，所以一般物质的熔点、沸点、熔化热、汽化热、黏度等都会增大，蒸气压则减小。例如，N、O、F 族的氢化物有反常现象(图 8-12)。分子间氢键还是分子缔合的主要原因。

图 8-12　氢化物的熔点和沸点

②分子内氢键则使物质的熔点、沸点、熔化热、汽化热减小，还会影响溶解度。例如，邻位硝基苯酚比其间位、对位更不易溶于水，更易溶于苯中。

8.5　晶体结构（Crystal Structure）

8.5.1　晶体与非晶体

固体物质可分为晶体（crystal）和非晶体（non-crystal）。

（1）晶体的一般特点

①有一定的几何形状　其内部质点（分子、原子或离子）在空间有规律地重复排列，如氯化钠、石英、磁铁矿等均为晶体。晶体一般为多面体形，晶面与晶面之间的夹角叫晶面夹角，对一定类型的晶体来说，其晶面夹角是一定的。

②具有各向异性的特点　晶体中各个方向排列的质点间的距离和取向不同，因此晶体是各向异性的，即在不同方向上有不同的性质。例如，石墨容易沿层状结构的方向断裂，石墨在与层平行方向上的导电率比与层垂直方向上的导电率要高 1 万倍以上，各向异性是晶体的重要特征。晶体的许多物理性质如导电、导热性、折光率、晶体的生成速度等，在各个方向上是不同的。

③有固定的熔点　晶体在一定温度时便开始熔化。继续加热时，在晶体没有完全熔化以前，温度保持恒定，待晶体完全熔化后，温度才开始上升。因此，晶体具有固定的熔点，不同晶体熔点不同，利用这点常可分辨不同的晶体。

④具有晶格结构　晶体内部的粒子都有规则地排列在空间的一定点上，所构成的空间格子叫晶格，其结构粒子就处在晶格的结点上，不同的晶体具有不同的晶格结构，因而有不同的性质。晶体中最小的重复单元叫晶胞，任何晶体都是由它的晶胞组成，晶胞的形状、大小和组成决定了相应晶体的空间结构。

（2）非晶体的一般特点

①没有固定的几何形状　没有一定的结晶外形，质点的排列没有规律，如玻璃、石蜡都是无定形物质。不定形物质往往是在温度突然下降到液体的凝固点以下成为过冷液体时，物质的质点来不及进行有规则的排列而形成的。

②具有各向同性的特点　其物理性质在各个方向上表现一致。非晶体的无规则排列决定了它们是各向同性的。

③没有固定的熔点　如玻璃、石蜡等。当加热非晶体时，升高到某一温度后开始软化，流动性增加，最后变成液体。从软化到完全熔化的过程中，温度是不断上升的，没有固定的熔点，只能说有一段软化的温度范围。

8.5.2　晶体基本类型

根据晶胞结构单元间作用力性质的不同，晶体又可分为四个基本类型：离子晶体、金属晶体、原子晶体和分子晶体。

8.5.2.1　离子晶体

在离子晶体中，晶胞中的质点为正离子和负离子，质点间有很强的静电作用，这种静电结合力就叫作离子键,所以离子键没有方向性和饱和性。凡靠离子键结合而成的晶体统称为离子晶体。

(1)离子晶体的特征和性质

离子型晶体化合物最显著的特点是具有较高的熔点和沸点。它们在熔融状态能够导电,但在固体状态,离子被局限在晶格的某些位置上振动,因而绝大多数离子晶体几乎不导电。大多数离子型化合物容易溶于极性溶剂中。

(2)离子晶体的几种最简单的结构类型

下面给出 AB 型离子化合物的几种最简单的结构型式:NaCl 型、CsCl 型和 ZnS 型。

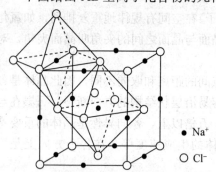

●Na⁺
○Cl⁻

图 8-13 NaCl 结构中正离子的配位多面体

①NaCl 型结构(AB 型离子化合物中常见的一种晶体构型) 点阵型式:Na^+ 离子的面心立方点阵与 Cl^- 离子的面心立方点阵平行交错,交错的方式是一个面心立方格子的结点位于另一个面心立方格子的中点,NaCl 的晶胞是面心立方,为立方晶系,晶系配位数为 6:6,每个离子被 6 个相反电荷的离子所包围,如图 8-13 所示。

②CsCl 型结构 点阵型式:Cs^+ 离子形成简单立方点阵,Cl^- 离子形成另一个立方点阵,两个简单立方点阵平行交错,交错的方式是一个简单立方格子的结点位于另一个简单立方格子的体心,如图 8-14 所示。晶系为立方晶系,配位数为 8:8(每个正离子被 8 个负离子包围,同时每个负离子也被 8 个正离子所包围)。

③立方 ZnS 型结构 点阵型式:Zn 原子形成面心立方点阵,S 原子也形成面心立方点阵。平行交错的方式比较复杂,是一个面心立方格子的结点位于另一个面心立方格子的体对角线的 1/4 处,如图 8-15 所示。晶系为立方晶系,配位数为 4:4。BeO、ZnSe 等晶体均属立方 ZnS 型。

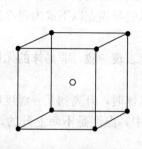

图 8-14 CsCl 型离子晶体结构

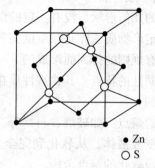

●Zn
○S

图 8-15 ZnS 型离子晶体结构

决定晶体构型的因素主要有组成离子间的数量比、正负离子的相对大小以及离子的极化性能等。对于典型离子晶体,在正、负离子数量比相同的情况下,正、负离子的半径比对晶体结构类型起着决定性的作用。

8.5.2.2 金属晶体

在晶体中组成晶格的质点排列的是金属原子或金属离子,质点间的作用力是金属键力,该晶体称为金属晶体。

金属晶体中排列着的是中性原子或金属正离子。金属原子中只有少数价电子能用于成键。这样少的价电子不足以使金属原子间形成正规的离子键或共价键。因此，金属在形成晶体时倾向于形成极为紧密的结构，使每个原子拥有尽可能多的相邻原子。从 X 射线衍射分析测定，证明大多数金属单质都是具有较简单的等径圆球密堆积结构。

金属晶体的堆积方式主要有三种：六方紧密堆积、面心立方紧密堆积、体心立方紧密堆积。六方紧密堆积方式的空间利用率是 74.05%，配位数是 12，属于六方晶格（图 8-16）。面心立方紧密堆积方式的空间利用率也是 74.05%，配位数也是 12，属于面心立方格子（图 8-17）。体心立方紧密堆积配位数是 8，空间利用率是 68.02%。这种堆积同层圆球是按正方形排列的，每个圆球位于另 8 个圆球为顶角组成的立方体的中心（图 8-18）。

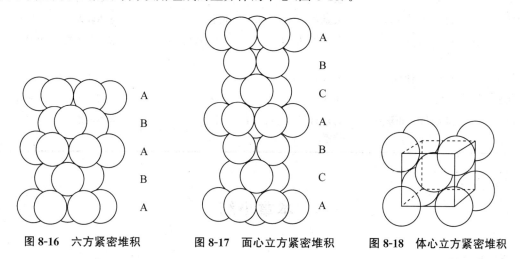

图 8-16　六方紧密堆积　　　图 8-17　面心立方紧密堆积　　　图 8-18　体心立方紧密堆积

金属晶体特点：金属晶体具有良好的导电、导热性和延展性。大多金属具有较高的熔、沸点及较高的硬度。熔点最高的是金属钨（3 410℃）。熔点最低的是金属汞（−38.87 ℃）。

8.5.2.3　原子晶体

晶格质点为中性原子，原子之间以共价键相结合，组成一个由"无限"数目的原子形成的大分子，这种晶体称为原子晶体。例如，金刚石、石英等都属于原子晶体。

8.5.2.4　分子晶体

共价分子通过分子间作用力聚集在一起形成的晶体称为分子晶体。对于分子晶体，分子内部存在较强的共价键，分子间则通过较弱的分子间力或氢键结合在一起。由于分子间作用力没有方向性和饱和性，所以球形分子和近似球形的分子，常采用配位数高达 12 的最紧密的堆积方式形成晶体。直线型共价分子晶体堆积不如球形分子紧密，一般非金属单质和化合物以及大量有机分子都可形成分子晶体。

晶体结构与晶体的性质之间关系十分紧密。表 8-8 归纳了四类晶体的结构和性质，以供比较。

表 8-8　四类基本晶体性质比较

晶体类型	离子晶体	原子晶体	分子晶体	金属晶体
晶格结点上的粒子	正、负离子	原子	分子	原子、正离子
结构粒子间的作用力	离子键	共价键	分子间力、氢键	金属键
代表性物质	$NaCl$、$CsCl$、ZnS、CaF_2、KNO_3、MgO等	金刚石、单晶硅、SiC、SiO_2、AlN、BN、$GaAs$ 等	H_2、I_2、SO_2、NH_3、冰、干冰、绝大多数有机物	各种金属及一些合金
熔、沸点及挥发性	熔沸点较高，低挥发性	熔沸点很高，无挥发性	低熔、沸点，高挥发性	一般为高熔沸点但有部分低熔点金属，如 Hg、Ga、Cd 等
硬度	较大而脆	大而脆	较小	多数较大
导电、导热性	热的不良导体，熔融或溶于水导电	非导电（热）体	非导电（热）体	良好的导电、导热体
溶解性	易溶于极性溶剂	不溶于一般溶剂	符合相似相溶原理	不溶于一般溶剂
机械加工性	不良	不良	不良	良好的延展性及机械加工性
应用	耐火材料、电解质	高硬材料、磨料、半导体	低温材料、绝缘材料、溶剂	机械制造

本章小结

1. 离子键

(1)离子键的含义、本质、特点：

含义：阴阳离子间依靠静电引力相互结合而形成的化学键。

本质：静电作用。

特点：无方向性、无饱和性。

(2)离子键的强弱与晶格能：晶格能是衡量离子键强弱的物理量。晶格能的代数值越小，形成晶体时放出的能量越多，离子键越强；晶格能的代数值越大，形成晶体时放出的能量越少，离子键越弱。晶格能的大小与离子键的类型、离子的电荷数及离子半径有关。晶型相同时，离子电荷越高、半径越小，晶格能越大，离子键也越强。

2. 共价键

(1)现代价键理论：阐明了共价键的形成和本质。

现代价键理论认为共价键是通过自旋相反的电子配对并形成原子轨道的最大重叠，使得体系达到能量最低状态而形成的化学键。共价键结合力的本质是原子轨道的重叠。

共价键的类型有两种：σ 键和 π 键。

共价键的参数：键能、键长、键角及键的极性。

(2)杂化轨道理论：解释了分子的空间构型。

sp 杂化：直线形，如 $BeCl_2$、$HgCl_2$、BeH_2；

sp^2 杂化：平面三角形，如 BF_3、$HCHO$、CO_3^{2-}；

等性 sp^3 杂化：正四面体，如 CH_4、SO_4^{2-}、PO_4^{3-}；

不等性 sp^3 杂化：三角锥或 V 形，如 NH_3（三角锥）、H_2O（V 形）。

（3）分子间作用力及氢键对物质性质的影响：分子间作用力包括色散力、取向力和诱导力。色散力存在于所有分子中；取向力只存在于极性分子之间；诱导力存在于极性分子与极性分子或者极性分子与非极性分子之间。一般，比较分子之间作用力时，先比较色散力，再是取向力，最后考虑诱导力。分子间作用力越大，物质的熔、沸点越高。

氢键是以氢为中心形成的 X—H⋯Y 键。其中，X 和 Y 为 N、O、F 等电负性很强的元素。X 和 Y 的电负性越强，半径越小，氢键越强。氢键有分子间氢键和分子内氢键；分子间氢键使物质的熔、沸点及溶解度增大，分子内氢键使物质的熔、沸点及溶解度减小。

（4）晶体的类型及对物质性质的影响：晶体分为离子晶体、原子晶体、分子晶体和金属晶体四种类型。离子晶体中，离子间依靠离子键结合，熔、沸点高，硬度大；原子晶体中，原子依靠共价键结合，熔、沸点最高，硬度最大；分子晶体中，分子之间依靠分子间力或氢键结合，熔、沸点低，硬度小；金属晶体中，金属原子或阳离子依靠金属件结合，熔、沸点较高，硬度较大。

科学家简介

莱纳斯·卡尔·鲍林

莱纳斯·卡尔·鲍林（Linus Carl Pauling，1901—1994）是著名的量子化学家，他在化学的多个领域都有过重大贡献。曾两次荣获诺贝尔奖金（1954 年化学奖，1962 年和平奖，他是唯一一个单独两次获诺贝尔奖的人），有很高的国际声誉。

1901 年 2 月 18 日，鲍林出生在美国俄勒冈州波特兰市。在艰难的条件下，他刻苦攻读。鲍林对化学键的理论很感兴趣，同时，认真学习了原子物理、数学、生物学等多门学科。这些知识，为鲍林以后的研究工作打下了坚实的基础。鲍林在探索化学键理论时，遇到了甲烷的正四面体结构的解释问题。为了解释甲烷的正四面体结构，说明碳原子四个键的等价性，鲍休在 1928—1931 年，提出了杂化轨道的理论，很好地解释了甲烷的正四面体结构。

在有机化学结构理论中，鲍林还提出过有名的"共振论"，共振论直观易懂，在化学教学中易被接受，所以受到欢迎，在 20 世纪 40 年代以前，这种理论产生了重要影响。

鲍林在研究量子化学和其他化学理论时，创造性地提出了许多新的概念。例如，共价半径、金属半径、电负性标度等，这些概念的应用，对现代化学、凝聚态物理的发展都有巨大意义。1932 年，鲍林预言，惰性气体可以与其他元素化合生成化合物。惰性气体原子最外层都被 8 个电子所填满，形成稳定的电子层按传统理论不能再与其他原子化合。但鲍林的量子化学观点认为，较重的惰性气体原子可能会与那些特别易接受电子的元素形成化合物，这一预言，在 1962 年被证实。

鲍林还把化学研究推向生物学，他实际上是分子生物学的奠基人之一，他花了很多时间研究生物大分子，特别是蛋白质的分子结构，发现多肽链分子内可能形成两种螺旋体，一种是α-螺旋体，一种是β-螺旋体。作为蛋白质二级结构的一种重要形式，α-螺旋体，已在晶体衍射图上得到证实，这一发现为蛋白质空间构象打下了理论基础。这些研究成果，是鲍林1954年荣获诺贝尔化学奖的项目。

1954年以后，鲍林开始转向大脑的结构与功能的研究，提出了有关麻醉和精神病的分子学基础。他认为，对精神病分子基础的了解，有助于对精神病的治疗，从而为精神病患者带来福音，鲍林是第一个提出"分子病"概念的人。他还研究了分子医学，发表了《矫形分子的精神病学》。

鲍林坚决反对把科技成果用于战争，特别反对核战争。鲍林倾注了很多时间和精力研究防止战争、保卫和平的问题。1955，鲍林和世界知名的大科学家爱因斯坦、罗素、约里奥·居里、玻恩等，签署了一个宣言：呼吁科学家应共同反对发展毁灭性武器，反对战争，保卫和平。1957年5月，鲍林起草了《科学家反对核实验宣言》，该宣言在两周内就有2 000多名美国科学家签名，在短短几个月内，就有49个国家的11 000余名科学家签名。1958年，鲍林把反核实验宣言交给了联合国秘书长哈马舍尔德，向联合国请愿。同年，他写了《不要再有战争》一书，书中以丰富的资料，说明了核武器对人类的重大威胁。由于鲍林对和平事业的贡献，他在1962年荣获了诺贝尔和平奖。

鲍林是一位伟大的科学家与和平战士，他的影响遍及全世界。

思考题与习题

1. 共价键和离子键有无本质的区别？两者各有什么特点？

2. 共价键的两种类型 σ 键和 π 键是怎样形成的？各有何持点？

3. σ 键可由 s-s、s-p 和 p-p 原子轨道"头碰头"重叠构建而成，试讨论 LiH(气体分子)、HCl、Cl_2 分子里的键分别属于哪一种？

4. 说明下列离子属于何种电子类型：

Li^+、Be^{2+}、Na^+、Mg^{2+}、Fe^{2+}、Ni^{2+}、Cu^+、Cu^{2+}、Zn^{2+}、Hg^{2+}、Pb^{2+}、Sn^{2+}、Cl^-、O^{2-}

5. 什么叫作极性共价键？什么叫作极性分子？键的极性和分子的极性有什么关系？

6. 价层电子对互斥理论是怎样确定中心原子的价层电子对数的？

7. BF_3 和 NF_3 的杂化轨道类型和分子几何构型分别是什么？它们是极性还是非极性分子？

8. 什么叫离子极化？离子极化对物质性质有何影响？

9. 什么是分子间作用力？分子间作用力有何特点？

10. 氢键是怎样形成的？氢键的形成对物质性质有什么影响？

11. 氟化氢分子之间的氢键键能比水分子之间的键能强，为什么水的熔、沸点反而比氟化氢的熔、沸点低？

12. 为什么邻羟基苯甲酸的熔点比间羟基苯甲酸或对羟基苯甲酸的熔点低？

13. 氧化物 MgO、CaO、SrO、BaO 均是 NaCl 型离子晶体，根据离子键理论定性比较它们的晶格能大小和熔点的高低。

14. 讨论 CO_2、PO_4^{3-}、H_2O、NH_3、CO_3^{2-} 的中心原子的杂化类型。

15. 利用价层电子对互斥理论判断下列分子或离子的空间几何构型：

(1)$BeCl_2$　(2)$SnCl_2$　(3)PH_4^+　(4)SO_3^{2-}　(5)AlF_6^{3-}　(6)PCl_5　(7)SO_4^{2-}　(8)SF_6　(9)PO_4^{3-}
(10)O_3

16. 下列各对原子间分别形成哪种键？（离子键、极性共价键或非极性共价键）

(1) Li，O　(2) Br，I　(3) Mg，H　(4) O，O　(5) H，O　(6) Si，O　(7) N，O　(8) Sr，F

17. 极性分子-极性分子、极性分子-非极性分子、非极性分子-非极性分子，以上分子间各存在哪几种分子间力？

18. 判断下列晶体类型，并指出其结合力分别是什么？

(1)$NaCl$　(2)SiC　(3)CO_2　(4)Pt

第 9 章
氧化还原反应与原电池
(Oxidation-reduction Reaction and Primary Cell)

氧化还原反应是化学反应的主要类型之一，反应物中某些元素原子核外电子运动状态在反应中发生了很大的变化。在农业、医药、化工行业，氧化还原反应应用非常普遍。此外，动植物体内的代谢作用涉及大量复杂的氧化还原反应，它们给生命体提供能量转换机制或给健康情况提供参考指标。

本章将讨论氧化还原反应的一般特征、原电池原理及能斯特方程。

9.1 氧化还原反应(Redox Reaction)

9.1.1 基本概念

最初氧化(oxidization)是指物质与氧化合的反应，还原(reduction)是指物质失去氧的反应。在近代电化学中，氧化和还原的概念得到进一步的延伸。氧化还原反应的本质是在化学反应过程中得失电子的过程。由于共价化合物在反应中电子得失不明显，因此，氧化还原反应与非氧化还原反应的区分需要用到氧化数(oxidization number)的概念。

9.1.1.1 氧化数

1970 年 IUPAC 对氧化数定义如下：元素的氧化数表示化合物中各个原子所带的电荷(或形式电荷)数，该电荷是假设把化合物中的成键电子都指定归于电负性更大的原子而求得。

确定氧化数一般有以下规则：

①单质的氧化数为零，如单质 O_2 和 S_8 中 O 原子和 S 原子的氧化数均为零。

②离子型化合物中，元素原子的氧化数等于该元素离子电荷数；共价化合物中，元素原子的氧化数等于该原子形式电荷数。

③在中性化合物中，所有元素的氧化数的代数和等于零。在多原子离子中，所有元素的氧化数的代数和等于该离子的电荷数。

④在化合物中，ⅠA 主族的金属氧化数一般为+1，ⅡA 主族的金属氧化数一般为+2，F

的氧化数为 -1，H 的氧化数一般为 $+1$，O 的氧化数一般为 -2。

⑤特殊 H 在活泼金属的氢化物中氧化数为 -1；O 在过氧化物（如 H_2O_2）中的氧化数为 -1，在超氧化物（如 KO_2）中的氧化数是 $-1/2$，在 OF_2 为 $+2$。

【例 9-1】 计算 $KMnO_4$ 和 MnO_4^- 中 Mn 的氧化数。

解：已知 K 的氧化数为 $+1$，O 的氧化值为 -2，设 Mn 的氧化值为 x。

则 $(+1)+x+(-2\times4)=0$，$x=+7$，即高锰酸钾分子中 Mn 的氧化数 $x=+7$。

又 $x+4\times(-2)=-1$，$x=+7$，即高锰酸根离子中 Mn 的氧化数 $x=+7$。

【例 9-2】 计算 $H_2S_4O_6$ 中 S 的氧化数。

解：设 S 的氧化数为 x，已知 H 的氧化数是 $+1$，O 的氧化数是 -2。

则 $2\times(+1)+4x+6\times(-2)=0$，S 的氧化数 $x=2.5$。

需要特别指出的是，由于氧化值是按一定规则指定了的形式电荷的数值，可是正数也可是负数，可以是整数也可以是分数。

9.1.1.2 氧化还原反应

可以根据氧化数的概念来定义氧化还原反应，在化学反应前后元素的氧化数发生变化的一类反应称为氧化还原反应。凡是失去电子或氧化数升高的过程称为氧化，凡是获得电子或氧化数降低的过程称为还原。失去电子的物质称为还原剂（reductant），获得电子的物质称为氧化剂（oxidant）。还原剂具有还原性，它在反应中因失去电子而被氧化，其中必有元素氧化数的升高；氧化剂具有氧化性，它在反应中因获得电子而被还原，其中必有元素氧化数下降。例如：

$$\overset{+5}{NaClO_3}+6\overset{+2}{FeSO_4}+3H_2SO_4 \Longleftrightarrow \overset{-1}{NaCl}+3\overset{+3}{Fe_2(SO_4)_3}+3H_2O$$

反应式上面的数字代表的是相应原子的氧化数。在这个反应中，氯酸钠是氧化剂，氯原子的氧化数从 $+5$ 降到 -1，它本身被还原，使硫酸亚铁氧化。硫酸亚铁是还原剂，铁原子的氧化数从 $+2$ 升到 $+3$，它本身被氧化，使氯酸钠还原。硫酸的氧化数没有变化，通常称硫酸溶液为反应介质。

物质的氧化还原性质是相对的。有时，同一种物质与强氧化剂作用，表现出还原性；而与强还原剂作用，又可以表现出氧化性。如 SO_2 与 Cl_2 的反应，Cl_2 具有强氧化性，SO_2 是还原剂。

$$Cl_2+SO_2+2H_2O \Longleftrightarrow 2HCl+H_2SO_4$$

但 SO_2 与 H_2S 作用时，SO_2 是氧化剂，H_2S 是还原剂。

$$2H_2S+SO_2 \Longleftrightarrow 3S\downarrow+2H_2O$$

常见的氧化剂一般是活泼的非金属单质（如卤素和氧等）及高氧化数的化合物（如 $KMnO_4$、$K_2Cr_2O_7$、HNO_3）；还原剂一般是活泼金属（如 K、Na、Mg、Fe、Zn）及低氧化数的物质（如 H_2S、$FeSO_4$、H_2S）；具有中间氧化数的物质常常既具有氧化性，又具有还原性（如 SO_2、H_2O_2）。氧化剂和还原剂为同一种物质的氧化还原反应称为自身氧化还原反应。例如：

$$2KClO_3 \Longleftrightarrow 2KCl+3O_2\uparrow$$

其中，Cl 元素起氧化剂作用，O 元素起还原剂作用。

某一物质中同一种元素的原子部分被氧化、部分被还原的反应称为歧化反应，是自身氧化还原反应的一种特殊类型。例如：

$$Cl_2 + H_2O \rightleftharpoons HClO + HCl$$

Cl 元素既是氧化剂也是还原剂。

9.1.1.3　半反应与氧化还原电对

物质的氧化还原反应必然存在电子的得失，因此，氧化剂与还原剂在反应中既相互对立，也相互依存。任何一个氧化还原反应都可以看成"得"与"失"的两个半反应之和。一个是氧化过程，一个是还原过程。例如，铜与氧的反应，可以看成是下面两个半反应的结果：

$$Cu(s) \longrightarrow Cu^{2+}(aq) + 2e^- \qquad (9\text{-}1)$$

$$\frac{1}{2}O_2(g) + 2e^- \longrightarrow O^{2-} \qquad (9\text{-}2)$$

式(9-1)称为氧化半反应，式(9-2)称为还原半反应，它们的代数和即是总的氧化还原反应：

$$Cu(s) + \frac{1}{2}O_2(g) \rightleftharpoons CuO(s)$$

同一元素具有不同氧化数的一对物质称为氧化还原电对，简称为电对。处于低氧化数的物质可作为还原剂，是还原型物质，处于高氧化数的物质可作为氧化剂，是氧化型物质。氧化还原电对常用符号"氧化型/还原型"或"Ox/Red"表示。

$$Cu^{2+} + Zn(s) \rightleftharpoons Zn^{2+} + Cu(s)$$

反应中存在两个电对，即 Cu^{2+}/Cu 和 Zn^{2+}/Zn。

两个氧化还原半反应：

$$Cu^{2+} + 2e^- \longrightarrow Cu \quad Zn^{2+} + 2e^- \longrightarrow Zn$$

9.1.2　氧化数及离子电子法配平氧化还原反应式

氧化还原反应方程式一般比较复杂，反应物除了氧化剂和还原剂外，常常还有介质参加（酸、碱、水），要配平这类反应方程式需要按一定步骤进行。下面介绍两种常用的方法。

（1）氧化数法

配平原则是氧化数降低总和等于氧化数升高总和。

配平步骤：

a. 正确书写反应物和生成物的分子式或离子式，标出氧化数的变化；

b. 找出还原剂分子中所有原子的氧化数的总升高值和氧化剂分子中所有原子的氧化数总降低值；

c. 根据 b 中两个数值，找出它们的最小公倍数进而求出氧化剂、还原剂分子前面的系数；

d. 用物质不灭定律来检查在反应中不发生氧化数变化的分子数目，以达到方程式两边所有原子相等。

【例 9-3】配平 As_2S_3 和 HNO_3 作用的反应式。

解：配平方法如下：

①写出反应物和生成物的化学式，并标出氧化剂和还原剂中氧化数有变化的氧化数。

$$\overset{+3}{\underset{2}{As}}\,\overset{-2}{S}_3+\overset{+5}{H}NO_3+H_2O\longrightarrow \overset{+5}{H_3}AsO_4+\overset{+2}{N}O+\overset{+6}{H_2}SO_4$$

②按最小公倍数的原则，对还原剂的氧化数升高值和氧化剂的氧化数降低值各乘以适当系数，使二者的绝对值相等。

$$84=3\times28\begin{cases}+28=\begin{cases}2\times[(+5)-(+3)]=+4 & As \quad \text{氧化数升高}\\ 3\times[(+6)-(-2)]=+24 & S\end{cases}\\ -3=(+2)-(+5) & N \quad \text{氧化数下降}\end{cases}$$

③将系数分别写入还原剂和氧化剂的化学式两边，并配平氧化数有变化的元素原子个数。

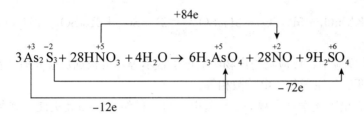

④配平氧化数未发生变化的原子数。一般先配平除氢和氧以外的其他原子数，然后检查两边的氢、氧原子数，必要时加上适当数目的酸、碱及水分子。

检查上式，反应左边加上 4 个 H_2O。两边各元素的原子数相等后，把箭头改成等号。

$$3\overset{+3}{As_2}\overset{-2}{S}_3+28\overset{+5}{H}NO_3+4H_2O\Longleftrightarrow6\overset{+5}{H_3}AsO_4+28\overset{+2}{N}O+9\overset{+6}{H_2}SO_4$$

(2)离子-电子法

在有些反应中，元素的氧化数难以确定。所以，采用氧化数法配平比较困难，故采用离子电子法配平。

配平方法：将反应改写为半反应，先将半反应配平，然后加合，消去电子。

【例 9-4】配平高锰酸钾与亚硫酸钾在酸性溶液中的反应式。

解：①写出反应物与生成物的化学式，并将氧化数发生变化的离子写成基本的离子反应式：

$$KMnO_4+K_2SO_3+H_2SO_4\longrightarrow MnSO_4+K_2SO_4+H_2O$$
$$MnO_4^-+SO_3^{2-}+SO_4^{2-}\longrightarrow Mn+SO_4^{2-}$$

②将基本离子反应式分解成两个半反应式，一个是氧化剂的还原反应，另一个是还原剂的氧化反应：

氧化反应：　　　　$SO_3^{2-}\longrightarrow SO_4^{2-}+2e^-$

还原反应：　　　　$MnO_4^-+5e^-\longrightarrow Mn^{2+}$

③配平两个半反应。加一定数目的电子和介质(酸性条件下：H^+ - H_2O；碱性条件下：OH^- - H_2O)，并分别加以配平。配平时，不但要使两边原子总数相等，而且要使两边的净电荷数相等。这是关键步骤。

$$SO_3^{2-}+H_2O\longrightarrow SO_4^{2-}+2H^++2e^-$$
$$MnO_4^-+8H^++5e^-\longrightarrow Mn^{2+}+4H_2O$$

④根据氧化还原反应中得失电子必须相等，将两个半反应乘以相应的系数，合并成一个配平的离子方程式：

$$SO_3^{2-} + H_2O \longrightarrow SO_4^{2-} + 2H^+ + 2e^- \qquad \times 5$$
$$+)\ MnO_4^- + 8H^+ + 5e^- \longrightarrow Mn^{2+} + 4H_2O \qquad \times 2$$

$$2MnO_4^- + 5SO_3^{2-} + 6H^+ \longrightarrow 2\ Mn^{2+} + 5SO_4^{2-} + 3H_2O$$

⑤将未参加氧化还原反应的离子考虑进去，可写成分子反应式。

该反应是在酸性溶液中进行，应加入何种酸，一般应以不引进其他杂质和引进的酸根离子不参与氧化还原反应为原则。上述反应的产物是 SO_4^{2-}，所以应加入稀 H_2SO_4。此时，反应的分子反应式应为：

$$2KMnO_4 + 5K_2SO_3 + 3H_2SO_4 \rightleftharpoons 2MnSO_4 + 6K_2SO_4 + 3H_2O$$

最后核对无误。

注意：如果半反应中，反应物与产物中氧原子数不等，可根据反应介质，在半反应式中加 H^+ 或 OH^-，使两侧氧原子数、电荷数相等。

离子-电子法突出了化学计量数的变动是电子得失的结果，因此更能反映氧化还原反应的真实情况。值得注意的是，无论在配平的离子方程式或分子方程式中都不能出现游离电子。

氧化数法与离子-电子法各有优缺点。氧化数法能够较迅速地配平简单的氧化还原反应，适用范围广泛。离子-电子法能反应水溶液中反应的实质，特别对有介质参加的反应配平比较方便。离子-电子法仅适用于配平水溶液中的反应。

9.2 原电池和电极电势（Primary Cell and Electrode Potential）

氧化还原反应的本质是伴随有电子的转移。一个氧化还原反应有氧化剂和还原剂，有时还要有介质。将氧化还原反应设计在一个装置内进行，可实现化学能向电能的转化。

9.2.1 原电池与电极

9.2.1.1 原电池

把锌棒放在硫酸铜溶液中，锌溶解而黄色铜析出，这个反应的离子式为：

$$Zn(s) + Cu^{2+}(aq) \rightleftharpoons Zn^{2+}(aq) + Cu(s) \qquad \Delta_r H_m(298\ K) = -218.7\ kJ \cdot mol^{-1}$$

金属锌和硫酸铜溶液直接接触，电子从锌直接转移给铜离子，这时电子的流动是无秩序的，反应的化学能转变为热能。但是如果设法把上述氧化还原反应分成两个半反应来进行，如图 9-1 装置，将锌和锌盐溶液作为一个半电池，铜和铜盐溶液作为另一个半电池，外接电路接通，两个半电池用盐桥（琼脂的氯化钾饱和溶液装入 U 型管中制成）联结起来，在导线中间接一个检流计，可以发现指针发生偏转，证明有电子流从锌棒流向铜棒。此时反应中的化学能转变为电能。这种借助于氧化还原反应将化学能直接转变为电能的装置叫原电池。

原电池中电子流出的一极叫负极，电子流入的一极叫正极。在 Cu-Zn 原电池中锌是负极，铜是正极。原电池正、负极发生的反应分别为：

负极 $\qquad Zn \longrightarrow Zn^{2+} + 2e^-$ （氧化反应）

正极 $\qquad Cu^{2+} + 2e^- \longrightarrow Cu$ （还原反应）

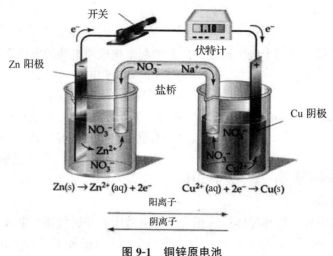

图 9-1 铜锌原电池

合并两个半反应，即可得到原电池所发生的氧化还原反应式：

$$Zn + Cu^{2+} \Longrightarrow Zn^{2+} + Cu \qquad\qquad （电池反应）$$

当反应发生后，在锌半电池中，由于 Zn 原子变成 Zn^{2+} 离子而进入溶液，使溶液带正电。在铜半电池中，由于 Cu^{2+} 离子变成 Cu 原子沉积在铜片上，而使溶液带负电。这两种情况会阻碍原电池中反应的继续进行，以致实际上不能产生电流。盐桥的作用是，随着反应的进行，盐桥内正离子（Na^+ 离子）移向 $Cu(NO_3)_2$ 溶液，负离子（NO_3^- 离子）移向 $Zn(NO_3)_2$ 溶液，从而保持溶液的电中性，使两极反应持续进行，电流就继续产生。

原电池的装置可用符号来表示，如 Cu‐Zn 原电池可表示为

$$（-)Zn \mid Zn^{2+}(1\ mol \cdot L^{-1}) \parallel Cu^{2+}(1\ mol \cdot L^{-1}) \mid Cu（+)$$

习惯上把负极写在左边，正极写在右边，以"∣"表示界面，以"∥"表示盐桥。不仅两种金属和它们的盐溶液能组成原电池，任何两种不同金属插入任何电解质溶液中都可以组成原电池。较活泼的金属为负极，较不活泼的金属为正极。例如，将铜片和锌片插入稀硫酸溶液中，即可组成原电池，其原电池符号为

$$（-)Zn \mid H_2SO_4 \mid Cu（+)$$

这种类型的电池在电化学腐蚀中称为腐蚀电池。从原则上讲，凡是一个能自发进行的氧化还原反应都可以用来组成原电池产生电流。原电池中每个电极的半反应式都包括两类物质，一类是可以作还原剂的物质，叫作还原态物质，如锌半电池中的 Zn 和铜半电池中的 Cu；另一类是可以作氧化剂的物质，叫作氧化态物质，如上述两个半电池中的 Zn^{2+} 和 Cu^{2+} 离子，氧化态物质和相应的还原态物质构成氧化还原电对。通常用氧化态/还原态来表示。例如，锌半电池和铜半电池的电对可分别以 Zn^{2+}/Zn 和 Cu^{2+}/Cu 表示。不仅金属和它的离子可以构成氧化还原电对，而且同一种元素的不同氧化值的离子以及非金属单质与其相应的离子等都可以构成氧化还原电对。例如，Fe^{3+}/Fe^{2+}、H^+/H_2、O_2/OH^- 和 Cl_2/Cl^- 等。若电对（如 Zn^{2+}/Zn）中有一个是导体（如金属 Zn），则电对本身就可组成半电池，若电对中没有导体，如 H^+/H_2、Fe^{3+}/Fe^{2+} 等，则必须外加一个能导电而不参加电极反应的惰性电极，才能组成半电池。通常用铂、石墨等作为惰性电极材料。

9.2.1.2 电极

任何一个原电池都是由两个电极构成的。归纳起来构成原电池的电极有四类。

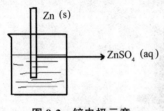
Zn (s)

ZnSO$_4$ (aq)

图 9-2　锌电极示意

(1)金属-金属离子电极

即 M(s)∣M^{n+}。将金属插入含有相同金属离子的盐溶液中。例如，Zn^{2+}/Zn 电对组成的电极(图 9-2)：M^{n+} 氧化型，M 还原型。电极反应：Zn^{2+} +2e$^-$ ⟶ Zn(s)。电极符号：Zn(s)∣Zn^{2+}(c)。"∣"表示有固、液界面。s 表示固体。

(2)气体-离子电极

例如氢电极、氯电极。固体导体插入相应离子溶液中，并通气体。电极反应：2H$^+$ +2e$^-$ ⟶ H$_2$，Cl$_2$ +2e$^-$ ⟶ 2Cl$^-$。电极符号：Pt∣H$_2$(p)∣H$^+$(c)和 Pt∣Cl$_2$(p)∣Cl$^-$(c)。Pt 作为固体导体，不与 H$_2$、H$^+$、Cl$_2$、Cl$^-$ 发生化学反应，惰性。石墨也常作固体导体。

(3)金属-金属难溶盐或氧化物-阴离子电极

例如甘汞电极、AgCl 电极。在金属表面涂上该金属的难溶盐或氧化物，插入与该盐具有相同阴离子溶液中。

例如，AgCl 涂在 Ag 丝上，插在 HCl 溶液中，形成 AgCl 电极。电极反应：AgCl+e$^-$ ⟶ Ag+Cl$^-$。电极符号：Ag(s)∣AgCl(s)∣Cl$^-$(c)。

甘汞电极(图 9-3)的电极反应：Hg$_2$Cl$_2$ +2e$^-$ ⟶ 2Hg(l) +2Cl$^-$。电极符号：Pt∣Hg(l)∣Hg$_2$Cl$_2$(s)∣KCl(饱和)。

(4)氧化还原电极

以 Pt 或石墨放在一溶液中，该溶液中含有同一元素的不同氧化数的两种离子。例如，Pt 插在含 Fe^{3+} 和 Fe^{2+} 离子的溶液中，其电极反应：Fe^{3+} +e$^-$ ⟶ Fe^{2+}。电极符号：Pt∣Fe^{3+}(c)，Fe^{2+}(c)，两种离子用","分开。

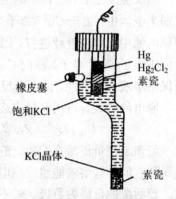
Hg
Hg$_2$Cl$_2$
素瓷
橡皮塞
饱和KCl
KCl晶体
素瓷

图 9-3　甘汞电极装置

9.2.2　电极电势

9.2.2.1　电极电势的产生

用电位计连接在前述 Cu - Zn 原电池的两极上，可测出两极之间存在 1.101 5 V 的电势，说明原电池的两极确实具有不同的电势。

金属与它的盐溶液共存，固液界面上金属离子溢出，有进入溶液而将电子留在金属上的趋向，金属越活泼，或溶液中金属离子浓度越小，这种趋向就越大。与此同时，溶液中的金属离子也有回到金属表面获得电子成为金属原子的趋向，当两种方向相反的过程进行的速率相等时，即达到动态平衡，可用下式表示：

$$M \underset{沉积}{\overset{溶解}{\rightleftharpoons}} M^{z+} +ze^-$$

若金属表面附近的溶液维持着一定数量的金属正离子，则在金属表面上将保留着相对的游离的电子。这样，就在固液界面形成了分别由带正电的金属离子和带负电的电子所构成的双电层，这种双电层产生了电极电势。金属（或非金属）与溶液中自身离子达到动态平衡时的电极电势称为平衡电极电势。影响平衡电极电势的因素有电极的本性、温度、介质、离子浓度等。外界条件一定时，电势的高低就只取决于电极的本性。金属电极取决于金属的活泼性。由于金属的活泼性不同，各种金属的电极电势数值也是不相同的。若将两种电极电势不同的电极以原电池的形式连接起来，则在两极之间就有电势差，因而产生电流。

9.2.2.2　标准氢电极

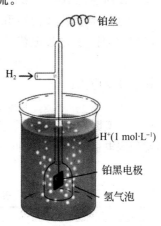

图 9-4　标准氢电极装置

迄今为止，电极电势的绝对值无法测出，目前国际上选用标准氢电极作为标准电极，将标准氢电极电势值规定为零。标准氢电极的装置如图 9-4 所示，它是将镀有一层蓬松铂黑的铂片放在氢离子浓度为 $1\ mol \cdot L^{-1}$ 的酸溶液中（如 HCl），在 25 ℃时，不断地通入纯氢气并保持其压力为 $1.0 \times 10^5\ Pa$，氢气为铂黑所吸附，被氢气饱和了的铂片就像氢气构成的电极一样，氢气与溶液中氢离子建立了动态平衡。

在上述条件下，标准氢电极的电极电势定为零，即 $\varphi^{\ominus}(H^+/H_2) = 0.000\ 0\ V$。$\varphi$ 代表电极电势，其右上角的 "$\ominus$" 表示标准状态，指有效浓度为 $1\ mol \cdot L^{-1}$，压力为 $1.0 \times 10^5\ Pa$ 时的状态。通常温度指 25 ℃，而 φ 后的括号中注明组成电极的电对。

9.2.2.3　标准电极电势

标准氢电极与其他各种标准状态下的电极组成原电池，用实验的方法测得这个原电池的标准电动势 $E^{\ominus}$，就是该电极的标准电极电势 $\varphi^{\ominus}$。

$$E^{\ominus} = \varphi^{\ominus}(+) - \varphi^{\ominus}(-)$$

如果待测电极是 $Cu/CuSO_4$（$1\ mol \cdot L^{-1}$）半电池，经实验确定该原电池的负极是氢电极，正极是铜电极。

原电池符号为

$$(-)Pt \mid H_2(1.0 \times 10^5\ Pa) \mid H^+(1\ mol \cdot L^{-1}) \parallel Cu^{2+}(1\ mol \cdot L^{-1}) \mid Cu(+)$$

电池反应为

$$H_2 + Cu^{2+}(aq) \rightleftharpoons 2H^+(aq) + Cu$$

由电位计测得此原电池的标准电动势为 0.339 4 V，即

$$E^{\ominus} = \varphi^{\ominus}(+) - \varphi^{\ominus}(-) = 0.339\ 4\ V$$

$$\varphi^{\ominus}(H^+/H_2) = 0.000\ 0\ V$$

又 $E^{\ominus} = \varphi^{\ominus}(Cu^{2+}/Cu) - \varphi^{\ominus}(H^+/H_2) = \varphi^{\ominus}(Cu^{2+}/Cu)$，所以

$$\varphi^{\ominus}(Cu^{2+}/Cu) = 0.339\ 4\ V$$

根据上述方法，可以测定不与水作用的各种单质与其相应的离子所组成的电对的标准电极

电势，而像氟、锂、钾等与水能作用的活泼单质，则不能在水溶液中测定其电极电势，可以利用热力学函数的计算得到常用的标准电极电势值。

9.2.2.4 参比电极

因氢电极为气体电极，作标准电极很不方便。实际测定中，往往采用其他稳定电极作为比较电极，又称参比电极。参比电极的电极电势必须比较稳定，其值可参考标准氢电极准确测知。常用的参比电极是以 Hg 和 $Hg_2Cl_2(s)$ 与饱和的 KCl 溶液组成的饱和甘汞电极，见图 9-3。

在 25 ℃时，其电极电势是 + 0.267 6 V。电极符号可表示如下：

$$(Pt)Hg \mid Hg_2Cl_2(s) \mid KCl（饱和溶液）$$

其电极反应为：

$$Hg_2Cl_2(s) + 2e^- = 2Hg(l) + 2Cl^-(aq)$$

在生产实践中，有时因介质不同，常采用其他参比电极。例如对海水，可用氯化银电极或饱和硫酸铜电极，对土壤也可用饱和硫酸铜电极。这些参比电极都具有比较稳定的电极电势，见表 9-1。

表 9-1　常用参比电极的电极电势（25 ℃）

参比电极名称	电极电势 E/V	参比电极名称	电极电势 E/V
饱和甘汞电极	0.267 6	饱和硫酸铜电极	0.316 0
氯化银电极	0.222 2	标准氢电极	0.000 0

9.2.2.5 关于标准电极电势表

书末附表列出了 298.15 K 时一些电对的标准电极电势。为了能正确使用标准电极电势数据，将有关问题说明如下：

(1)$\varphi^{\ominus}$ 的应用是有条件的。$\varphi^{\ominus}$ 数值是在标准状态下，在水溶液中测出的，对高温下的反应及非水溶液或固相反应都不适用。如果离子浓度改变，电极电势也随之变化。

(2)电对的电极反应都是按还原反应书写的，按氧化反应书写，$\varphi^{\ominus}$ 值不变。

(3)$\varphi^{\ominus}$ 与反应式中各物质的计量数无关。例如：

$$Zn^{2+} + 2e^- \longrightarrow Zn \qquad \varphi^{\ominus}(Zn^{2+}/Zn) = -0.761\ 8\ V$$

$$2Zn^{2+} + 4e^- \longrightarrow 2Zn \qquad \varphi^{\ominus}(Zn^{2+}/Zn) = -0.761\ 8\ V$$

(4)$\varphi^{\ominus}$ 与电极在电池中是正极还是负极无关。

(5)根据标准电极电势 $\varphi^{\ominus}$ 可以计算原电池的标准电动势 $E^{\ominus}$。即

$$E^{\ominus} = \varphi^{\ominus}(+) - \varphi^{\ominus}(-)$$

9.2.3 电极电势与吉布斯自由能变的关系

原电池可以产生电能，电能可以做功。电池做了功，其吉布斯函数减少。在恒温、恒压下，原电池所做的最大电功 $W_{电}$ 等于电池反应吉布斯函数的减少。而电功等于电量 Q 乘以电池电动势 E，即

$$\Delta_r G_m = W_{电} \tag{9-3}$$
$$W_{电} = -QE \tag{9-4}$$
$$W_{电} = -nFE \tag{9-5}$$

F 为法拉第常数，其值为 96 500 C·mol^{-1}（C 表示库仑），即 1 mol 电子所带电量；n 为电池反应中电子转移数。所以 $\Delta_r G_m = -nFE$ 当原电池处于标准状态时，原电池的电动势就是标准电动势 $\Delta_r G_m^{\ominus} = -nFE^{\ominus}$。

这个关系十分重要，它把热力学和电化学联系了起来。根据这一关系式，可以通过实验测得标准电动势，从而计算反应的标准吉布斯自由能变；反之，也可以用热力学函数来计算原电池的电动势。

【例 9-5】 已知下列反应的热力学数据，试计算 $\varphi^{\ominus}(Zn^{2+}/Zn)$

解：

$$Zn + 2H^+ \Longrightarrow Zn^{2+} + H_2$$

$\Delta_f H_m^{\ominus}/kJ·mol^{-1}$　　0　　　0　　　-152.4　　0

$S_m^{\ominus}/J·mol^{-1}$　　　41.63　　0　　　-106.5　　130.7

$\Delta_r H_m^{\ominus} = \Delta_f H_m^{\ominus}(Zn^{2+}) + \Delta_f H_m^{\ominus}(H_2) - 2\Delta_f H_m^{\ominus}(H^+) - \Delta_f H_m^{\ominus}(Zn)$

　　　　$= -152.4 \ kJ·mol^{-1}$

$\Delta_r S_m^{\ominus} = S_m^{\ominus}(Zn^{2+}) + S_m^{\ominus}(H_2) - 2S_m^{\ominus}(H^+) - S_m^{\ominus}(Zn)$

　　　　$= -17.43 \ J·mol^{-1}$

$\Delta_r G_m^{\ominus} = \Delta_r H_m^{\ominus} - T\Delta_r S_m^{\ominus} = -152.4 \ kJ·mol^{-1} - (-17.43 \times 10^{-3} \ kJ·mol^{-1} \times 298 \ K)$

　　　　$= -147.2 \ kJ·mol^{-1}$

$\Delta_r G_m^{\ominus} = -nE^{\ominus}F$

$E^{\ominus} = 0.762 \ V$

因为 $E^{\ominus} = \varphi^{\ominus}(+) - \varphi^{\ominus}(-) = \varphi^{\ominus}(H^+/H_2) - \varphi^{\ominus}(Zn^{2+}/Zn)$

所以 $\varphi^{\ominus}(Zn^{2+}/Zn) = -0.762 \ V$

【例 9-6】 计算 298 K，反应的 $\Delta_r G_m^{\ominus}$，并判断标准状态下反应的自发方向。

$$Sn^{2+}(aq) + Pb(s) \Longrightarrow Sn(s) + Pb^{2+}(aq)$$

解： 若利用该反应设计原电池，则正极为 Sn^{2+}/Sn，发生还原反应；负极为 Pb^{2+}/Pb，发生氧化反应。

$\Delta_r G_m^{\ominus} = -nE^{\ominus}F = -nF[\varphi^{\ominus}(Sn^{2+}/Sn) - \varphi^{\ominus}(Pb^{2+}/Pb)]$

　　　　$= -2 \times 96 \ 500 \times [-0.136 - (-0.126)]$

　　　　$= 1.93 \ kJ·mol^{-1}$

$\Delta_r G_m^{\ominus} > 0$

标准状态下反应逆向进行。

9.3 影响电极电势的因素(Influence Factors on Electrode Potential)

电极电势泛指任意电极的界面电势差，它不仅取决于电极中氧化还原电对的本性，还与温度、浓度或分压以及介质的酸度有关。溶液中的反应一般是在常温下进行，因此温度对电极电势的影响较小，而氧化型和还原型的浓度变化及溶液的酸度，则是重要的影响因素。这种影响关系可以用能斯特(Nernst)方程表示。

9.3.1 能斯特方程

常见的氧化还原反应，是在 298 K 附近、非标准下进行的。对于任意电极反应：

$$a(氧化态) + ne^- \longrightarrow b(还原态)$$

能斯特方程为：$E = E^{\ominus} - \dfrac{RT}{nF}\ln Q$（$Q$ 为反应商）   (9-6)

将该式中的自然对数换成常用对数，并以 $F = 96\,500 \text{ C}\cdot\text{mol}^{-1}$，$R = 8.314 \text{ J}\cdot\text{mol}^{-1}\cdot\text{K}^{-1}$，$T = 298$ K 代入，得

在 298 K，$E = E^{\ominus} - \dfrac{0.059\,2}{n}\lg Q$ (9-7)

对于电极反应，方程式表达为 $\varphi = \varphi^{\ominus} + \dfrac{RT}{nF}\ln\dfrac{[c(氧化态)/c^{\ominus}]^a}{[c(还原态)/c^{\ominus}]^b}$ (9-8)

此式称为能斯特(Nernst) 方程式，是德国物理化学家能斯特于 1889 年导出的一个关系式，它定量地描述了电极电势与离子浓度的关系。在方程式中：φ 为电极电势；$\varphi^{\ominus}$ 为标准电极电势，n 为电极反应中转移的电荷数；$[c(氧化态)/c^{\ominus}]^a$ 和 $[c(还原态)/c^{\ominus}]^b$ 分别表示电极反应中在氧化态一侧各物质相对浓度($c/c^{\ominus}$) 的乘积和在还原态一侧各物质相对浓度的乘积；各物质相对浓度的指数应等于电极反应方程式中相应物质的化学计量数。如果有固体、纯液体和水参加反应，则它们的相对浓度均为 1；如果是气体参与反应，则以气体的相对压力($p/p^{\ominus}$) 进行计算。对于

$$Cr_2O_7^{2-} + 14H^+ + 6e^- \Longleftrightarrow 2Cr^{3+} + 7H_2O \quad \varphi^{\ominus} = 1.33 \text{ V}$$

$$\varphi = 1.33 + \dfrac{0.059\,2}{6}\lg\dfrac{[c(Cr_2O_7)/c^{\ominus}][c(H^+)/c^{\ominus}]^{14}}{[c(Cr^{3+})/c^{\ominus}]^2}$$

对于：$Fe^{3+} + e^- = Fe^{2+} \quad \varphi^{\ominus} = 0.771 \text{ V}$

$$\varphi = 0.771 + 0.059\,2\lg\dfrac{c(Fe^{3+})/c^{\ominus}}{c(Fe^{2+})/c^{\ominus}}$$

【例 9-7】计算 298 K 时锌在锌离子浓度为 $0.001\,0 \text{ mol}\cdot\text{L}^{-1}$ 的盐溶液中的电极电势。

解：

$$Zn^{2+}(aq) + 2e^- \longrightarrow Zn(s)$$

$c(Zn^{2+}) = 0.001\,0 \text{ mol}\cdot\text{L}^{-1}$，还原态物质 Zn 为固体，$E^{\ominus}(Zn^{2+}/Zn) = -0.762\,1 \text{ V}$

所以 $E(Zn^{2+}/Zn) = E^{\ominus}(Zn^{2+}/Zn) + \dfrac{0.059\,2}{2}\lg\dfrac{[c(氧化态)/c^{\ominus}]^a}{[c(还原态)/c^{\ominus}]^b}$

$\qquad\qquad\qquad = -0.762\,1\ \text{V} + \dfrac{0.059\,2}{2}\lg\dfrac{0.001}{1}$

$\qquad\qquad\qquad = -0.851\ \text{V}$

【例 9-8】 当 pH = 5 时，计算 298 K 下 MnO_4^- / Mn^{2+} 的电极电势(其他条件同标准态)。

解： 电极反应为 $MnO_4^-(aq) + 8H^+(aq) + 5e^- \longrightarrow Mn^{2+}(aq) + 4H_2O$

因为 $c(MnO_4^-) = c(Mn^{2+}) = 1\ \text{mol} \cdot \text{L}^{-1}$，$c(H^+) = 1.0 \times 10^{-5}\ \text{mol} \cdot \text{L}^{-1}$

$E^{\ominus}(MnO_4^-/Mn^{2+}) = +1.512\ \text{V}$

所以 $E(MnO_4^-/Mn^{2+}) = E^{\ominus}(MnO_4^-/Mn^{2+}) + \dfrac{0.059\,2}{5}\lg\dfrac{[c(氧化态)/c^{\ominus}]^a}{[c(还原态)/c^{\ominus}]^b}$

$\qquad\qquad\qquad\qquad = 1.512\ \text{V} + \dfrac{0.059\,2}{5}\lg\dfrac{[c(H^+)/c^{\ominus}]^8}{1}$

$\qquad\qquad\qquad\qquad = 1.04\ \text{V}$

【例 9-9】 计算非金属碘在 $0.010\ \text{mol} \cdot \text{L}^{-1}$ KI 溶液中的电极电势(298 K)。

解： $I_2(s) + 2e^- \longrightarrow 2I^-(aq)$

$E(I_2/I^-) = E^{\ominus}(I_2/I^-) + \dfrac{0.059\,2}{2}\lg\dfrac{1}{[c(还原态)/c^{\ominus}]^2}$

$\qquad\qquad = E^{\ominus}(I_2/I^-) + \dfrac{0.059\,2}{2}\lg\dfrac{1}{[c(I^-)/c^{\ominus}]^2}$

$\qquad\qquad = 0.534\,5\ \text{V} + \dfrac{0.059\,2}{2}\lg\dfrac{1}{0.012} = 0.65\ \text{V}$

从以上几例可以看出：离子浓度对电极电势有影响，但影响不大。

如例 9-7 中，当金属离子浓度减小到原来的 1 下降到 $0.001\,0\ \text{mol} \cdot \text{L}^{-1}$，电极电势改变不到 0.1 V。当金属离子或氢离子浓度减小，金属或氢的电极电势代数值减小，金属或氢容易失去电子成为离子而进入溶液，金属或氢的还原性增强。反之，如果增大金属离子浓度或氢离子浓度，则金属或氢的电极电势代数值增大，使金属或氢的还原性减弱。

9.3.2　浓度对电极电势的影响

由能斯特方程可知，当体系的温度一定时，对确定的电极来说，其电极电势 φ 除了和电极本质有关外，主要取决于浓度项 $c^a(\text{Ox})/c^b(\text{Red})$，改变氧化型或还原型物质的浓度，将使电极电势发生变化。

(1)离子浓度改变对电极电势的影响

【例 9-10】 已知 $Fe^{3+} + e^- \longrightarrow Fe^{2+}$　$\varphi^{\ominus} = 0.771\ \text{V}$

求：$c(Fe^{3+})/c(Fe^{2+}) = 10\,000$ 时的 $\varphi(Fe^{3+}/Fe^{2+}) = ?$

解： $\varphi(Fe^{3+}/Fe^{2+}) = 0.771\ \text{V} + \dfrac{0.059\,2}{1}\lg\dfrac{c(Fe^{3+})/c^{\ominus}}{c(Fe^{2+})/c^{\ominus}}$

$\qquad\qquad\qquad = 0.771\ \text{V} + 0.059\,2\lg 10\,000$

$$=1.01 \text{ V}$$

从计算结果知：$\dfrac{c(\text{Fe}^{3+})/c^{\ominus}}{c(\text{Fe}^{2+})/c^{\ominus}}$ 比值变大，即氧化型浓度增大，还原型浓度降低，φ 增大。

由原来的 0.771 V 变为 1.01 V，增加了 0.236 V。从平衡角度，$c(\text{Fe}^{2+})$ 减小，平衡右移，即 Fe^{3+} 得电子能力强，氧化性增强。

(2) 酸度对电极电势的影响

当电极反应中含有 H^+ 或 OH^-，则酸度对 φ 产生影响。

【例 9-11】 $\text{Cr}_2\text{O}_7^{2-} + 14\text{H}^+ + 6\text{e}^- = 2\text{Cr}^{3+} + 7\text{H}_2\text{O}$ $\varphi^{\ominus} = 1.33 \text{ V}$ 假定 $c(\text{Cr}_2\text{O}_7^{2-}) = c(\text{Cr}^{3+}) = 1.0 \text{ mol} \cdot \text{L}^{-1}$ 当改变 $c(\text{H}^+) = 0.001$ 时，$\varphi = ?$

解： $\varphi = \varphi^{\ominus} + \dfrac{RT}{nF}\ln\dfrac{[c(\text{氧化态})/c^{\ominus}]^a}{[c(\text{还原态})/c^{\ominus}]^b}$

$\varphi = 1.33 + \dfrac{0.059\,2}{6}\lg\dfrac{[c(\text{Cr}_2\text{O}_7^{2-})/c^{\ominus}] \cdot [c(\text{H}^+)/c^{\ominus}]^{14}}{c(\text{Cr}^{3+})/c^{\ominus}}$

因为 $c(\text{Cr}_2\text{O}_7^{2-})/c^{\ominus} = 1.0$ $c(\text{Cr}^{3+})/c^{\ominus} = 1.0$

所以 $\varphi = \varphi^{\ominus} + 0.059\,2/6\ \lg[c(\text{H}^+)/c^{\ominus}]^{14}$

当 $c(\text{H}^+) = 1 \text{ mol} \cdot \text{L}^{-1}$ 时：$\varphi = 1.33 + 0.059\,2/6\ \lg 1^{14} = 1.33 \text{ V}$

当 $c(\text{H}^+) = 10^{-3} \text{ mol} \cdot \text{L}^{-1}$ 时：$\varphi = 1.33 + 0.059\,2/6\ \lg(10^{-3})^{14}$

$$= 1.33 - 42 \times 0.059\,2/6 = 0.92 \text{V}$$

从该例中知：$\text{K}_2\text{Cr}_2\text{O}_7$ 在强酸中氧化性更大。

【例 9-12】 已知 $2\text{H}^+ + 2\text{e}^- = \text{H}_2$ $\varphi^{\ominus} = 0 \text{ V}$

求算：$c(\text{CH}_3\text{COOH}) = 0.10 \text{ mol} \cdot \text{L}^{-1}$，$p(\text{H}_2) = 1.013 \times 10^5 \text{ Pa}$ 时，氢电极的电极电势 $\varphi(\text{H}^+/\text{H}_2) = ?$

解： $\varphi = 0.0 + \dfrac{0.059\,2}{2}\lg\dfrac{[c(\text{H}^+)/c^{\ominus}]^2}{[p(\text{H}_2)/p^{\ominus}]}$

从以上公式知：若想求出 $\varphi(\text{H}^+/\text{H}_2)$ 首先要知 $\text{H}^+ = ?$

$$\text{CH}_3\text{COOH} \rightleftharpoons \text{H}^+ + \text{CH}_3\text{COO}^-$$

浓度 $0.10 - x$ x x

因为 $c_0/K_a = 0.1/1.8 \times 10^{-5} > 400$

代入公式：$x = c(\text{H}^+)/c^{\ominus} = \sqrt{K_a \cdot c(\text{HAc})} = 1.3 \times 10^{-3} \text{ mol} \cdot \text{L}^{-1}$

$\varphi = 0.0 + \dfrac{0.059\,2}{2}\lg\dfrac{[c(\text{H}^+)/c^{\ominus}]^2}{p(\text{H}_2)/p^{\ominus}}$

$= \dfrac{0.059\,2}{2}\lg\dfrac{[1.3 \times 10^{-3}]^2}{\dfrac{1.013 \times 10^{-5}}{1.013 \times 10^{-5}}}$

$= -0.17 \text{ V}$

从计算结果知，由于 H^+ 离子浓度降低，氢的电极电势降低了 0.17 V。

（3）沉淀的生成对电极电势的影响

【例 9-13】298 K 时，电极反应 $Ag^+ + e^- = Ag$，$\varphi^{\ominus}(Ag^+/Ag) = 0.799$ V，若在 Ag^+ 溶液中加入 NaCl，使产生 AgCl 沉淀：

$$Ag^+ + Cl^- \longrightarrow AgCl(s)$$

当达平衡时，如果 $c(Cl^-) = 1 \text{ mol} \cdot L^{-1}$，$\varphi(Ag^+/Ag) = ?$

解：当达平衡时，$c(Cl^-) = 1 \text{ mol} \cdot L^{-1}$，

$$c(Ag^+)/c^{\ominus} = K_{sp}^{\ominus}/[c(Cl^-)/c^{\ominus}] = K_{sp}^{\ominus}/1 = K_{sp}^{\ominus} = 1.6 \times 10^{-10}$$

$$\begin{aligned}\varphi(Ag^+/Ag) &= \varphi^{\ominus}(Ag^+/Ag) + 0.059\,2/1 \lg[c(Ag^+)/c^{\ominus}]\\ &= 0.799 + 0.059\,2 \lg 1.6 \times 10^{-10}\\ &= 0.799 - 0.578\\ &= 0.221V\end{aligned}$$

该数值即为银－氯化银电极（AgCl/Ag）的标准电极电位 $[\varphi^{\ominus}(AgCl/Ag)]$。

当将 Ag 插入 Ag^+ 溶液中组成银电极 Ag^+/Ag 时，再加入 NaCl 溶液产生的 AgCl 沉淀沉积在 Ag 表面，就形成了 AgCl/Ag 电极。当 $c(Cl^-) = 1.0 \text{ mol} \cdot L^{-1}$ 时，电极电位由 0.799 V 变为 0.221 V，使 Ag^+ 的氧化能力降低。

若沉淀剂与氧化型离子作用，使电极电势降低，氧化型物质的氧化能力降低；反之，沉淀剂与还原型离子作用，使电极电势升高，氧化型物质的氧化能力增强。

（4）金属离子配合物的生成对电极电势的影响

【例 9-14】已知 $\varphi^{\ominus}(Cu^{2+}/Cu) = +0.342$ V，$K_f^{\ominus}[Cu(NH_3)_4]^{2+} = 2.1 \times 10^{13}$，求 $\varphi^{\ominus}\{[Cu(NH_3)_4]^{2+}/Cu\}$。

解：

$$\begin{aligned}\varphi^{\ominus}\{[Cu(NH_3)_4]^{2+}/Cu\} &= \varphi^{\ominus}(Cu^{2+}/Cu) + \frac{0.059\,2 \text{ V}}{2} \lg \frac{c[Cu(NH_3)_4]^{2+}/c^{\ominus}}{K_f^{\ominus}[Cu(NH_3)_4]^{2+} \cdot [(NH_3)_4/c^{\ominus}]}\\ &= 0.342 \text{ V} + \frac{0.059\,2 \text{ V}}{2} \lg \frac{1}{2.1 \times 10^{13}} = -0.053\,4 \text{ V}\end{aligned}$$

虽然 $c[(Cu(NH_3)_4]^{2+}$ 与 NH_3 的浓度均为标准状态 1 mol·L^{-1}，但 $c[Cu(NH_3)_4]^{2+}$ 的生成，使 $c(Cu^{2+})$ 改变，从而使电极电势改变。金属离子形成配合物后，氧化性减弱，还原性增强。

9.4　电极电势的应用（Application of Electrode Potential）

电极电势标志着水溶液中物质得失电子能力的大小，可以定量地衡量物质氧化还原能力的强弱，故运用 $\varphi^{\ominus}$ 或 φ 可以判断氧化剂和还原剂强弱的基础上判断氧化还原的方向、次序和程度。

9.4.1　判断氧化剂和还原剂的强弱

若氧化还原电对的电极电势代数值越小，则该电对中的还原态物质越易失去电子，是越强的还原剂，其对应的氧化态物质就越难得到电子，是越弱的氧化剂。若电极电势的代数值越大，则该电对中氧化态物质是越强的氧化剂，其对应的还原态物质就是越弱的还原剂。

例如，有下列三个电对：

电对电极	电极反应	标准电极电势 $\varphi^\ominus$ /V
I_2/I^-	$I_2(s) + 2e^- \longrightarrow 2I^-(aq)$	$+0.535\ 5$
Fe^{3+}/Fe^{2+}	$Fe^{3+}(aq) + e^- \longrightarrow Fe^{2+}(aq)$	$+0.771$
Br_2/Br^-	$Br_2(l) + 2e^- \longrightarrow 2Br^-(aq)$	$+1.066$

从标准电极电势可以看出，在离子浓度为 $1\ mol \cdot L^{-1}$ 的条件下，I^- 是最强的还原剂，它可以还原 Fe^{3+} 或 Br_2；而其对应的 I_2 是其中最弱的氧化剂，它不能氧化 Br^- 或 Fe^{2+}。Br_2 是其中最强的氧化剂，可以氧化 Fe^{2+} 或 I^-；对应的 Br^- 是其中最弱的还原剂，不能还原 I_2 或 Fe^{3+}。Fe^{3+} 的氧化性比 I_2 的要强而比 Br_2 弱，它只能氧化 I^- 而不能氧化 Br^-；Fe^{2+} 的还原性比 Br^- 的要强而比 I^- 的要弱，因而它可以还原 Br_2 而不能还原 I^-。一般来说，当电对的氧化态或还原态离子浓度不是标准浓度或者还有 H^+ 或 OH^- 参加电极反应时，要考虑浓度和酸碱性对电极电势的影响，运用能斯特方程式计算非标准电极电势值后，再比较氧化剂或还原剂的相对强弱。对于简单的电极反应，离子浓度的变化对电极电势值的影响不大，因而只要两个电对在标准电极电势表中的位置相距较远时，通常也可直接用标准电极电势值来进行比较；对于含氧酸盐，在介质 H^+ 浓度不为 $1\ mol \cdot L^{-1}$ 时必须进行计算再进行比较。

【例 9-15】 下列三个电对中，在标准条件下哪个是最强的氧化剂？若其中的 MnO_4^-（或 $KMnO_4$）改为在 pH=5.00 的条件下，它们的氧化性相对强弱次序将发生怎样的改变？

$$\varphi^\ominus(MnO_4^-/Mn^{2+}) = +1.507\ V$$

$$\varphi^\ominus(Br_2/Br^-) = +1.066\ V$$

$$\varphi^\ominus(I_2/I^-) = +0.535\ 5\ V$$

解：（1）在标准状态下可用 $\varphi^\ominus$ 值的相对大小进行比较，φ 值的相对大小次序为 $\varphi^\ominus(MnO_4^-/Mn^{2+}) > \varphi^\ominus(Br_2/Br^-) > \varphi^\ominus(I_2/I^-)$。所以，在上述物质中 MnO_4^-（或 $KMnO_4$）是最强的氧化剂，I^- 是最强的还原剂。

（2）$KMnO_4$ 溶液中的 pH=5.00，即 $c(H^+) = 1.00 \times 10^{-5}\ mol \cdot L^{-1}$ 时，根据能斯特方程进行计算，得 $\varphi(MnO_4^-/Mn^{2+}) = 1.034\ V$。此时电极电势

相对大小次序为 $\varphi(Br_2/Br^-) > \varphi(MnO_4^-/Mn^{2+}) > \varphi(I_2/I^-)$

这就是说，当 pH=1.00 变为 pH=5.00，酸性减弱时，$KMnO_4$ 的氧化性减弱了，它的氧化性变成介于 Br_2 与 I^- 之间。此时氧化性的强弱次序为 $Br_2 > MnO_4^-$（pH=5.00）$> I_2$。顺便指出，在选用氧化剂和还原剂时，还必须注意具体的情况。例如，要从溶液中将 Cu^{2+} 还原而得到金属铜，若只从电极电势考虑，可选用金属钠作为还原剂。但实际上，金属钠放入水溶液中，首先便会与水作用，生成 NaOH 和 H_2，而生成的 NaOH 进而与 Cu^{2+} 反应生成

$Cu(OH)_2$ 沉淀。若选用较活泼的金属锌，则过量的锌与还原产物铜会混在一起而不易分离。而选用像 H_2SO_4 这样的还原剂就较合理，一方面可将 Cu^{2+} 还原成铜，另一方面又易于分离。

9.4.2　判断氧化还原反应进行的方向

任何氧化还原反应均可装置为原电池，由热力学原理知，在恒温、恒压下，氧化还原反应的吉布斯自由能变与原电池电动势的关系为 $\Delta_r G_m = -zFE$，而 $E = \varphi(+) - \varphi(-)$。当 $E > 0$ 时，即 $\Delta_r G_m^\ominus < 0$，则反应将正向自发进行；反之，反应非自发，而逆反应自发。可见，电池电动势的正负，取决于两个电极的电极电势相对大小，可依据有关电极电势数据判断氧化还原反应进行的趋势。

【例 9-16】判断下列氧化还原反应进行的方向：

(1) $Sn + Pb^{2+}(1\ mol \cdot L^{-1}) \longrightarrow Sn^{2+}(1\ mol \cdot L^{-1}) + Pb$

(2) $Sn + Pb^{2+}(0.1\ mol \cdot L^{-1}) \longrightarrow Sn^{2+}(1\ mol \cdot L^{-1}) + Pb$

解： 先从表中查出各电对的标准电极电势：

$\varphi^\ominus(Sn^{2+}/Sn) = -0.137\ 5\ V$，　　$\varphi^\ominus(Pb^{2+}/Pb) = -0.126\ V$

(1) 由于各物质的浓度都是标准浓度，直接用标准电极电势比较，Pb 电极的标准电极电势高于 Zn 的标准电极电势，所以反应正向进行。

(2) Pb^{2+} 没处于标准浓度，要用能斯特方程计算：

$$(Pb^{2+}/Pb) = (Pb^{2+}/Pb) + \frac{0.059\ 2\ V}{2}\lg[c(Pb^{2+})/c^\ominus]$$

$$= -0.126\ 2\ V + \frac{0.059\ 2\ V}{2}\lg 0.100\ 0 = -0.155\ 8\ V$$

这时铅电极的电极电势低于锡的标准电极电势，所以 Pb^{2+} 不能置换出溶液中的 Sn，只能逆向进行。

【例 9-17】$H_3AsO_4 + 2I^- + 2H^+ \rightleftharpoons H_3AsO_3 + I_2 + H_2O$

计算：(1) $c(H_3AsO_4) = c(I^-) = c(H^+) = 1\ mol \cdot L^{-1}$

(2) $c(H_3AsO_4) = c(I^-) = c(H_3AsO_3) = 1\ mol \cdot L^{-1}$，$c(H^+) = 1.0 \times 10^{-8}\ mol \cdot L^{-1}$

时反应进行的方向。已知：$\varphi^\ominus(H_3AsO_4/H_3AsO_3) = 0.56\ V$，$\varphi^\ominus(I_2/I^-) = 0.53\ V$

解： 电极反应 $H_3AsO_4 + 2H^+ + 2e^- \rightleftharpoons H_3AsO_3 + H_2O$

(1) 标准状态下：

$E^\ominus = \varphi^\ominus(H_3AsO_4/H_3AsO_3) - \varphi^\ominus(I_2/I^-) = 0.56 - 0.53 = 0.03\ V$

$E^\ominus > 0$，

所以反应向右进行。

(2)

$$\varphi(H_3AsO_4/H_3AsO_3) = \varphi^\ominus(H_3AsO_4/H_3AsO_3) + \frac{0.059\ 2}{2}\lg\frac{[c(H_3AsO_4)/c^\ominus]\cdot[c(H^+)/c^\ominus]^2}{c(CH_3AsO_3)/c^\ominus}$$

$$= 0.56 + \frac{0.059\ 2}{2}\lg\frac{1\times(10^{-8})^2}{1}$$

$$=0.088 \text{ V}$$

$$\varphi^{\ominus}(I_2/I^-)=0.535 \text{ V}$$

$$\varepsilon=0.088 \text{ V}-0.535 \text{ V}=-0.447 \text{ V}$$

$$\varepsilon<0$$

反应逆向进行，酸度对反应方向产生影响。由此得知，标准状态下，可以用标准 $\varphi^{\ominus}$ 值判断反应的方向。较大电势的氧化型物质与较小电势的还原型物质反应，向生成它们对应的还原型物质与氧化型物质方向进行。但非标准状态，必须根据计算获得实际情况下的非标准 φ，才能正确判断氧化还原进行的方向。

9.4.3 选择合适的氧化剂和还原剂

如果对一个复杂化学体系的某一组份进行选择性的氧化或还原，而其他组分不能发生氧化还原反应，就需要选择合适的氧化剂和还原剂。

【例 9-18】 现有含 Cl^-、Br^-、I^- 的混合溶液，欲将 I^- 氧化成 I_2，而 Br^-、Cl^- 不被氧化，在常用的氧化剂 $Fe_2(SO_4)_3$ 和 $KMnO_4$ 中选择哪一个能符合上述要求？

解： 查标准电极电势得

	I_2/I^-	Br_2/Br^-	Cl_2/Cl^-
$\varphi^{\ominus}$/V	0.535	1.065	1.36

	Fe^{3+}/Fe^{2+}	MnO_4^-/Mn^{2+}
$\varphi^{\ominus}$/V	0.771	1.51

即 $\varphi^{\ominus}(I_2/I^-)<\varphi^{\ominus}(Fe^{3+}/Fe^{2+})<\varphi^{\ominus}(Br_2/Br^-)<\varphi^{\ominus}(Cl_2/Cl^-)<\varphi^{\ominus}(MnO_4^-/Mn^{2+})$

Fe^{3+} 只能把 I^- 氧化为 I_2，而不能把 Cl^-、Br^-、I^- 氧化为相应的单质，因此，应选择 $Fe_2(SO_4)_3$。

9.4.4 判断氧化还原反应的进行程度

平衡常数 $K^{\ominus}$ 是反应限度的标志，标准电池电动势与电池反应平衡常数 $K^{\ominus}$ 的关系，$\Delta_r G_m^{\ominus}=-nFE^{\ominus}=-RT\ln K^{\ominus}$，298.15 K 时，

$$E^{\ominus}=\frac{0.0592}{n}\lg K^{\ominus} \tag{9-9}$$

由式可知，通过实验测定或从标准电极电势数据计算出电池的标准电池电动势，便可求出电池反应的标准平衡常数 $K^{\ominus}$。$K^{\ominus}$ 值越大，反应进行的程度就越大；$K^{\ominus}$ 值小者，反应进行的程度就小。

现仍以 Cu - Zn 电池及其反应为例说明。

随着 Cu - Zn 电池的电池反应进行，$c(Zn^{2+})$ 不断增加，$c(Cu^{2+})$ 不断减小，根据能斯特方程得

$$\varphi(Zn^{2+}/Zn)=\varphi^{\ominus}(Zn^{2+}/Zn)+\frac{0.0592 \text{ V}}{2}\lg[c(Zn^{2+})/c^{\ominus}]$$

$$\varphi(Cu^{2+}/Cu)=\varphi^{\ominus}(Cu^{2+}/Cu)+\frac{0.0592 \text{ V}}{2}\lg[c(Cu^{2+})/c^{\ominus}]$$

所以，$\varphi(Zn^{2+}/Zn)$ 的值逐渐增大，$\varphi(Cu^{2+}/Cu)$ 的值逐渐减小，反应达到平衡时，两值相等。于是

$$\varphi^{\ominus}(Zn^{2+}/Zn)+\frac{0.059\,2\text{ V}}{2}\lg[c(Zn^{2+})/c^{\ominus}]=\varphi^{\ominus}(Cu^{2+}/Cu)+\frac{0.059\,2\text{ V}}{2}\lg[c(Cu^{2+})/c^{\ominus}]$$

$$\varphi^{\ominus}(Cu^{2+}/Cu)-\varphi^{\ominus}(Zn^{2+}/Zn)=\frac{0.059\,2\text{ V}}{2}\lg\frac{[c(Zn^{2+})/c^{\ominus}]}{[c(Cu^{2+})/c^{\ominus}]}$$

其中 $\dfrac{[c(Zn^{2+})/c^{\ominus}]}{[c(Cu^{2+})/c^{\ominus}]}$ 即为反应 $Zn+Cu^{2+}\rightleftharpoons Zn^{2+}+Cu$ 的平衡常数 $K^{\ominus}$。

所以，$\lg K^{\ominus}=\dfrac{2}{0.059\,2}\times[0.342-(-0.762)]$

$$K^{\ominus}=1.94\times10^{37}$$

$K^{\ominus}$ 值很大，说明锌置换铜的反应可以进行完全。由此可见，利用电极反应的标准电势可以计算相应氧化还原反应的平衡常数。其通式如下：

$$\lg K^{\ominus}=\frac{n}{0.059\,2}\times[\varphi^{\ominus}(+)-\varphi^{\ominus}(-)]=\frac{nE^{\ominus}}{0.059\,2}$$

显然，电池电势越大，反应越完全。

【例 9-19】 计算下列反应在 298.15 K 时的标准平衡常数 $K^{\ominus}$。

$$Cu(s)+2Ag^{+}(aq)\rightleftharpoons Cu^{2+}(aq)+2Ag(s)$$

解： 先设想按上述氧化还原反应所组成的一个标准条件下的原电池

负极 $Cu(s)\longrightarrow Cu^{2+}(aq)+2e^{-}$； $\varphi^{\ominus}(Cu^{2+}/Cu)=0.342$ V

正极 $2Ag^{+}(aq)+2e^{-}\longrightarrow 2Ag(s)$； $\varphi^{\ominus}(Ag^{+}/Ag)=0.800$ V

原电池的标准电动势为

$$E^{\ominus}=\varphi^{\ominus}(+)-\varphi^{\ominus}(-)=\varphi^{\ominus}(Ag^{+}/Ag)-\varphi^{\ominus}(Cu^{2+}/Cu)$$
$$=0.800\text{ V}-0.342\text{ V}=0.458\text{ V}$$

代入公式(9-12)求标准平衡常数：

$$\lg K^{\ominus}=\frac{nFE^{\ominus}}{2.303RT}=\frac{n}{0.059\,2}\times E^{\ominus}=\frac{2}{0.059\,2}\times0.458$$

$$K^{\ominus}=4.2\times10^{15}$$

从以上结果可以看出，该反应进行的程度是相当彻底的。一般说来，当 $n=1$ 时，$E^{\ominus}>0.3$ V 的氧化还原反应的 K 值大于 10^{5}；当 $n=2$ 时，$E^{\ominus}>0.2$V 的氧化还原反应的 K 值大于 10^{6}，此时可认为反应就能进行得相当彻底。应当指出，以上对氧化还原反应方向和程度的判断，都是从化学热力学的角度进行讨论的，并未涉及反应速率问题。对于一个具体的氧化还原反应的可行性即现实性，还需要同时考虑反应速率的大小。例如，在酸性 $KMnO_4$ 溶液中，加入纯 Zn 粉，其反应为

$$2MnO_4^{-}+5Zn+16H^{+}\rightleftharpoons 2Mn^{2+}+5Zn^{2+}+8H_2O$$

此电池反应的标准电动势 $E^{\ominus}=2.27$ V，K 值约为 10^{384}，但反应速度非常缓慢。在溶液

中加入少量 Fe^{3+} 作为催化剂，才大大加快了反应的速率。

$$2MnO_4^- + 5Zn + 16H^+ \xrightleftharpoons{Fe^{3+}} 2Mn^{2+} + 5Zn^{2+} + 8H_2O$$

9.5 元素的标准电极电势图
(Standard Electrode Potential of Element)

大多数非金属元素和过渡金属元素可以存在多种氧化态，各氧化态之间都有相应的标准电极电势。将它们的电极电势以图解的方式表示叫元素的标准电势图。按氧化态从高到低，以从左到右的顺序排列，在横线上标出标准电极电势。根据溶液的 pH 值不同，元素标准电势图分为两类，酸性和碱性。如锰元素在酸性介质中的电势图：

锰元素在碱性介质中的电势图：

元素电势图有着重要的应用：

(1) 利用元素的电势图求算某电对的未知的标准电极电势

已知两个或两个以上的相邻电对的标准电极电势，可求出另一个电对的未知 $\varphi^{\ominus}$ 对于电势图

根据盖斯定律，可以推导到如下公式，其中

$$n = n_1 + n_2 + n_3$$

$$\varphi^{\ominus} = \frac{n_1\varphi_1^{\ominus} + n_2\varphi_2^{\ominus} + n_3\varphi_3^{\ominus}}{n_1 + n_2 + n_3}$$

(2) 判断能否发生歧化反应

根据元素的电势图可以判断中间氧化数的物质是否发生歧化反应。如酸性铜的电势图为

$$Cu^{2+} \xrightarrow{0.159\ V} Cu^+ \xrightarrow{0.515\ V} Cu$$

在两个电对 Cu^{2+}/Cu^+ 和 Cu^{2+}/Cu 中，Cu^+ 既作为还原型物质，又可作为氧化型物质。$\varphi^{\ominus}(Cu^+/Cu) > \varphi^{\ominus}(Cu^{2+}/Cu^+)$ 可知，Cu^+ 在两个电极中分别以强氧化剂和强还原剂出现，

所以 Cu^+ 在溶液中不能稳定存在，发生歧化。

【例 9-20】已知 Br 的元素电势图如下

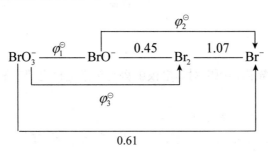

(1)求 $\varphi_1^{\ominus}$、$\varphi_2^{\ominus}$ 和 $\varphi_3^{\ominus}$。

(2)判断哪些物种可以歧化？

(3)$Br_2(l)$ 和 NaOH 混合最稳定的产物是什么？写出反应方程式并求其 $K^{\ominus}$。

解： (1) $\varphi_1^{\ominus} = \dfrac{(0.61 \times 6 - 0.45 \times 1 - 1.07 \times 1)V}{4} = 0.535\ V$

$\varphi_2^{\ominus} = \dfrac{(0.45 \times 1 + 1.07 \times 1)V}{2} = 0.76\ V$

$\varphi_3^{\ominus} = \dfrac{(0.535 \times 4 + 0.45 \times 1)V}{5} = 0.52\ V$

因此，电势图补充完整为

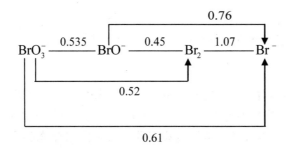

(2)从电势图可见，Br_2，BrO^- 的氧化型电势大于其还原型电势，可以歧化

(3)BrO^- 能歧化，不稳定。$Br_2(l)$ 与 NaOH 混合最稳定的是 BrO_3^- 和 Br^-

$$3Br_2(l) + 6OH^- \longrightarrow 5Br^- + BrO_3^- + 3H_2O$$

$E^{\ominus} = \varphi^{\ominus}(Br_2/Br^-) - \varphi^{\ominus}(BrO_3^-/Br_2)$

$\quad = 1.07\ V - 0.52\ V = 0.55\ V$

$\lg K^{\ominus} = \dfrac{nE^{\ominus}}{0.059\ 2\ V} = \dfrac{5 \times 0.55\ V}{0.0592\ V} = 46.45$

$K^{\ominus} = 2.8 \times 10^{46}$

本章小结

1. 重要的基本概念

氧化还原半反应式与氧化还原电对；电极电势与标准电极电势；氧化数；自身氧化还原反应；歧化反应。

2. 离子-电子法配平氧化还原反应

将氧化还原反应拆成两个半反应，将半反应原子数和电荷数配平，根据得失电子数相等原则，将两个半反应合并。

3. 原电池的写法

原电池可用图式表示，例如$(-)Zn \mid Zn^{2+} \parallel Fe^{2+}，Fe^{3+} \mid Pt(+)$，对应的电极反应为

负极 $Zn(s) \longrightarrow Zn^{2+}(aq) + 2e^-$

正极 $Fe^{3+}(aq) + e^- \longrightarrow Fe^{2+}(aq)$

4. 原电池电动势电池反应与吉布斯自由能变的关系

$$\Delta_r G_m = -nFE$$

$$\Delta_r G_m^{\ominus} = -nFE^{\ominus}$$

5. 能斯特方程

对于电池反应 $a A(aq) + b B(aq) \rightleftharpoons c C(aq) + d D(aq)$，电动势 $E = E^{\ominus} - RT\ln Q$（$Q$ 为反应商）

对于电极反应 $a(氧化态) + ne^- \longrightarrow b(还原态)$，电极动势 $\varphi = \varphi^{\ominus} + \dfrac{RT}{nF}\ln\dfrac{[c(氧化态)/c^{\ominus}]^a}{[c(还原态)/c^{\ominus}]^b}$

6. 电极电势的应用

(1) 氧化剂和还原剂相对强弱的比较：电极电势代数值越小，则该电对中的还原态物质是越强的还原剂；电极电势代数值越大，则该电对中的氧化态物质是越强的氧化剂。

(2) 氧化还原反应方向的判断：电极电势代数值较大的氧化态物质与电极电势代数值较小的还原态物质发生的氧化还原反应能自发进行。即 $\varphi^{\ominus}(+) > \varphi^{\ominus}(-)$，相当于 $\Delta_r G_m^{\ominus} < 0$。

(3) 氧化还原反应进行程度的衡量：氧化还原反应在达到平衡时进行的程度可由标准平衡常数 $K^{\ominus}$ 的大小反映出来。在 298.15 K 时，根据：

$$\lg K^{\ominus} = \dfrac{nE^{\ominus}}{0.059\ 2}$$

7. 元素标准电极电势图的应用

(1) 由已知电对电势 $\varphi^{\ominus}$ 求未知电对电势

(2) 判断歧化反应进行的可能性

科学家简介

能斯特

　　瓦尔特·赫尔曼·能斯特(Walther Hermann Nernst)，1920 年诺贝尔化学奖获得者。1864 年生于西普鲁士的布里森，1941 年卒于齐贝勒(Zibelle)，德国著名物理化学家。1887 年毕业于维尔茨堡大学，并获博士学位，他得出了电极电势与溶液浓度的关系式，即能斯特方程。

　　能斯特是一位法官的儿子。他诞生地点离哥白尼诞生地仅 20 mile(1 mile＝1 609.344 m)。1889 年，25 岁的年轻科学家在物理化学上初露头角，他将热力学原理应用到了电池上，第一次有人能对电池产生电势作出合理解释。他推导出一个简单公式，被称之为能斯特方程。这个方程将电池的电势同电池的各个性质联系起来。至今，能斯特的解释已被其他更好的解释所代替，但他的方程沿用至今。

　　能斯特自 1890 年起成为格廷根大学的化学教授，1904 年任柏林大学物理化学教授，1933 年他因不受纳粹的欢迎退休回到乡间别墅庄园，并死在那里。他的研究成果很多，主要有：发明了闻名于世的白炽灯(能斯特灯)，建议用铂氢电极为零电位电极，能斯特方程，能斯特热定理(即热力学第三定律)，低温下固体比热测定等。他把成绩的取得归功于导师奥斯特瓦尔德的培养，因而自己也毫无保留地把知识传给学生，先后教出三位诺贝尔物理奖获得者(米利肯 1923，安德森 1936 年，格拉泽 1960 年)。师徒五代相传是诺贝尔奖史上空前的。能斯特研究过渗透压及电化学，1905 年，他确立了他称之为"新热定理"的定理，也就是后来的热力学第三定律，这条定律描述了物质接近绝对零度时的表现。

思考题与习题

1. 举例说明氧化还原反应的意义及氧化与还原、氧化剂与还原剂之间的关系。
2. 举例说明 H_2O_2 的氧化和还原性。
3. 举例说明氧化还原反应的实际应用。
4. 什么是电极电势？标准电极电势？金属的标准电极电势如何测定？
5. 电极符号与电对符号的写法有何不同。
6. 怎样利用电极电势来判断原电池的正、负极，并计算原电池的电动势。
7. 电极电势与离子浓度的关系式？
8. 判断氧化还原反应进行的方向、程度的原则是什么？举例说明之。
9. 由标准锌半电池和标准铜半电池组成一原电池 Zn ｜ $ZnSO_4$(1 mol·L^{-1})‖$CuSO_4$(1 mol·L^{-1}) ｜ Cu
(1)改变下列条件对电池电动势有何影响？
①增加 $ZnSO_4$ 溶液的浓度；②在 $CuSO_4$ 溶液中加入 H_2S。
(2)当上述电池工作半小时后，电池的电动势是否会发生变化？为什么？
10. 用离子-电子法配平下列反应式：

(1) $PbO_2 + Cl^- \longrightarrow Pb^{2+} + Cl_2$

(2) $Br_2 \longrightarrow BrO_3^- + Br^-$

(3) $HgS + 2NO_3^- + Cl^- \longrightarrow HgCl_4^{2-} + 2NO_2 + S$

(4) $CrO_4^{2-} + HSnO_2^- \longrightarrow HSnO_3^- + CrO_2^-$

(5) $CuS + CN^- + OH^- \longrightarrow Cu(CN)_4^{3-} + NCO^- + S$

(6) $MnO_4^- \longrightarrow MnO_2$

(7) $CrO_4^{2-} \longrightarrow Cr(OH)_3$

(8) $H_2O_2 \longrightarrow H_2O$

(9) $H_3AsO_4 \longrightarrow H_3AsO_3$

(10) $O_2 \longrightarrow H_2O_2(aq)$

11. 用电对 Pb^{2+}/Pb，Sn^{2+}/Sn 组成的标准原电池，其正极反应为 _____，负极反应为 _____。$[\varphi^{\ominus}(Pb^{2+}/Pb) = -0.126\ 2\ V;\ \varphi^{\ominus}(Sn^{2+}/Sn) = -0.137\ 5\ V]$

12. 插铜丝于盛有 $CuSO_4$ 溶液的烧杯中；插银丝于盛有 $AgNO_3$ 溶液的烧杯中，两杯溶液以盐桥相通，若将铜丝和银丝相接，则有电流产生而形成原电池。

(1)写出该原电池的电池符号。

(2)在正、负极上各发生什么反应？以方程式表示。

(3)电池反应是什么？以方程式表示。

(4)原电池的标准电动势是多少？

(5)加氨水于 $CuSO_4$ 溶液中，电动势如何改变？如果加氨水于 $AgNO_3$ 溶液中，又怎样？

13. 就下面的电池反应，用电池符号表示之，并求出 298 K 时的 E 和 $\Delta_r G$ 值。说明反应能否从左至右自发进行？

(1) $\frac{1}{2}Cu(s) + \frac{1}{2}Cl_2(1.013 \times 10^5\ Pa) \Longrightarrow \frac{1}{2}Cu^{2+}(1\ mol \cdot L^{-1}) + Cl^-(1\ mol \cdot L^{-1})$

(2) $Cu(s) + 2H^+(0.01\ mol \cdot L^{-1}) \Longrightarrow Cu^{2+}(0.1\ mol \cdot L^{-1}) + H_2(0.9 \times 1.013 \times 10^5\ Pa)$

14. 请正确写出下列电池的电池表达式：

(1) $2I^- + 2Fe^{3+} \Longrightarrow I_2 + 2Fe^{2+}$

(2) $5Fe^{2+} + 8H^+ + MnO_4^- \Longrightarrow Mn^{2+} + 5\ Fe^{3+} + 4H_2O$

15. 电极有哪几种类型？请各举出一例。

16. 已知 298.15 K 时，$\varphi^{\ominus}(Zn^{2+}/Zn) = -0.763\ V$，$\varphi^{\ominus}(Fe^{3+}/Fe^{2+}) = 0.771\ V$，有一原电池图式如下所示：

$(-)\ Zn\ |\ Zn^{2+}(0.01\ mol \cdot L^{-1})\ \|\ Fe^{3+}(0.20\ mol \cdot L^{-1}),\ Fe^{2+}(0.02\ mol \cdot L^{-1})\ |\ Pt(+)$

(1)写出上述原电池的电池反应，并计算该反应的标准平衡常数 $K^{\ominus}$。

(2)计算上述原电池的电动势 E。

17. 已知电对 $Ag^+ + e^- \Longrightarrow Ag$，$\varphi^{\ominus} = +0.799\ V$，$Ag_2C_2O_4$ 的溶度积为：3.5×10^{-11}。求算电对 $Ag_2C_2O_4 + 2e^- \Longrightarrow 2Ag + C_2O_4^{2-}$ 的标准电极电势。

18. H_2O_2 在碱性介质中可以把 $Cr(OH)_3$ 氧化成 CrO_4^{2-} 离子，而在酸性介质中能把 $Cr_2O_7^{2-}$ 离子还原为 Cr^{3+} 离子，写出有关反应式，并用电极电势解释。

19. 银能从 HI 溶液中置换出 H_2，反应为：$Ag + H^+ + I^- = \frac{1}{2}H_2 + AgI$，解释上述反应为何能进行。

20. 将下列反应写出对应的半反应式，按这些反应设计原电池，并用电池符号表示。

(1) $Ag^+ + Cu\ (s) \Longrightarrow Ag\ (s) + Cu^{2+}$

(2)$Pb^{2+} + Cu(s) + S^{2-} \rightleftharpoons Pb(s) + CuS$

(3)$Pb(s) + 2H^+ + 2Cl^- \rightleftharpoons PbCl_2(s) + H_2(g)$

21. 今有一种含有 Cl^-、Br^-、I^- 三种离子的混合溶液，欲使 I^- 氧化为 I_2，而又不使 Br^-、Cl^- 氧化。在常用的氧化剂 $Fe_2(SO_4)_3$ 和 $KMnO_4$ 中，选择哪一种能符合上述要求。

已知	$\varphi^{\ominus}$ / V
$I_2 + 2e^- = 2I^-$	0.535 5
$Fe^{3+} + e^- = Fe^{2+}$	0.771
$Br_2(aq) + 2e^- = 2Br^-$	1.087
$Cl_2 + 2e^- = 2Cl^-$	1.360
$MnO_4^- + 8H^+ + 5e^- = Mn^{2+} + 4H_2O$	1.51

22. 已知：298.15 K 时，$\varphi^{\ominus}(Cr_2O_7^{2-}/Cr^{3+}) = 1.33$ V，$\varphi^{\ominus}(Sn^{4+}/Sn^{2+}) = 0.154$ V，若将两电对组成标准原电池。

(1)写出电池反应式及原电池图式；

(2)计算在 298.15 K 时电池的标准电动势 $E^{\ominus}$ 和电池反应 $K^{\ominus}$；

(3)当 $c(H^+) = 1.0 \times 10^{-2}$ mol·L^{-1} 时，而其他离子浓度均为 1.0 mol·L^{-1} 时，该电池的电动势 E。

23. 已知电对 $H_3AsO_3 + H_2O \rightleftharpoons H_3AsO_4 + 2H^+ + 2e^-$，$\varphi^{\ominus} = +0.559$ V；电对 $3I^- = I_3^- + 2e^-$，$\varphi^{\ominus} = 0.535$ V。算出下列反应的平衡常数：

$$H_3AsO_3 + I_3^- + H_2O = H_3AsO_4 + 3I^- + 2H^+$$

如果溶液的 pH=7，反应朝什么方向进行？

如果溶液的 H^+ 浓度为 6 mol·L^{-1}，反应朝什么方向进行？

24. 已知在碱性介质中 $\varphi^{\ominus}(H_2PO_2^-/P_4) = -1.82$ V；$\varphi^{\ominus}(H_2PO_2^-/PH_3) = -1.18$ V 计算电对 P_4-PH_3 的标准电极电势，并判断 P_4 是否能发生歧化反应。

25. 利用氧化还原电势表，判断下列反应能否发生歧化反应。

(1)$2Cu \rightleftharpoons Cu + Cu^{2+}$

(2)$Hg_2^{2+} \rightleftharpoons Hg + Hg^{2+}$

(3)$2OH^- + I_2 \rightleftharpoons IO^- + I^- + H_2O$

(4)$H_2O + I_2 \rightleftharpoons HIO + I^- + H^+$

26. 已知 298.15 K 时，$\varphi^{\ominus}(Zn^{2+}/Zn) = -0.763$ V，$\varphi^{\ominus}(Fe^{3+}/Fe^{2+}) = 0.771$ V，有一原电池图式如下所示：

$(-)$ Zn $|$ Zn^{2+} (0.013 mol·L^{-1}) $\|$ Fe^{3+} (0.203 mol·L^{-1})，Fe^{2+} (0.023 mol·L^{-1}) $|$ Pt$(+)$

(1)写出上述原电池的电池反应，并计算该反应的标准平衡常数 K；

(2)计算上述原电池的电动势 E。

第 10章

配位化合物
(Coordination Compound)

配位化合物简称配合物，为一类具有特征化学结构的化合物，由中心原子或离子(统称中心原子)和围绕它的分子或离子(称为配位体/配体)完全或部分通过配位键结合而形成。配合物理论是在 1891 年由瑞士化学家维尔纳(A. Werner)首先提出并给出了与配位化合物性质相符的结构概念。其后，基于大量实验事实，维尔纳又提出了配位化合物的配位价键理论等。配合物是化合物中较大的一个子类别，许多无机化合物、金属有机化合物、生命物质中都含有配合物的结构，它不仅与无机化合物、有机金属化合物相关联，并且与现今化学前沿的原子簇化学、配位催化及分子生物学都有很大的关系。其广泛应用于日常生活、工业生产、分析化学、生物化学、医药及生命科学中。随着近代物质结构的理论和实验手段的发展，为深入研究配合物提供了有利条件，已形成了化学学科中的一个新兴的分支学科——配位化学。

10. 1 配位化合物的基本概念
(Basic Concept on Coordination Compound)

10. 1. 1 配位化合物的组成

实验室中一些常见的无机化合物，如 HCl、NH_3、H_2O、$CuSO_4$、$AgBr$ 等都是由共价键或离子键结合而形成的简单化合物。这些简单的化合物之间还可以进一步形成更为复杂的分子间化合物。例如，五水硫酸铜并非是 H_2O 和 $CuSO_4$ 的简单混合，在其结构中有 4 个 H_2O 分子与 Cu^{2+} 以配位键结合，另一个 H_2O 分子以结晶水的形式存在，它的化学式为 $[Cu(H_2O)_4SO_4] \cdot H_2O$。又如，在 $CuSO_4$ 溶液中加入过量的氨水，得到深蓝色的溶液，溶液中主要存在 SO_4^{2-} 和 $Cu(NH_3)_4^{2+}$，而 Cu^{2+} 浓度很低，再加入乙醇可以得深蓝色的晶体，化学式为 $[Cu(NH_3)_4]SO_4$。像这样，将一个简单的阳离子(或原子)和一定数目的中性分子或阴离子之间以配位键结合所形成的复杂离子(或分子)，称为配位单元。凡是含有配位单元的化合物都称为配位化合物，简称配合物。配位化合物一般由内界和外界两部分构成。配位单元为内界，带有与内界异号电荷的离子为外界。中性配位单元没有外界。在书写配合物化学式时，内界写在方括号内作为化合物的主要特征部分，外界放在方括号外。配合物的组成如图 10-1 所示。

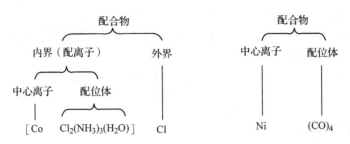

图 10-1　配合物的组成

（1）中心离子或原子

中心离子（原子）也称为配位化合物的形成体或配位化合物的受体，位于配离子（或分子）的中心，是内界的核心部分。大多数的配合物是以带正电的金属离子作中心离子。例如，$[Cu(NH_3)_4]SO_4$ 中的 Cu^{2+} 离子；$[Co(NH_3)_6]Cl_3$ 中的 Co^{3+} 离子；$K_4[Fe(CN)_6]$ 中的 Fe^{2+} 离子等过渡元素的离子。某些中性原子，如 Fe、Mo、Ni、Co 以及某些非金属原子，如 B、Si 等也可作为配位化合物内界的核心部分，称为中心原子。

（2）配位体

配位体指的是配合物中同中心离子结合的离子或分子。如 NH_3、H_2O、Cl^-、CN^- 等均为常见的重要配位体。其中，每个配位体中直接与中心离子（原子）相连接的原子，称为配位原子，如 NH_3 中的 N 原子，H_2O 中的 O 原子，CN^- 中的 C 原子等。

配位体中，只有一个配位原子的配位体称为单基（单齿）配位体，如 NH_3、H_2O、X^-。而有两个或多个配位原子的配位体称为多基（多齿）配位体，如乙二胺（en）、草酸根（ox^{2-}）、乙二胺四乙酸（EDTA）等均为多基配位体。

（3）配位数

配位数是直接与中心离子（原子）结合的配位原子的数目。对于单基配位体，配位体的个数等于中心离子（原子）周围配位体的个数。而对于含有多基配位体的配合物，配位数仅等于配合物中配位原子的个数，如 $[Pt(en)_2]^{2+}$ 中，每个乙二胺分子含有 2 个配位原子，故 Pt^{2+} 的配位数等于 4。

常见中心离子的配位数为 2、4、6、8，而以 4 和 6 更为多见。表 10-1 中列出了一些常见金属离子的配位数。

中心离子（原子）配位数的多少一般取决于中心离子与配位体的性质，如半径、电荷、核外电子分布等；也与生成配位化合物时的条件有关，如浓度、温度等。一般的规律是：中心离子

表 10-1　一些常见金属离子的价态与配位数

1 价金属离子	配位数	2 价金属离子	配位数	3 价金属离子	配位数
Cu^+	2、4	Ca^{2+}	6	Al^{3+}	4、6
Ag^+	2	Fe^{2+}	6	Sc^{3+}	6
Au^+	2、4	Co^{2+}	4、6	Cr^{3+}	6
		Ni^{2+}	4、6	Fe^{3+}	6
		Cu^{2+}	4、6	Co^{3+}	6
		Zn^{2+}	4、6	Au^{3+}	6

的电荷越多，配位数越大；中心离子半径越大，其周围可以容纳配位体的有效空间越大，配位数也可能越大。而配位体的体积小、电荷小，则有利于形成高配位数的配位化合物。

（4）配位化合物的电荷数

配离子的电荷数等于中心离子与配位体电荷的代数和。配位化合物内界电荷数与外界电荷数的和为零。

10.1.2 配位化合物的命名

配位化合物的命名与无机化合物的命名相似，阴离子名称在前、阳离子名称在后。

在配合物的内外界之间常用"某化某""某酸某""某酸"等；配离子或中性配位化合物的命名顺序为：

配位体个数（汉字）—配位体—合—中心离子（原子）及其氧化数（罗马数字）。

若内界中含有两种以上的配位体，命名时规则为：无机配位体在前，有机配位体在后；先列阴离子配位体，后列阳离子、中性分子配位体；同类配位体按配位原子元素符号的英文顺序排列，如氨在前、水在后；配位原子相同时，含原子数目少的配位体列在前面；不同配位体以中点"·"间隔开；配位体的数目用二、三、四等表示；而氧化数用罗马数字表示；配位体所用缩写符号一律用小写字母（如 en）。

（1）含有配位阴离子的配合物

$K_3[Fe(CN)_6]$	六氰合铁（Ⅲ）酸钾
$K_4[Fe(CN)_6]$	六氰合铁（Ⅱ）酸钾
$H_2[PtCl_6]$	六氯合铂（Ⅳ）酸
$Na_3[Ag(S_2O_3)_2]$	二硫代硫酸根合银（Ⅰ）酸钠
$K[Co(NO_2)_4(NH_3)_2]$	四硝基·二氨合钴（Ⅲ）酸钾

（2）含有配位阳离子的配合物

$[CoCl_2(NH_3)_3(H_2O)]Cl$	一氯化二氯·三氨·一水合钴（Ⅲ）
$[Cu(NH_3)_4]SO_4$	硫酸四氨合铜（Ⅱ）
$[Co(NH_3)_2(en)_2](NO_3)_3$	硝酸二氨·二乙二胺合钴（Ⅲ）

（3）含有配位阴离子和阳离子的配合物

$[Pt(NH_3)_6][PtCl_4]$	四氯合铂（Ⅱ）酸六氨合铂（Ⅱ）

（4）非电解质配合物

$[Ni(CO)_4]$	四羰基合镍
$[Co(NO_2)_3(NH_3)_3]$	三硝基·三氨合钴（Ⅲ）
$[PtCl_4(NH_3)_3]$	四氯·二氨合铂（Ⅳ）

有些配位体在不同的配位化合物中，因与中心离子相结合的配位原子不同而存在异构现象。例如，在 $K_3[Fe(NCS)_6]$ 中的配位体 SCN^- 以 N 为配位原子，命名为六异硫氰酸根合铁（Ⅲ）酸钾；而在 $K[Ag(SCN)_2]$ 中，则以 S 为配位原子，命名为二硫氰酸根合银（Ⅰ）酸钾。表 10-2 中列出了一些常见的单基配位体。

一些常见的配合物有俗名，如 $K_3[Fe(CN)_6]$ 俗称铁氰化钾或者赤血盐，而俗称亚铁氰化钾或者黄血盐的则是配位化合物 $K_4[Fe(CN)_6]$。

表 10-2　一些常见的单基配位体

中性分子配位体及其名称		阴离子配位体及其名称			
H_2O	水	F^-	氟	NH_2^-	氨基
NH_3	氨	Cl^-	氯	NO_2^-	硝基
CO	羰基	Br^-	溴	ONO^-	亚硝酸根
NO	亚硝酰基	I^-	碘	SCN^-	硫氰酸根
CH_3NH_2	甲胺	OH^-	羟	NCS^-	异硫氰酸根
C_5H_5N	吡啶	CN^-	氰	$S_2O_3^{2-}$	硫代硫酸根
$(NH_2)_2CO$	尿素	O^{2-}	氧	CH_3COO^-	乙酸根
		O_2^{2-}	过氧		

10.1.3　配位化合物的同分异构现象

具有相同的化学式(原子种类和数目相同)但结构和性质不同的化合物，称为异构体。这种因原子间的连接方式或空间排列方式不同而引起的结构和性质不同的现象，称为同分异构现象。一般可以将异构现象分为两大类。

(1)化学结构异构

化学组成相同，原子间的连接方式不同而引起的异构现象。

例如，化学式为 $CoBrSO_4(NH_3)_5$ 的化合物有红色和紫色两种异构体。红色的可与 $AgNO_3$ 溶液反应生成 AgBr 沉淀，故它是[$CoSO_4(NH_3)_5$]Br；紫色的可与 $BaCl_2$ 溶液反应生成 $BaSO_4$ 沉淀，故是[$CoBr(NH_3)_5$]SO_4。又如，$CrCl_3(H_2O)_6$ 有[$Cr(H_2O)_6$]Cl_3(紫色)、[$CrCl_2(H_2O)_5$]$Cl \cdot H_2O$(亮绿色)、[$CrCl(H_2O)_5$]$Cl_2 \cdot H_2O$(暗绿色)三种异构体。

(2)立体异构

立体异构是在有相同分子式的化合物分子中，原子或原子团互相连接的次序相同，但在空间的排列方式不同。而引起的异构现象，称为立体异构现象。其中重要的是几何异构和旋光异构。

①几何异构　如平面正方形的 $PtCl_2(NH_3)_2$ 有两种异构体，如图 10-2 所示。两个 NH_3 和两个 Cl 处于相邻的位置的为顺式异构体，颜色为棕黄色，极性，可溶于水，是一种较好的抗癌药物；而 NH_3 和 Cl 交互位置的为反式异构体，颜色为淡黄色，没有极性，难溶于水，也没有抗癌作用。

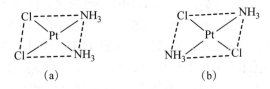

图 10-2　$PtCl_2(NH_3)_2$ 的顺(a)、反(b)异构体

配位数为 6 的八面体配位化合物也有顺、反异构体，如(MX_2A_4)。其中，中心离子可以是 Cr(Ⅲ)、Co(Ⅱ)、Pt(Ⅳ)及其他铂系金属离子。它们都有两种异构体，如[$CrCl_2(NH_3)_4$]$^+$，其顺式为紫色而反式为绿色。当配位化合物含有几种配位体时，或既有单基配位

体又有多基配位体时，几何异构现象则会更复杂。

②旋光异构　是指两种异构体互成镜像关系，类似于人的左右手，因此又称为对映异构。具有旋光异构的配合物可使平面偏振光发生方向相反的偏转(也称其具有旋光性)，其中一种为右旋旋光异构体(用 S 或＋表示)，另一种为左旋旋光异构体(用 R 或－表示)，如图 10-3 所示。事实上，动植物体内都含有许多旋光活性的配合物。这类配合物对映体在生物体内的生理功能有极大的差异。

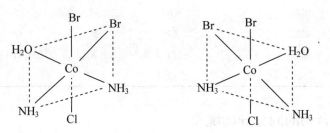

图 10-3 $[CoBr_2Cl(NH_3)_2(H_2O)]$ 的两种旋光异构体

10.1.4　螯合物

螯合物是由多基配位体通过两个或者两个以上配位原子与中心离子形成的具有环状结构的配合物。如图 10-4 所示，乙二胺与 Cu^{2+} 生成的螯合物中有两个五元环。Cu^{2+} 与 $o-phen$ 生成的螯合物有三个五元环。

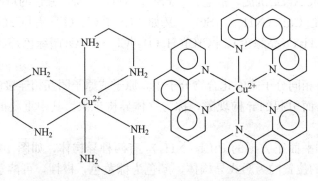

图 10-4 $[Cu(en)_2]^{2+}$ 与 $[Cu(Phen)_3]^{2+}$ 的环状结构

多基配位体(又称螯合剂)与金属离子的结合所形成环状结构，具有较高的稳定性。螯合剂多由含 N、O、S 等配位原子的有机化合物构成，如氨基乙酸 NH_2CH_2COOH、氨基三乙酸 $N(CH_2COOH)_3$、乙二胺四乙酸 $(HOOCCH_2)_2NCH_2CH_2N(CH_2COOH)_2$(简称 EDTA，简化式为 H_4Y)等。其中，EDTA 含有 6 个可配位原子(2 个氨基氮原子和 4 个羧基氧原子)，因此具有极强的螯合能力，几乎可与所有的金属离子形成稳定的螯合物，并且螯合比大都是 1∶1，如：

$$Ca^{2+} + H_4Y \rightleftharpoons CaY^{2-} + 4H^+$$

$$Zn^{2+} + H_4Y \rightleftharpoons ZnY^{2-} + 4H^+$$

$$Al^{3+} + H_4Y \rightleftharpoons AlY^- + 4H^+$$

螯合物在分析化学中有着非常广泛的应用。例如，$o-$phen 与 Fe^{2+} 生成的橘红色螯合物，可以用于定性鉴定 Fe^{2+}，被称为亚铁试剂。另外，EDTA 是配位滴定分析中最常用的滴定剂，并且其在工业生产和其他领域中也有重要的应用，如可用于硬水软化等。

10.2　配位化合物的价键理论
（Valence Bond Theory of Coordination Compound）

鲍林等人在1931年价键理论的基础上提出了杂化轨道理论。它在成键能力、分子的空间构型等方面丰富和发展了现代价键理论。并用此理论解释配合物的形成、配合物的几何构型、配合物的磁性等问题。后来经补充修改与发展，逐渐形成了近代配位化合物结构的价键理论。

10.2.1　价键理论要点

①配合物的配位体与中心离子之间的结合，一般是通过配位原子含有孤对电子的轨道与中心离子(或原子)的空轨道相互重叠，发生杂化作用形成新的键，这种键的本质是共价性质的，称为 σ 配键。

②中心离子(原子)与配位原子进行键合时，可全部用外轨道(ns、np、nd 等)参与杂化，亦可有$(n-1)$d 轨道参与杂化和成键作用。这样，中心离子(原子)全部用外轨道参与杂化时，得到的是外轨型配位化合物；当中心离子(原子)有内部空轨道参与杂化时，得到的是内轨型配位化合物。

10.2.2　配位离子的空间构型

直线型配离子：Ag^+ 的价电子结构为 $4d^{10}5s^05p^0$。当其与两个 NH_3 生成配合物时，5s 轨道与 1 条 5p 轨道发生 sp 等性杂化，生成 2 个 sp 杂化轨道，分别接受 2 个 N 原子提供的孤对电子生成 2 个配位键，故所得$[Ag(NH_3)_2]^+$ 为直线型。

正四面体型：Zn^{2+} 的价电子结构为 $3d^{10}4s^04p^0$，其与 4 个 NH_3 生成配位化合物时发生 sp^3 等性杂化。这 4 条杂化轨道可与 4 个 NH_3 分子形成 4 个配位键，故所得$[Zn(NH_3)_4]^{2+}$ 的空间构型为正四面体。

正八面体形（外轨型）：Fe^{3+}的价电子结构为 $3d^5 4s^0 4p^0 4d^0$，其与 6 个 F^- 生成配位化合物时，1 条 4s 轨道、3 条 4p 轨道和 2 条 4d 轨道发生 $sp^3 d^2$ 杂化。生成 6 条等性杂化轨道可与 6 个 F^- 间形成 6 条配位键，故所得$[FeF_6]^{3-}$的空间构型是正八面体。

正八面体形（内轨型）：与上述三例外轨型配位化合物不同，Fe^{3+} 与 CN^- 形成配合物时，3d 轨道上的 5 个电子在 CN^- 作用下重排到 3 条 3d 轨道中。空出的 2 条 3d 轨道与 4s 轨道及 3 条 4p 轨道发生 $d^2 sp^3$ 杂化，再分别与配位原子的孤对电子形成配位键，所形成的 $[Fe(CN)_6]^{3-}$ 的空间构型也是正八面体，但其是内轨型配位化合物。

平面正方形：Ni^{2+} 的价电子层结构是 $3d^8 4s^0 4d^0$，当其与 CN^- 生成配位化合物时，8 个 3d 电子重排到 4 条 3d 轨道中，空出的 1 条 3d 轨道与 1 条 4s 轨道及 2 条 4p 轨道发生 dsp^2 杂化，并与 4 个配位原子生成 4 个配位键。所形成的$[Ni(CN)_4]^{2-}$的空间构型是平面正方形，也是内轨型配合物。

中心离子杂化轨道的类型决定配离子的空间构型和配位数，见表 10-3。

表 10-3　几种配离子的空间立体构型

配离子	电子排布	杂化类型	几何构型	配位数
$[Ag(NH_3)_2]^+$ $[Ag(CN)_2]^-$ $[Cu(NH_3)_2]^+$		sp	直线形	2
$[Cu(CN)_3]^{2-}$		sp^2	平面三角形	3
$[Zn(NH_3)_4]^{2+}$ $[Cd(CN)_4]^{2-}$		sp^3	正四面体形	4

（续）

配离子	电子排布	杂化类型	几何构型	配位数
$[Ni(CN)_4]^{2-}$	↑↓ ↑↓ ↑↓ ↑↓ ┃↑↓　↑↓　↑↓ ↑↓┃ ―	dsp^2	四方形	4
$[Ni(CN)_5]^{3-}$ $[Fe(CO)_5]$	↑↓ ↑↓ ↑↓ ↑↓ ┃↑↓　↑↓　↑↓ ↑↓ ↑↓┃	dsp^3	三角双锥形	5
$[FeF_6]^{3-}$	↑ ↑ ↑ ↑ ↑ ┃↑↓　↑↓ ↑↓ ↑↓ ↑↓ ↑↓┃ ― ― ―	sp^3d^2		
$[Fe(CN)_6]^{3-}$	↑↓ ↑↓ ↑ ┃↑↓ ↑↓ ↑↓ ↑↓ ↑↓ ↑↓┃	d^2sp^3	八面体形	6
$[Cr(NH_3)_6]^{3+}$	↑ ↑ ↑ ┃↑↓ ↑↓ ↑↓ ↑↓ ↑↓ ↑↓┃	d^2sp^3		

通过引入价键理论可以较好地解释配位化合物的结构、性质、空间构型、配位数及其他性质。但该理论仍待完善，近年来在该理论基础上又发展出晶体场理论、配位场理论、分子轨道理论等。

10.2.3　内(外)轨型配合物

在形成配位化合物的过程中，若中心离子的电子排布不受配位体的影响而保持原有价电子构型，所形成的配合物为外轨型配合物。若中心离子的电子排布受配位体的影响而发生重排，其原有的价电子构型发生变化，则形成内轨型配合物。形成的配合物为内轨或者外轨型配合物，主要受以下几个方面因素影响：

(1)中心离子(原子)的电子层构型

内层 d 轨道完全充满的电子(d^{10})，如 Ag^+、Zn^{2+}、Hg^{2+}，以该类离子作为中心离子时，只形成外轨型配合物。而其他电子构型的副族元素离子，可形成内轨或者外轨型配合物。尤其对于内层 d 轨道电子数为 4、5、6、7 的离子，既易形成外轨型配合物，也易形成内轨型配合物，所能形成配合物的类型主要取决于配位原子的性质。尤其对于内层 d 轨道电子数为 1、2、3、8 的离子，通常易形成内轨型配合物。

(2)配位原子的电负性

若配位体的配位原子电负性较大(如 F^-、OH^-、H_2O 等)，其孤对电子只能进入中心离子的外层轨道，对内层 d 电子的作用很弱，故这些配位体倾向于生成外轨型配合物；若配位体中的配位原子的电负性小(如 CN^-、CO 等)，易给出孤对电子，对中心离子的电子结构影响较大，故易形成内轨型配合物；而 NH_3、Cl^- 等配位体可生成外轨型配合物，也可以生成内轨型配合物。

(3)配合物的稳定性

内轨型配合物一般比外轨型配合物具有较高的稳定性。因为在内轨型配合物形成时，配体的孤对电子深入到中心离子的内层轨道，二者结合比较牢固。因此，内轨型配合物的稳定性一般比外轨型配合物的稳定性好，其在水溶液中的稳定常数一般比较大。

10.2.4　配合物的磁性

磁性是物质在磁场中表现出来的性质，是配合物的重要性质之一。物质的磁性与组成物质的原子(或分子)中电子的自旋有关。反磁性(或抗磁性)物质：若物质中的所有电子全部配对，即不含有未成对电子，电子产生的磁效应能够相互抵消；顺磁性物质：物质中含有未配对的电子，电子产生的总磁效应不能抵消，整个原子或分子就表现顺磁性。物质能否具有磁性或者磁性的强弱与物质内部未配对电子数有关。按照磁学概念，磁矩与未成对电子数符合以下近似式：

$$\mu \approx \sqrt{n(n+2)} \tag{10-1}$$

式中，μ 为物质的磁矩，单位为波尔磁子(B.M.)；n 为分子中未成对电子数。

实验中常用 μ 的实际值与理论估算值（表 10-4）来估算未成对电子数。

表 10-4　未成对电子数与磁矩

n（未成对电子数）	0	1	2	3	4	5
磁矩 μ/B.M.	0	1.73	2.83	3.87	4.90	5.29

例如，推断下列配合物的未成对电子数：

配合物	中心离子	最外层电子数	实验磁矩($\mu_{实}$)	推断单电子数
$[Ti(H_2O)_6]^{3+}$	Ti^{3+}	$3d^1$	1.73	1
$K_3[Mn(CN)_6]$	Mn^{3+}	$3d^4$	3.18	2
$K_3[Fe(CN)_6]$	Fe^{3+}	$3d^5$	2.40	1

通过磁性实验所得 μ 值结合式(10-1)及离子的电子层结构，可推断配合物是外轨型还是内轨型。如果是外轨型配合物，电子结构不发生改变，未成对电子数不变，常表现为顺磁性；形成内轨型配合物时，中心原子的电子结构一般会改变，未成对电子数减小。通常配合物磁性比金属的磁性小或具有抗磁性。

【例 10-1】推测 $[FeF_6]^{3-}$ 配离子：(1)空间构型；(2)未成对电子数；(3)中心原子杂化轨道类型；(4)是外轨型还是内轨型配合物。已知：测得 $[FeF_6]^{3-}$ 的 $\mu \approx 5.88$ B.M.。

解：(1) $[FeF_6]^{3-}$ 是 6 配位的八面体空间构型。

(2)根据 $\mu \approx \sqrt{n(n+2)} \approx 5.88$，得 $n \approx 4.96 \approx 5$，即该配离子含有 5 个未成对电子。

(3) Fe^{3+} 的价电子结构为 $3d^5 4s^0 4p^0$。含 5 个未成对电子，故 Fe 元素 3d 轨道上的电子未发生重排，故配离子 $[FeF_6]^{3-}$ 中 Fe^{3+} 采取 sp^3d^2 杂化。

(4) $[FeF_6]^{3-}$ 属于外轨型配合物。

若中心离子以 sp、sp^2、sp^3、sp^3d^2 杂化轨道与配位体成键的，通常是高自旋的外轨型配合物。所形成的配位键的共价性较弱，离子性较强，在水溶液中较易电离；然而中心离子以 dsp^2、d^2sp^3 杂化轨道成键的，是低自旋的内轨型配合物，其中配位键的共价性较强，离子性较弱，在水溶液中较不易解离。通常结构相似的内轨型配合物比外轨型的稳定性高，因此在水溶液中内轨型配合物的稳定常数比外轨型的大。例如，$[Fe(CN)_6]^{3-}$ 与 $[FeF_6]^{3-}$、$[Co(NH_3)_6]^{3+}$ 与 $[Co(NH_3)_6]^{2+}$，前者都比后者更加稳定，在水溶液中前者的稳定常数更大。

价键理论根据配离子所采用的杂化轨道类型，成功地说明了许多配离子的空间结构、配位数以及不同自旋配合物的磁性和稳定性等性质差别。例如，它较好地解释了为什么 $[Co(CN)_6]^{4-}$ 易被氧化为 $[Co(CN)_6]^{3-}$，原因为 $[Co(CN)_6]^{4-}$ 是 d^2sp^3 内轨型配合物，中心

离子 Co^{2+} $(3d^7)$ 有一个未成对电子能在能量较高的 4d 外层轨道上，所以易失去该电子，易被氧化成 $[Co(CN)_6]^{3-}$。但该理论仍待完善。例如，对于 $[Cu(NH_3)_4]^{2+}$ 要比 $[Cu(NH_3)_4]^{3+}$ 稳定的事实却无法用该理论解释。还有一些较为复杂的问题，如过度金属离子的紫外吸收光谱、配合物特征颜色、配位键的键能以及形成内外轨的真正原因等仍无法通过价键理论进行解释。以上问题通过综合运用晶体场理论、配位场理论和分子轨道理论可得到比较圆满的解释，但是这些理论在本书中将不作介绍。

10.3　配位平衡(Coordination Equilibrium)

10.3.1　配离子的稳定常数

配离子或中性配合物在水溶液中与水分子作用可能发生解离。因为不同配离子的结构、组成不同，因此它们的离解程度也不同。配离子在水溶液中解离程度可用配位离解平衡的平衡常数来表示。配合物的解离可通过一些实验证明。例如，向蓝色的 $[Cu(NH_3)_4]^{2+}$ 溶液中加入少量的 Na_2S 溶液，则有 CuS 黑色沉淀生成。这说明溶液中有极少量的 Cu^{2+} 存在，$[Cu(NH_3)_4]^{2+}$ 在水溶液中存在下列平衡：

$$Cu^{2+} + 4NH_3 \rightleftharpoons [Cu(NH_3)_4]^{2+}$$

此反应的标准平衡常数

$$K_f^{\ominus} = \frac{c[Cu(NH_3)_4]^{2+}/c^{\ominus}}{[c(Cu^{2+})/c^{\ominus}] \cdot [c(NH_3)/c^{\ominus}]^4}$$

$K_f^{\ominus}$ 为 $[Cu(NH_3)_4]^{2+}$ 配离子的稳定常数。稳定常数数值越大，配位反应进行得越完全，解离反应越不易发生，也就是配离子在水溶液中越稳定。一些常见配离子的稳定常数列于附录 7。

配位反应实际上是分布进行的，每步反应都有平衡常数。如上述配位反应可表示为

$$Cu^{2+}(aq) + NH_3(aq) \rightleftharpoons [Cu(NH_3)]^{2+}(aq)$$

$$K_{f1}^{\ominus} = \frac{c[Cu(NH_3)]^{2+}/c^{\ominus}}{[c(Cu^{2+})/c^{\ominus}] \cdot [c(NH_3)/c^{\ominus}]} = 2.0 \times 10^4$$

$$[Cu(NH_3)]^{2+}(aq) + NH_3(aq) \rightleftharpoons [Cu(NH_3)_2]^{2+}(aq)$$

$$K_{f2}^{\ominus} = \frac{c[Cu(NH_3)_2]^{2+}/c^{\ominus}}{\{c[Cu(NH_3)]^{2+}/c^{\ominus}\} \cdot [c(NH_3)/c^{\ominus}]} = 4.7 \times 10^3$$

$$[Cu(NH_3)_2]^{2+}(aq) + NH_3(aq) \rightleftharpoons [Cu(NH_3)_3]^{2+}(aq)$$

$$K_{f3}^{\ominus} = \frac{c[Cu(NH_3)_3]^{2+}/c^{\ominus}}{\{c[Cu(NH_3)_2]^{2+}/c^{\ominus}\} \cdot [c(NH_3)/c^{\ominus}]} = 1.1 \times 10^3$$

$$[Cu(NH_3)_3]^{2+}(aq) + NH_3(aq) \rightleftharpoons [Cu(NH_3)_4]^{2+}(aq)$$

$$K_{f4}^{\ominus} = \frac{c[Cu(NH_3)_4]^{2+}/c^{\ominus}}{\{c[Cu(NH_3)_3]^{2+}/c^{\ominus}\} \cdot [c(NH_3)/c^{\ominus}]} = 2.0 \times 10^3$$

$K_{f1}^{\ominus}$、$K_{f2}^{\ominus}$、$K_{f3}^{\ominus}$、$K_{f4}^{\ominus}$ 分别称为第一、二、三、四级稳定常数，一般情况下 $K_{f1}^{\ominus} > K_{f2}^{\ominus} > K_{f3}^{\ominus} > K_{f4}^{\ominus}$，这是由于随配位体增多，配位体间的位阻增大。不过由于配合物的逐级稳定常数彼此相差不很大，所以严格区分每级配位平衡就很困难。但当系统中有过量的配体存在时，平衡趋向于生成最高配位数形式的配合物，其他配位数的各级配离子浓度可以忽略不计。最高配位的配离子稳定常数等于各级稳定常数的乘积。

10.3.2 配位平衡的计算

利用配离子的稳定常数，结合已知条件可计算配合物溶液中有关离子的浓度。然而在实际工作中，一般通过加入过量的配位剂，使中心原子绝大多数处于最高配位数状态。作为近似计算，其他低配位数的各级配离子可忽略不计，只需要 $K_f^{\ominus}$ 做计算即可。

【例 10-2】 求 $c[Cu(NH_3)_4]^{2+} = c(NH_3) = 0.10\ mol \cdot L^{-1}$ 的铜氨配离子与氨水混合液中铜离子的浓度。已知：$K_f^{\ominus}[Cu(NH_3)_4]^{2+} = 2.1 \times 10^{13}$。

解：设 $c(Cu^{2+}) = x\ mol \cdot L^{-1}$

$$Cu^{2+}\quad +\quad NH_3 \rightleftharpoons [Cu(NH_3)_4]^{2+}$$

平衡时各物质浓度(mol/L)　　x　　　　$0.1+4x$　　　　$0.1-x$

因为 $K_f^{\ominus}$ 较大，所以解离出来的 Cu^{2+} 和 NH_3 的量很小，故有：

$$0.1 + 4x \approx 0.1,\ 0.1 - x \approx 0.1$$

$$K_f^{\ominus}[Cu(NH_3)_4]^{2+} = \frac{c[Cu(NH_3)_4]^{2+}/c^{\ominus}}{[c(Cu)^{2+}/c^{\ominus}] \cdot [c(NH_3)/c^{\ominus}]^4} = \frac{0.1}{0.1^4 x} = 2.1 \times 10^{13}$$

$$c(Cu^{2+}) = 4.8 \times 10^{-11}\ mol \cdot L^{-1}$$

【例 10-3】 将 $0.020\ mol \cdot L^{-1}$ 的硫酸锌溶液与 $1.0\ mol \cdot L^{-1}$ 的氨水溶液等体积混合，求混合液 $[Zn(NH_3)_4]^{2+}$、Zn^{2+} 和 NH_3 的浓度。已知：$K_f^{\ominus}[Zn(NH_3)_4]^{2+} = 2.9 \times 10^9$。

解：混合液中氨的浓度远大于锌的浓度，而且 $K_f^{\ominus}[Zn(NH_3)_4]^{2+}$ 也很大，当这两种混合后，溶液中的 Zn^{2+} 几乎转化为 $[Zn(NH_3)_4]^{2+}$，Zn^{2+} 的浓度可考虑离解出来的。

$$Zn^{2+}\quad +\quad 4NH_3 \quad\rightleftharpoons\quad [Zn(NH_3)_4]^{2+}$$

初始浓度 $c/mol \cdot L^{-1}$　　　0.010　　　0.50　　　　　0

平衡浓度 $c/mol \cdot L^{-1}$　　　x　$0.50-4\times(0.010-x)$　　0.010

$$K_f^{\ominus} = [Zn(NH_3)_4]^{2+} = \frac{c[Cu(NH_3)_4]^{2+}/c^{\ominus}}{[c(Cu)^{2+}/c^{\ominus}] \cdot [c(NH_3)/c^{\ominus}]^4} = \frac{0.010}{0.46^4 x} = 2.9 \times 10^9$$

所以　$c[Zn(NH_3)_4]^{2+} = 0.010\ mol \cdot L^{-1}$

$c(Zn^{2+}) = 7.7 \times 10^{-11}\ mol \cdot L^{-1}$

$c(NH_3) = 0.46\ mol \cdot L^{-1}$

10.3.3 配位平衡与酸碱平衡

很多碱 F^-、NH_3、CN^-、$C_2O_4^{2-}$、Y^{4-} 等，常常作为配位体以形成配合物。当系统中

H^+ 浓度增大时，这些作为碱的配位体与 H^+ 之间的酸碱平衡发生移动，二者结合成酸，使系统中游离配位体的浓度降低，从而使配位化合物的稳定性降低。这个重要的现象称为配体的酸效应。如：

$$Fe^{3+} + 6CN^- = [Fe(CN)_6]^{3-}$$

当溶液中酸度增大时，配体容易生成弱酸 HCN，即配位体浓度降低，使配位平衡向解离方向移动，降低了配合物的稳定性。

当酸度降低时，金属离子发生水解，生成氢氧化物 $Fe(OH)_3$ 沉淀，平衡也向解离方向移动，配离子稳定性下降，这种作用称为中心金属离子的水解效应。

所以，定性分析化学中利用配位反应进行离子鉴定时，往往必须严格控制溶液酸度。例如，利用生成 $K_2Na[Co(ONO)_6]$ 黄色沉淀以鉴定 K^+ 时：

$$2K^+ + Na_3[Co(ONO)] = K_2Na[Co(ONO)_6] + 2Na^+$$

反应必须在近中性的介质中进行，以防酸度过高发生配位体(NO_2^-)的酸效应或酸度过低发生中心离子(Co^{3+})的水解效应而使实验失败。利用配位反应进行定量测定时，控制溶液酸度也总是最重要的反应条件之一。

10.3.4 配位平衡与沉淀平衡

若在少量 $AgNO_3$ 溶液中，加数滴 NaCl 溶液，产生 AgCl 白色沉淀；再滴加氨水，AgCl 溶解而生成 $[Ag(NH_3)_2]^+$；再继续加入 KBr 溶液，产生淡黄色 AgBr 沉淀；若再滴入 $Na_2S_2O_3$ 溶液，则黄色沉淀溶解生成 $[Ag(S_2O_3)_2]^{3-}$；再滴入 KI 溶液，又生成黄色 AgI 沉淀；继续滴加 KCN 溶液，沉淀又溶解生成 $[Ag(CN)_2]^-$；再加 Na_2S 溶液，又产生黑色 Ag_2S 沉淀。Ag_2S 的 $K_{sp}^{\ominus}$ 极小，至今尚未发现可将其溶解的配位剂。以上过程可表示为

$$Ag^+(aq) \xrightarrow{Cl^-} AgCl \xrightarrow{NH_3} [Ag(NH_3)_2]^+(aq) \xrightarrow{Br^-} AgBr \xrightarrow{S_2O_3^{2-}}$$

$$[Ag(S_2O_3^{2-})_2]^{3-}(aq) \xrightarrow{I^-} AgI \xrightarrow{CN^-} [Ag(CN)_2]^-(aq) \xrightarrow{S^{2-}} Ag_2S$$

若同一个系统中同时存在沉淀反应和配位反应，由于两个平衡的相互影响，同时竞争中心离子，既可以利用配位反应使沉淀溶解，也可以利用沉淀反应破坏配位化合物使中心离子沉淀。反应朝哪个方向进行，主要取决于配位剂或者沉淀剂与中心离子结合能力的大小。配离子的 $K_f^{\ominus}$ 越大，越容易生成相应的配位化合物，沉淀越容易溶解；而沉淀的 $K_{sp}^{\ominus}$ 越小，对配离子的破坏力越强，越容易生成沉淀，配位与沉淀转化反应的趋势是向竞争平衡总反应平衡常数较大的方向进行，同时也与离子浓度以及所生成的配离子或沉淀的类型有关。

【例 10-4】 欲使 $0.10\ mol \cdot L^{-1}$ 的 AgBr 完全溶解于 $1.0\ L\ Na_2S_2O_3$ 溶液中，此 $Na_2S_2O_3$ 溶液的最低浓度 $c(Na_2S_2O_3)$ 应为多少？

解： 设平衡时 $c(Na_2S_2O_3) = x\ mol \cdot L^{-1}$

$$AgBr\ +\ S_2O_3^{2-} \rightleftharpoons [Ag_2S_2O_3]^{3-} + Br^-$$

平衡时各物质浓度/$mol \cdot L^{-1}$	x	0.10	0.10	0.10

$$K^{\ominus} = \frac{\{c[Ag(S_2O_3)_2]^{3-}/c^{\ominus}\} \cdot [c(Br^-)/c^{\ominus}]}{c(S_2O_3^{2-})/c^{\ominus}}$$

$$=K_f^{\ominus}[Ag(S_2O_3)_2]^{3-} \cdot K_{sp}^{\ominus}(AgBr)$$

$$=2.9\times10^{11}\times5.35\times10^{-11}=16$$

因有

$$\frac{0.10^2}{x^2}=16$$

$$x=0.025$$

$$c(S_2O_3^{2-})=0.025\ mol \cdot L^{-1}+2\times0.10\ mol \cdot L^{-1}$$

$$=0.23\ mol \cdot L^{-1}$$

从 $K_f^{\ominus}=K_f^{\ominus} \cdot K_{sp}^{\ominus}$ 可知，$K_f^{\ominus}$ 越大，则该沉淀越易溶解，所以该平衡是 $K_f^{\ominus}$ 与 $K_{sp}^{\ominus}$ 的竞争。

【例 10-5】分别计算在 $1.0\ L\ c(NH_3)=1.0 mol \cdot L^{-1}$ 的氨水中最多可以溶解多少 AgCl，多少 AgBr，多少 AgI?

解：
$$AgX\ +\ 2NH_3\ \rightleftharpoons\ [Ag(NH_3)_2]^+\ +\ X^-$$

初始浓度 $c/mol \cdot L^{-1}$ 　　　　　1.0

平衡浓度 $c/mol \cdot L^{-1}$ 　　　　1.0$-2x$　　　x　　　　　x

$$K^{\ominus}=K_{sp}^{\ominus}(AgX) \cdot K_f^{\ominus}[Ag(NH_3)_2]^+=\frac{x^2}{(1.0-2x)^2}$$

对 AgCl

$$K^{\ominus}=1.77\times10^{-10}\times1.1\times10^7=1.9\times10^{-7}$$

$$c(Ag^+)=4.47\times10^{-2}\ mol \cdot L^{-1}$$

对 AgBr

$$K^{\ominus}=5.35\times10^{-13}\times1.1\times10^7=5.9\times10^{-6}$$

$$c(Ag^+)=4.7\times10^{-3}\ mol \cdot L^{-1}$$

对 AgI

$$K^{\ominus}=8.51\times10^{-17}\times1.1\times10^7=9.4\times10^{-10}$$

$$c(Ag^+)=3.07\times10^{-5}\ mol \cdot L^{-1}$$

即在 $1.0\ L\ c(NH_3)=1.0\ mol \cdot L^{-1}$ 的氨水中最多可以溶解 AgCl $4.47\times10^{-2}\ mol \cdot L^{-1}$ 或 AgBr $4.7\times10^{-3}\ mol \cdot L^{-1}$ 或 AgI $3.07\times10^{-5}\ mol \cdot L^{-1}$。

从上例的结果可以看出，AgCl 易溶于氨水，而易溶于 $Na_2S_2O_3$ 的 AgBr 在氨水中仅微溶，AgI 在氨水中几乎不溶。从以上两个例题的分析过程可知，对于配合物与沉淀间相互转化的反应，自发方向及反应的程度主要由配合物稳定常数的大小、沉淀溶度积的大小决定，反应总易于向生成较稳定的物质方向自发进行。如上所举由 AgCl 至 Ag_2S 一系列反应的结果，溶液中 Ag^+ 浓度依次降低。

10.3.5　配位平衡与氧化还原平衡

根据能斯特方程，电极电势与组成电极的氧化态物质、还原态物质的浓度有关。通过它们的浓度，如加入配位剂与金属离子形成稳定的配合物，可使电极电势明显改变。因此，配位反应可影响氧化还原反应的进行程度，甚至可以影响氧化还原反应的方向。例如，在标准情况下，在水溶液中 Fe^{3+} 可以氧化 I^-：

$$2Fe^{3+} + 2I^- = 2Fe^{2+} + I_2$$

但是，如果溶液中含有足够量的 F^-，由于 $[FeF_6]^{3-}$ 的生成可以降低 $\varphi(Fe^{3+}/Fe^{2+})$，此时 I_2 反而可以将 Fe^{2+} 氧化：

$$I_2 + 2Fe^{2+} + 12F^- = 2I^- + 2[FeF_6]^{3-}$$

【例 10-6】 通常，标准状态下，Co^{2+} 很难被氧化成 Co^{3+}。但是若在氨液中，却很容易被空气氧化。试说明其原因。已知 $Co^{3+} + e^- = Co^{2+}$ 的标准电极电势为 1.83 V。

解： 判断物质能否被氧化，可从电极电势来分析，当条件改变时，电极电势也发生改变。由于在氨液中，Co^{2+} 和 Co^{3+} 都能生成氨配离子，其稳定常数分别是：$K_f^{\ominus}[Co(NH_3)_6]^{3+} = 2 \times 10^{35}$，$K_f^{\ominus}[Co(NH_3)_6]^{2+} = 1.3 \times 10^5$。

由于处于同一体系中，$c(NH_3)$ 为唯一值。

标准态时，$c[Co(NH_3)_6]^{2+} = c[Co(NH_3)_6]^{3+} = 1\ mol \cdot L^{-1}$

形成配离子后，电对的电极电势将发生变化。根据能斯特方程得

$$\varphi(Co^{3+}/Co^{2+}) = \varphi^{\ominus}(Co^{3+}/Co^{2+}) + \frac{0.0592}{1}lg[c(Co^{3+})/c(Co^{2+})]$$

$$\varphi^{\ominus}\{[Co(NH_3)_6]^{3+}/[Co(NH_3)_6]^{2+}\}$$

$$= \varphi^{\ominus}(Co^{3+}/Co^{2+}) + \frac{0.0592}{1}lg\{K_f^{\ominus}[Co(NH_3)_6]^{2+}/K_f^{\ominus}[Co(NH_3)_6]^{3+}\}$$

$$= 1.83 + \frac{0.0592}{1}lg[(1.3 \times 10^5)/(2 \times 10^{35})] = 0.04\ V$$

由于在氨液中，电对的电极电势降低很多，且低于 $\varphi^{\ominus}(O_2/OH^-) = 0.401\ V$，故 Co(II) 能被空气中的氧氧化。即

$$4[Co(NH_3)_6]^{2+} + O_2 + 2H_2O = 4[Co(NH_3)_6]^{3+} + 4OH^-$$

【例 10-7】 向 Cu^+ 溶液中加入过量的 Cl^- 形成 $[CuCl_2]^-$，设平衡时 Cl^- 和 $[CuCl_2]^-$ 浓度均为 $1.0\ mol \cdot L^{-1}$，此时电极电势为 0.19 V，求 $K_f^{\ominus}(CuCl_2^-)$。已知：$Cu^+ + e^- = Cu$ 的标准电极电势为 0.52 V。

解： 加入 Cl^- 后 Cu^+ 形成 $[CuCl_2]^-$

$$Cu^+ + 2Cl^- = [CuCl_2]^-$$

$$K_f^{\ominus}(CuCl_2^-) = \frac{c(CuCl_2^-)/c^{\ominus}}{[c(Cu^+)/c^{\ominus}][c(Cl^-)/c^{\ominus}]^2}$$

$$c(Cu^+) = \frac{c(CuCl_2^-)/c^{\ominus}}{K_f^{\ominus}(CuCl_2^-)[c(Cl^-)/c^{\ominus}]^2} = \frac{1}{K_f^{\ominus}(CuCl_2^-)}$$

$$\varphi(Cu^+/Cu) = \varphi^{\ominus}(Cu^+/Cu) + \frac{0.0592}{1}lg[1/K_f^{\ominus}(CuCl_2^-)]$$

$$0.19 = 0.52 + \frac{0.0592}{1}lg[1/K_f^{\ominus}(CuCl_2^-)]$$

$$K_f^{\ominus}(CuCl_2^-) = 3.8 \times 10^5$$

10.3.6　配离子的转化和平衡

【例 10-8】已知 $K_f^{\ominus}[Zn(NH_3)_4]^{2+}=2.9\times10^9$，$K_f^{\ominus}[Zn(CN)_4]^{2-}=5.0\times10^{16}$。若往 $[Zn(NH_3)_4]^{2+}$ 溶液中加入足量固体 KCN，会发生什么变化？

解：$[Zn(NH_3)_4]^{2+}+4CN^-=[Zn(CN)_4]^{2-}+4NH_3$

$$K^{\ominus}=\frac{K_f^{\ominus}[Zn(CN)_4]^{2-}}{K_f^{\ominus}[Zn(NH_3)_4]^{2+}}=\frac{5.0\times10^{16}}{2.9\times10^9}=1.7\times10^7$$

平衡常数很大，说明反应进行很完全，$[Zn(NH_3)_4]^{2+}$ 几乎可以完全转化为 $[Zn(CN)_4]^{2-}$。当系统中同时有两种或者多种配位体存在时，总是倾向于生成稳定性更大的配离子。

10.4　配位化合物的应用（Application of Coordination Compound）

配位化合物在自然界中广泛存在，并且配位化合物在日常生成和工业生产中起着重要的作用。配位化学不仅是无机化学的重要组成部分，而且与其他很多学科领域有密切的联系，如分析化学、有机化学、生物化学、环境化学、医学、催化反应，以及染料、电镀、湿法冶金、半导体、原子能等。

(1)配位化合物在分析化学中的应用

在分析化学中，常应用配位化合物具有特征颜色来鉴定一些离子的存在。例如，一些离子可以用特殊的试剂进行鉴定，这些试剂往往是特殊的配位剂。例如，$[Fe(NCS)_n]^{3-n}$ 呈血红色，$[Cu(NH_3)_4]^{2+}$ 为蓝色，$[Co(NCS)_4]^{2-}$ 在丙酮中现鲜蓝色等。这些特征颜色常用来作为有关金属离子存在的依据。另外一些试剂，如螯合物中的丁二肟在氨碱性条件下可与 Ni^{2+} 形成鲜红的沉淀，这个反应具有灵敏度高、选择性强的特点；如铜试剂(二乙胺基二硫代甲酸钠)可在氨性溶液中与 Cu^{2+} 生成棕色螯合物沉淀；邻菲罗啉($o-phen$)可与 Fe^{2+} 生成橙红色螯合物，故又称为亚铁试剂。8-羟基喹啉等有机螯合剂可与多种金属离子生成螯合物沉淀，常用于离子的分离等。在分析鉴定中，某些金属离子的存在常会干扰另外一些离子的鉴定。例如，Fe^{3+} 的存在会对用 NCS^- 鉴定 Co^{2+} 时发生干扰。因为 CNS^- 与 Fe^{3+} 和 Co^{2+} 都能配位，分别形成鲜红色和鲜蓝色的配合物进而对鉴定形成干扰。所以，为排除 Fe^{3+} 对 Co^{2+} 鉴定的干扰，需要在溶液中加入 F^-，F^- 与 Fe^{3+} 可以形成更稳定的无色 $[FeF_6]^{3-}$，将 Fe^{3+} "掩蔽"起来，避免干扰。

容量分析中的配位滴定法(络合滴定法)是测定金属含量的常用方法之一。依据的原理就是配合物形成与相互转化，而最常用的分析试剂就是 EDTA。利用 EDTA 等螯合剂进行配位滴定是一种重要的滴定分析方法。常用的一些指示剂、掩蔽剂、显色剂等，有相当多属于配位化合物。

(2)配位化合物在生物化学中的应用

金属配位化合物广泛存在于生命活动的过程当中。生物体中对各种生化反应起特殊作用的各种各样的酶，生命体内的各种代谢作用、能量的转换及 O_2 的输送，也与金属配合物有密切关系，许多都含有复杂的金属配合物。另外，人体生长和代谢必需的维生素 B_{12} 是 Co 的配合物，起免疫等作用的血清蛋白是 Cu 和 Zn 的配合物；植物固氮菌中的固氮酶含 Fe、Mo 的配合物等。以 Mg^{2+} 为中心的复杂配合物叶绿素，在进行光合作用时，将 CO_2、H_2O 合成为复杂的糖类，使太阳能转化为化学能加以贮存供生命之需。使血液呈红色的血红素结构是以 Fe^{2+} 为中心的复杂配合物，它与有机大分子球蛋白结合成一种蛋白质称为血红蛋白，氧合血红蛋白具有鲜红的颜色。某些分子或负离子，如 CO 或 CN^-，可以与血红蛋白形成比血红蛋白 $ŸO_2$ 更稳定的配合物，可以使血红蛋白中断输氧，造成组织缺氧而中毒，这就是煤气(含 CO)及氰化物(含 CN^-)中毒的基本原理。

(3)配位化合物在工业生产中的应用

例如，配位化合物用于湿法冶金。含 Au 的矿砂用 KCN 溶液处理，使 Au 与 CN^- 生成配位化合物进入液相，再用 Zn 将 Au 还原出来。在多相催化、均相催化和金属酶模拟催化等领域中，都有过渡金属的配位化合物作催化剂。例如，齐格勒(Ziegler)和纳塔(Natta)发现的 Al 和 Ti 的配合物可以催化乙烯的低压聚合。电镀工业中也用到很多配位化合物，如电镀 Zn、Cd 或 Cr 时，多将 KCN 加到镀液中，控制金属离子的浓度，使镀层光亮、致密。随着环保意识的增强，更多更好的配位体已经取代了 KCN。配合物极为普遍，已经渗透到许多自然科学领域和重工业部门。配合物的研究与应用，无疑具有广阔的前景。

(4)配位化合物在医药领域的应用

配合物在生活的诸多方面有着重要的应用，近年来，配合物在治疗药物和排除金属中毒、金属配合物在治疗癌症方面越来越受到人们的关注，对于配合物药物的研究也越来越深入。例如，抗癌金属配合物的研究。在 1965 抗癌化疗药物顺铂的发现，以及后来发现的新的高效、低毒、具有抗癌活性的金属配合物，这其中包括某些新型铂配合物、有机锡配合物、有机锗配合物、茂钛衍生物、稀土配合物、多酸化合物等。

(5)配合物在化妆品中的应用

由于微量元素在美容诸多方面表现出的特殊功能，近年来，国内外许多学者已经注意到某些微量元素在化妆品中的重要作用。微量元素进入化妆品，是通过与蛋白质、氨基酸，甚至脱氧核糖核酸链接而实现的，它代表了一种新型的化妆用品重要成分。当这些微量元素被配位时，其配合物更具有生物利用性，使产品更具调理性和润湿性，而且它们更易于被皮肤、头发和指甲吸收和利用，实现化妆品护肤美容的真实含义。目前，铜、铁、硅、硒、碘、铬和锗七种微量元素在化妆品中的应用，已经被许多国内外学者所肯定，而且逐渐为广大消费者所接受。

除上述各领域外，原子能、半导体、激光材料、太阳能储存等高科技领域，环境保护、印染、鞣革等也都与配合物有关。配合物的研究与应用，无疑具有广阔的前景。

本章小结

1. 配位化合物的基本概念

(1)基本概念：配离子、配位化合物、中心离子、配位体、配位原子及配位数。

(2)配位化合物的命名：遵循无机化学的命名规则。

2. 配位化合物的价键理论

(1)价键理论要点：配位原子都含有未成键的孤对电子；中心离子(原子)的价电子层必须有空轨道，而且在形成配位化合物时发生杂化作用；配位体的含有孤对电子的轨道与中心离子(原子)的空杂化轨道重叠，形成配位键。

(2)内(外)轨型配合物：若中心离子全部以外层轨道(ns、np、nd 等)参与杂化，生成配位键，这样得到外轨型配位化合物。若中心离子有($n-1$)d 轨道参与杂化和成键作用，这样得到内轨型配位化合物。一般内轨型配合物较为稳定。

3. 配位平衡及移动

当配位反应和理解反应速度相等时体系达到平衡状态。例如：

$$Cu^{2+} + 4NH_3 \Longrightarrow [Cu(NH_3)_4]^{2+}$$

$$K_f^{\ominus} = \frac{c[Cu(NH_3)_4]^{2+}/c^{\ominus}}{[c(Cu^+)/c^{\ominus}] \cdot [c(Cl^-)/c^{\ominus}]^4}$$

$K_f^{\ominus}$ 越大，表示配离子越稳定。当外界条件改变时，平衡将发生移动。

科学家简介

维尔纳

1913 年诺贝尔奖金获得者，瑞士化学家、配位化学的奠基人维尔纳(Alfred Werner，1866—1919)是第一个认识到金属离子可以通过不只一种"原子价"同其他分子或离子相结合以生成相当稳定的复杂物类，同时给出与配位化合物性质相符的结构概念的伟大科学家。

1893 年，维尔纳根据大量实验事实，提出了配位化合物的配位价键理论。那时的维尔纳年仅 26 岁，是苏黎世联邦工科大学的一位不甚知名的讲师，但他已经深入思索金属-氨化合物的结构。因为这些化合物不符合当时流行的价键理论，所以将它们列为"分子化合物"，以别于价键理论可以说明结构的"原子价化合物"。据说一天夜里，维尔纳做了一个梦。这夜二时许，他醒来，分子化合物形成之谜的解答如闪电的火花来到脑际。他随即起床，奋笔疾书，一口气写到下午五时，完成了现在著名的开创配位化学的划时代论文。其后，维尔纳相继发表了 20 多篇配位化学的相关论文，于是配位化学体系正式创立。

在维尔纳提出了配位化合物的配位理论里，他认为简单的原子价概念不能说明配位化合物的结构，应引进"副价"概念把原子价概念扩充。维尔纳用过量 $AgNO_3$ 处理一系列配位化合物，同时称量所得沉淀的重量。他得出结论，在配位化合物中存在两种原子价：①主价或者可电离价；②副价或者不可电离价。维尔纳的另一个重要贡献在于提出"复价"都指向围绕中心原子的一个固定空间位置。根据他的学说，中心原子同一些原子或基团用所谓"复价"相连接。这些原子或基团称为和中心原子配位，共同组成一个不易电离的核，如[Ag(MH_3)_2]Cl 中的[Ag(NH_3)_2]^+。核中每一个原子或基团对应一个配位数，或者说占有一个"配位位置"。但有些情况如乙二胺($H_2N—CH_2—CH_2—NH_2$)却占有两个"配位位置"。少数情况，配位数是 8，常见的是 4 和 6，其他数目的很少。

维尔纳价键理论不仅正确地解释了实验事实，还提出了配位体的异构现象，为立体化学的发展开辟了新的领域。但维尔纳配位价键理论与当时流行的原子价理论有很大的出入，而且他原本的研究领域是有机化学，在无机化学方面尚未取得任何重要的实验工作，他所引用的实验数据都是别人的，故在理论提出后受到北欧国家和英国等国家化学家的冷遇与抵制。英国化学家弗兰德(J. A. N. Friend，1881—1966)一直在攻击维尔纳的理论，到 1916 年才休止。还有他的另一个最主要对手——丹麦著名化学家袁根生自始至终与他论战。尽管面对的是这些有力的对手与经典化学的权威，但是维尔纳没有退缩。他用他后半生的全部精力致力于论证配位价键理论的实验工作。通过他与学生的有力验证，到 20 世纪初，配位价键理论逐渐为各国化学家所接受。此后，配位化学在世界范围内蓬勃发展。

维尔纳是一个铁匠的儿子，生于法国莫罗兹，自亚尔萨斯归属德意志帝国，成了德国居民，但他在家坚持说法语，尽管在科学上崇拜德国，但政治和文化上则是同法国连在一起的。维尔纳后来当了苏黎世大学教授，娶了当地居民，成了瑞士公民。维尔纳自幼不畏权势，反抗占领，日后成为他革命学风的一部分。他的配位学说是以同传统的原子价学说决裂而著称的。他不迷信权威，勇于探索，百折不挠，用铁一般的事实证实自己的理论。维尔纳结构观点的真实性已广泛为 X 射线衍射研究所证实。尽管发明了更为直接的近代技术，他所用的简易的、间接的、经典的构型测定方法，却留下一个不朽的丰碑，把他的实验技巧、直观视觉和坚韧不拔的精神永远铭记下来。维尔纳于 1919 年 11 月 15 日在经受长期的精神和身体折磨后，与世长辞，终年 53 岁。维尔纳，他是一位科学斗士，值得我们永远铭记。

思考题与习题

1. 试标出下列各配合物的中心离子、配位体、配位原子、配位数以及配位离子的电荷数：
$K_4[Fe(CN)_6]$、$Na_3[AlF_6]$、$[CoCl_2(NH_3)_3(H_2O)]Cl$、$[PtCl_4(NH_3)_2]$、$[Co(en)_3]Cl_3$

2. 根据下列配合物的名称写出它们的化学式。

(1)二硫代硫酸合银（Ⅰ）酸钠　(2)四硫氰·二氨合铬（Ⅱ）酸铵　(3)四氯合铂酸（Ⅱ）六氨合铂（Ⅱ）　(4)硫酸一氯·一氨·二乙二胺合铬（Ⅲ）　(5)二氯·一草酸根·一乙二胺合铁（Ⅱ）离子

3. 两种不同钴的配位化合物具有相同的化学式 $Co(NH_3)_5BrSO_4$。将配合物溶液加入 $BaCl_2$ 溶液时，第一配合物溶液产生 $BaSO_4$ 沉淀，第二种溶液无明显现象。若加入 $AgNO_3$ 溶液，第一种配合物溶液中无明显现象，第二种溶液中产生 $AgCl$ 沉淀。试写出这两种配合物的分子式，并指出 Co 的配位数和化合价。

4. 已知在$[Co(NH_3)_6]^{3+}$配离子中没有单电子，由此可以推断 Co^{3+} 采取的成键杂化轨道是(　　)。

A. sp^3　　　　　B. sp^3d^2　　　　　C. d^2sp^3　　　　　D. dsp^2

5. 在 Fe(Ⅲ) 的内轨型配离子中，单电子数为(　　)。

A. 1　　　　　B. 3　　　　　C. 5　　　　　D. 8

6. 用少量的 $AgNO_3$ 处理$[FeCl(H_2O)]Br$ 溶液，将产生沉淀，沉淀的主要成分是(　　)。

A. $AgBr$　　　　　B. $AgCl$　　　　　C. $AgBr$ 和 $AgCl$　　　　　D. $Fe(OH)_2$

7. 相同中心原子所形成的外轨型配合物与内轨型配合物，稳定程度一般为(　　)。

A. 外轨型＞内轨型　　B. 内轨型＞外轨型　　C. 两者稳定性没有区别　　D. 不能比较

8. 价键理论认为，中心离子(原子)必须能提供_____，配位体的配位原子必须具有_____，配合物的空间构型决定于_____。

9. 配合物 $K_3[FeF_6]$ 的空间构型为正八面体，中心离子采取的杂化轨道类型为_____，该配合物属于_____型。

10. 向 AgCl 沉淀中加入氨水生成_____，再加入 KBr 溶液则生成_____，再加入过量 $Na_2S_2O_3$ 则生成_____。（填写化学式）

11. 在含有 Ag^+ 的溶液中，加入适量的 $Cr_2O_7^{2-}$ 溶液后，有砖红色沉淀析出，向上述体系中加入适量 Cl^- 后，砖红色沉淀转化为白色沉淀，再向上述体系中加入足量的 $S_2O_3^{2-}$ 溶液后，沉淀溶解，则各步反应的离子方程式分别为_____。

12. Ni^{2+} 与 CN^- 生成反磁性的正方形配离子 $[Ni(CN)_4]^{2-}$，而与 Cl^- 却生成顺磁性的四面体配离子 $[NiCl_4]^{2-}$，请用价键理论解释该现象。

13. 根据配位化合物的价键理论，指出下列配离子的中心离子杂化轨道类型及配离子的空间构型，并指出该配离子属于内轨型或外轨型配合物。

$[Cd(NH_3)_4]^{2+}$　　$[Ni(NH_3)_4]^{2+}$（低自旋）

14. 若向 $[Zn(NH_3)_4]SO_4$ 溶液中加入少量下列物质，$[Zn(NH_3)_4]^{2+} \rightleftharpoons Zn^{2+} + 4NH_3$，请判断该平衡移动的方向。

(1) KCN 溶液；(2) Na_2S 溶液；(3) $NH_3 \cdot H_2O$；(4) 稀 H_2SO_4 溶液。

15. 在 $0.010\ mol \cdot L^{-1}$ 的 $[Ag(NH_3)_2]^+$ 溶液中，NH_3 浓度为 $0.20\ mol \cdot L^{-1}$，计算溶液中 Ag^+ 的浓度。{已知 $K_f^{\ominus}[Ag(NH_3)_2]^+ = 1.1 \times 10^7$}

16. 将浓度为 $0.20\ mol \cdot L^{-1}$ 的 20 mL 硝酸银溶液与相同体积且浓度为 $1.0\ mol \cdot L^{-1}$ 氨水混合，计算混合液中 Ag^+ 的浓度。

17. 计算 0.5 L 含有 $1.0\ mol \cdot L^{-1}\ Na_2S_2O_3$ 的溶液可溶解 AgBr 固体多少克？

18. 在含有 $2.5 \times 10^{-3}\ mol \cdot L^{-1}\ AgNO_3$ 和 $0.41\ mol \cdot L^{-1}\ NaCl$，为使 Ag^+、Cl^- 不沉淀，溶液中最少含有 CN^- 的浓度为多少？{已知 $[Ag(CN)_2]^-$ 的 $K_f^{\ominus} = 1.26 \times 10^{21}$，AgCl 的 $K_{sp}^{\ominus} = 1.77 \times 10^{-10}$}

第 *11* 章
元素概述(Element Overview)

11.1　主族元素概述

根据元素原子最后新增加电子在外层或内层，可将元素分为主族元素和副族元素，新增加电子在最外层称为主族元素，在内层称为副族元素。主族元素按性质分为金属元素和非金属元素，金属元素在主、副族均有，而非金属元素全属于主族元素。主族金属元素分布于周期系的 s 区和 p 区。

11.1.1　主族元素单质的通性

11.1.1.1　主族元素的氧化数

元素的氧化数与相互反应的两种元素的性质和反应条件有关。主族元素的氧化数与其价电子构型有一个简单的关系。多数氧化数相当于原子在形式上取得 ns^2np^6 或 $(n-1)d^{10}$ 的"满层"电子构型所得、失的电子数。如 IA、IIA 和 IIIA 族主要表现出 +1、+2 和 +3 氧化数。非金属与活泼金属形成化合物时，非金属原子能结合电子形成 0 族型负离子，而表现出负氧化数，在数值上等于所结合的电子数：卤素为 -1、氧族为 -2、氮族为 -3 等。

11.1.1.2　主族元素的成键特征

s 区元素最外层电子构型 $ns^{1\sim2}$，包括 IA、IIA 族，是活泼金属。除 Li 和 Be 外，在形成化合物时都以离子键结合。由于 Li^+ 和 Be^{2+} 离子半径小，极化能力强，所以在形成化合物时表现出部分共价键特征。

p 区元素最外层电子构型 $ns^2np^{1\sim6}$，包括 IIIA 至 VIIA 族元素和零族元素。VIA、VIIA 族是电负性较大的非金属元素，与活泼金属作用时，容易获得电子形成 0 族型负离子，形成离子型化合物。

非金属单质(除稀有气体外)均以非极性共价键结合。

硼原子具有特殊的成键特征。它有 3 个价电子，电离能高，失去和得到电子困难，难形成离子化合物，易形成共价化合物。

所以，IA、IIA 族元素形成化合物时以离子键为主，VIA、VIIA 元素以共价键为主。

11.1.2 主族元素单质的物理性质

11.1.2.1 单质的密度和硬度

元素单质密度在同一周期呈现出两头小中间大的特征；同一族中，一般是由上而下密度增大，金属元素单质密度一般较大，非金属元素密度较小。金属密度最小的是锂，密度最大的是锇。单质的硬度大体呈两头小中间大的特性，金刚石(摩尔硬度10)是所有单质中硬度最高的。

11.1.2.2 单质的熔点和沸点

除 Rb、Cs、Hg 外，金属单质的沸点都在 700 ℃以上。而且同一周期从左到右，金属键的强度随有效核电荷增加、半径减小而增大，故熔、沸点逐渐升高，到Ⅵ族的元素其单质的熔、沸点都是同周期中最大。熔、沸点最高的金属是钨，非金属单质熔、沸点差异很大，原子晶体熔、沸点很高，周期表中熔点最高的是金刚石，分子晶体熔、沸点很低。单质中熔、沸点最低的是稀有气体氦。

11.1.2.3 单质的导电性

单质的导电性差异很大。金属元素的单质是良导体，以分子晶体形成的非金属单质是绝缘体，p 区对角线附近的元素单质多数具有半导体的性质。层状晶体结构的石墨具有良好的导电性。主族元素单质中，导电性最强的是铝。在金属中，导电性最强的是银，其次是铜。

11.1.3 主族元素单质的化学性质

11.1.3.1 非金属单质的化学性质

单质的化学性质主要表现为氧化还原性。非金属单质的化学性质各有差异。非金属单质一般不与盐酸和稀硫酸反应，但其中碳、硫、磷、碘、硼可与浓硫酸和硝酸反应，产物为相应所在族的最高氧化态的含氧酸并伴有气体逸出；除去氟、氧、氮、碳外大部分非金属单质均可与强碱反应；除卤素可与水发生不同程度的反应外，大多数非金属单质不与水作用，高温下硼、碳等可与水反应。

(1)非金属单质的氧化还原性

通常情况下，F_2、O_2、Cl_2、Br_2 等较活泼，具有较强的氧化性，卤素单质的氧化能力次序为 $F_2 > Cl_2 > Br_2 > I_2$，它们可与金属、非金属的氢作用。同时，它们之间还能发生置换反应，如：

$$Cl_2 + 2I^- = 2Cl^- + I_2$$

当 Cl_2 过量时，发生如下反应：

$$5Cl_2 + 2I_2 + 6H_2O = 10Cl^- + 2IO_3^- + 12H^+$$

室温下，O_2 在酸性或碱性溶液中却显示一定的氧化性：

$$O_2 + 4H^+ + 4e^- = 2H_2O \quad E^{\ominus} = +1.229 \text{ V}$$

$$O_2 + 2H_2O + 4e^- = 4OH^- \quad E^{\ominus} = +0.401 \text{ V}$$

C、H_2、Si 等单质常作还原剂，可发生如下反应：

$$MgO+C \xrightarrow[\text{电炉}]{200℃} Mg+CO\uparrow$$

$$CuSO_4+H_2 \xrightarrow[\text{加压}]{\triangle} Cu+H_2SO_4$$

（2）与空气中的氧反应

非金属单质除卤素不能直接与氧反应，其他都能在一定条件下与氧反应生成相应的氧化物。

白磷可在空气中自燃生成 P_2O_5，红磷在加热条件下与氧反应生成 P_2O_5。

（3）与水反应

在常温下，只有卤素能与水发生反应：

$$2X_2+2H_2O=4H^++4X^-+O_2 \tag{1}$$

$$X_2+H_2O=H^++X^-+HXO \tag{2}$$

氟只发生反应(1)，其他卤素主要发生反应(2)，其反应进行的程度随原子系数增大而降低。

单质硼、碳、硅在高温下可与水蒸气作用。如：

$$2B+6H_2O=2B(OH)_3+3H_2(g)$$

$$C+H_2O=CO(g)+H_2(g)$$

氮、磷、氧和硫在高温下不与水发生反应。

（4）与酸反应

非金属单质一般不与稀的非氧化性酸反应。但碘、硫、磷、碳和硼等均能被硝酸或热的浓硫酸氧化，生成氧化物或含氧酸：

$$3I_2+10HNO_3=6HIO_3+10NO(g)+2H_2O$$

$$S+2HNO_3=H_2SO_4+2NO(g)$$

$$3P+5HNO_3+2H_2O=3H_3PO_4+5NO(g)$$

$$B(\text{无定型})+HNO_3(\text{浓})+H_2O=B(OH)_3+NO(g)$$

$$C+2H_2SO_4(\text{浓，热})=CO_2+2SO_2(g)+2H_2O$$

$$2B+3H_2SO_4(\text{浓，热})=2B(OH)_3+3SO_2(g)$$

（5）与碱反应

在室温下，除 F 以外的卤素能与碱溶液发生以下歧化反应：

$$X_2+2OH^-=X^-+XO^-+H_2O \tag{3}$$

$$3XO^-=2X^-+XO_3^- \tag{4}$$

其中，氯在 293 K 时，按反应(3)进行；在 343 K 时，反应(4)进行得很快。氯在常温下主要生成次氯酸盐，高温下生成氯酸盐。溴在常温下反应(3)和反应(4)进行得都很快，碘与碱反应只能得到碘酸盐。

硫和磷在浓强碱溶液中也能发生歧化反应：

$$3S+6NaOH \xrightarrow{\triangle} 2Na_2S+Na_2SO_3+3H_2O$$

$$P_4+3NaOH+3H_2O \xrightarrow[\triangle]{pH=14} PH_3+3NaH_2PO_2$$

硅、硼与浓的强碱溶液作用放出氢气：

$$Si+2NaOH+H_2O=Na_2SiO_3+2H_2$$

$$2B(无定型) + 2NaOH + 6H_2O = 2Na[B(OH)_4] + 3H_2$$

11.1.3.2 金属单质的化学性质

金属的活泼性相差很大，在自然界中存在形式各异，但也有不少共性。

大多数金属具有金属光泽，有一定的导电、导热性，有不同程度的延展性，都有一定的强度、硬度、密度和恒定的熔、沸点。都易失去最外层电子形成金属正离子，最突出的化学性质是其还原性。在短周期中，同周期从左到右金属单质的还原性逐渐减弱；同一主族自上而下，金属单质的还原性一般增强。

（1）与氧反应

s区金属十分活泼，具有很强的还原性，很容易与氧化合，其与氧作用能力同一周期从左到右逐渐减弱；同一主族自上而下逐渐增强。如锂表面生成氧化物，钠、钾在空气中稍微加热就燃烧，而铷和铯在空气中能自燃。

p区金属活泼性一般比s区金属弱。锡、铅、锑、铋等常温下与空气无明显作用。铝较活泼，在空气中能立即生成一层致密的氧化物保护膜，阻止与氧的进一步反应，因此常温下铝在空气中很稳定。锡抗腐蚀能力较好，有些金属表面镀锡既美观又防锈。

（2）与水作用

s区金属都与水作用，置换出氢气，生成相应氢氧化物，如：

$$Na + H_2O = NaOH + 1/2H_2(g) \qquad \Delta_r H_m^{\ominus} = -184 \ kJ \cdot mol^{-1}$$
$$Ca + 2H_2O = Ca(OH)_2 + H_2(g) \qquad \Delta_r H_m^{\ominus} = -431 \ kJ \cdot mol^{-1}$$

在周期系中，同一主族元素自上而下与水反应激烈程度递增。钠与水反应剧烈但并不燃烧，钾则燃烧，铷和铯甚至发生爆炸。与同周期碱金属比较，碱土金属与水反应较缓慢，镁与冷水反应很慢，钙与水反应比较剧烈，其原因是反应生成的氢氧化物溶解度小，覆盖于金属表面，抑制反应进行。

p区金属铝较活泼，但其表面形成致密氧化物保护膜，因此不与水反应。

（3）与酸、碱作用

s区金属与稀酸作用放出氢气，此反应更加剧烈，甚至发生爆炸。p区金属不与水反应，但大都能与稀盐酸或稀硫酸反应放出氢气。铍、铝、锡、铅除与稀酸作用外，还能与强碱作用，生成相应含氧酸并放出氢气，表现出其两性性质，如：

$$2Al + 2NaOH + 6H_2O = 2NaAl(OH)_4 + 3H_2 \uparrow$$
$$Sn + 2NaOH + 2H_2O = Na_2Sn(OH)_4 + H_2 \uparrow$$

值得一提的是，铝能被冷的浓硫酸、浓硝酸、稀硝酸所钝化，故常用铝桶装运浓硫酸和浓盐酸及有机酸或某些化学试剂。

11.2 副族元素（过渡元素）概述（Summary of Subgroup Elements）

副族元素是指电子未完全充满d轨道或f轨道的元素。副族元素位于长式周期表的中部，典型的金属元素（s区）与典型的非金属元素（p区）之间，包括d区、ds区和f区元素。从原子的电子层结构上看，价电子依次填充$(n-1)d$ 或$(n-2)f$轨道，恰好完成了该轨道部分填充到完全充满的过渡。副族元素又称过渡元素(镧系和锕系称为内过渡元素)或过渡金属。

过渡元素的性质在同周期中差异较小，根据性质的相似性可将过渡元素分为四个系列：

第一过渡系：从钪(Sc)到锌(Zn)；

第二过渡系：从钇(Y)到镉(Cd)；

第三过渡系：从镧(La)到汞(Hg)；

第四过渡系：从锕(Ac)到 Uub 。

由于第一过渡系元素及其化合物应用较广，具有一定的代表性，所以本章重点介绍第一过渡系中的某些元素，第一过渡系元素的一般性质列于表 11-1 中。

表 11-1　第一过渡系元素的一般性质

第一过渡系	价层电子结构	熔点/℃	沸点/℃	原子半径/pm	第一电离能/$kJ \cdot mol^{-1}$	氧化值
Sc	$3d^1 4s^2$	1 541	2 836	161	639.5	3
Ti	$3d^2 4s^2$	1 668	3 287	145	664.6	−1, 0, 2, 3, 4
V	$3d^3 4s^2$	1 917	3 421	132	656.5	−1, 0, 2, 3, 4, 5
Cr	$3d^5 4s^1$	1 907	2 679	125	659.0	−2, −1, 0, 2, 3, 4, 5, 6
Mn	$3d^5 4s^2$	1 244	2 095	124	723.8	−2, −1, 0, 2, 3, 4, 5, 6, 7
Fe	$3d^6 4s^2$	1 535	2 861	124	765.7	0, 2, 3, 4, 5, 6
Co	$3d^7 4s^2$	1 494	2 927	125	764.9	0, 2, 3, 4
Ni	$3d^8 4s^2$	1 453	2 884	125	742.5	0, 2, 3, (4)
Cu	$3d^{10} 4s^1$	1 085	2 562	128	751.7	1, 2, 3
Zn	$3d^{10} 4s^2$	420	907	133	912.6	2

11.2.1　过渡元素的通性

过渡元素的价电子层结构通式为$(n-1)d^{1\sim9}ns^{1\sim2}$(Pd 例外)。其结构特点是：①最外层电子数少，1~2 个；②最外两个电子层均未充满电子。

这种结构上的共同特点不仅使过渡元素在许多性质上有共同之处，而且也决定了它们的性质与主族元素性质的差异性。

11.2.1.1　过渡元素的物理性质

(1)过渡元素的原子半径

在同周期中，自左至右随着原子序数的递增，原子半径缓慢减小，只是到了各系列的尾部原子半径才略有增大。这是由于同周期的过渡元素，自左至右随着原子序数的递增，新增加的电子依次填充到次外层的 d 轨道上，d 电子的屏蔽作用较大，这样增加的核电荷几乎被增加的$(n-1)d$电子屏蔽掉，自左至右有效核电荷增加得比较缓慢，所以原子半径也就缓慢减小。到了各系列的尾部，次外层电子接近 18，其电子云接近球形对称，屏蔽效应增强，有效核电荷减小，原子半径就略有增大。

在同族中，自上而下原子半径总趋势是增大的，因为自上而下原子的电子层数逐渐增多。

但同族中第五、六周期两元素的原子半径非常接近,这是由于镧系收缩的影响所造成的。所谓镧系收缩就是镧系元素的原子半径和离子半径随着原子序数的递增而逐渐缓慢缩小的现象。过渡元素原子半径及它们随原子序数变化情况如图 11-1 所示。

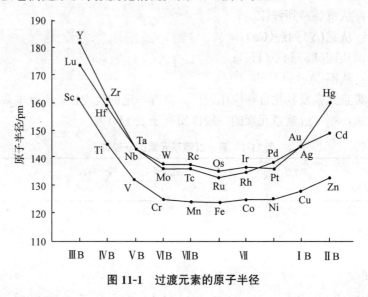

图 11-1   过渡元素的原子半径

(2)密度、硬度及熔、沸点

除钪、钇外,其余过渡元素均为重金属(密度大于 $4.5\ g\cdot cm^{-3}$),其中以重铂系金属的密度最大(锇 $22.57\ g\cdot cm^{-3}$,铱 $22.42\ g\cdot cm^{-3}$,铂 $21.45\ g\cdot cm^{-3}$)。除钪副族外,其余元素都有较大的硬度,其中以铬的硬度最大(莫氏标准 9)。大多数过渡元素都有较高的熔点和沸点,如钨的熔点为 $3\ 683\ K\pm20\ K$,沸点为 $5\ 933\ K$,是金属当中最高的。

由于过渡元素有比主族元素较小的半径,所以过渡元素的密度较大。过渡元素原子的 ns 电子和 $(n-1)d$ 均可参加形成金属键,金属键较强,这就导致了过渡元素的硬度较大,熔、沸点较高。

(3)水合离子和含氧酸根离子的颜色

大多数过渡元素的水合离子都呈现出一定的颜色(表 11-2)。其原因是它们的 d 轨道未充满电子,在可见光的照射下,吸收部分波长的可见光发生 d−d 跃迁,而水合离子呈现的颜色就是未被吸收的那一部分可见光的复合色。

具有 d^0、d^{10} 电子构型的过渡元素,由于在可见光的照射下不会发生 d−d 跃迁,因此它们的水合离子是无色的,如 $[Sc(H_2O)_6]^{3+}$、$[Zn(H_2O)_6]^{2+}$ 等。

过渡元素的含氧酸根离子一般也是有颜色的。例如,CrO_4^{2-} 呈黄色,$Cr_2O_7^{2-}$ 呈橙红色,MnO_4^- 呈紫色,MnO_4^{2-} 呈绿色,VO_3^- 呈黄色等。这些离子之所以有颜色,是由于含氧酸根中,过渡元素的形式电荷高、半径小,对 O^{2-} 的极化作用强,在可见光的照射下,O^{2-} 的电子吸收部分可见光向过渡金属跃迁,这种跃迁叫作电荷跃迁,未被吸收可见光的复合色就是含氧酸根离子所呈现的颜色。

(4)导电性、导热性和延展性

过渡金属一般都是电和热的良导体。银是电的最好导体,其次是在电力工业上广泛应用的

表 11-2　第一过渡性金属水合离子的颜色

d电子数	水合离子	颜色	d电子数	水合离子	颜色
d^0	$[Sc(H_2O)_6]^{3+}$	无色	d^5	$[Fe(H_2O)_6]^{3+}$	淡紫色
d^1	$[Ti(H_2O)_6]^{3+}$	紫色	d^6	$[Fe(H_2O)_6]^{2+}$	淡绿色
d^2	$[V(H_2O)_6]^{3+}$	绿色	d^6	$[Co(H_2O)_6]^{3+}$	蓝色
d^3	$[Cr(H_2O)_6]^{3+}$	紫色	d^7	$[Co(H_2O)_6]^{2+}$	粉红色
d^3	$[V(H_2O)_6]^{2+}$	紫色	d^8	$[Ni(H_2O)_6]^{2+}$	绿色
d^4	$[Cr(H_2O)_6]^{2+}$	蓝色	d^9	$[Cu(H_2O)_6]^{2+}$	蓝色
d^4	$[Mn(H_2O)_6]^{3+}$	红色	d^{10}	$[Zn(H_2O)_6]^{2+}$	无色
d^5	$[Mn(H_2O)_6]^{2+}$	淡红色			

铜，汞和铋的导电性较弱。金属的导电能力随着温度的升高而减弱。金属导热性强弱的顺序和金属导电性强弱的顺序是基本一致的。也就是说，导电性强的金属其导热性也强，导电性弱的，导热性也弱。

延展性也是金属特有的一种性质，所以金属可以用锻造、冲压、拉制、轧制等方法加工，制成各种线材、带材、薄型片材和各种特定形状的部件。例如，铜、银、金、铂等都是富有延展性的金属，可将它们拉制成直径细达 $0.5~\mu m$，比头发丝更细的细丝。金、锡可打成远比纸更薄的金箔和锡箔，厚度可薄至 $0.01~\mu m$。其中，金是延展性最好的金属：1 g 金可拉成 4 000 m 长的细丝，50 万张金箔厚 1 cm。

(5)磁性

过渡金属及其化合物一般具有顺磁性。物质的磁性主要来源于成单电子的自旋运动，过渡元素的原子和离子一般都有成单的 d 电子，成单电子的自旋运动使其具有顺磁性。另外，铁、钴、镍还具有铁磁性。

11.2.1.2　过渡元素的化学性质

(1)活泼性

由于过渡金属元素的原子半径变化没有主族的显著，所以同周期单质的还原性变化不甚明显，甚至彼此较为相似。在同一主族中自上而下，核电荷数增加，原子半径也增大，金属单质的还原性一般增强；而副族的情况较为复杂，单质的还原性反而减弱。

d 区(除第Ⅲ副族外)和 ds 区金属的活泼性也较弱。同周期中各金属单质活泼性的变化情况与主族的相类似，即从左到右一般有逐渐减弱的趋势，但这种变化远较主族的不明显。例如，对于第四周期金属单质，在空气中一般能与氧气作用。在常温下，钪在空气中迅速氧化；钛、钒对空气都较稳定；铬、锰能在空气中缓慢被氧化，但铬与氧气作用后，表面形成的三氧化二铬(Cr_2O_3)也具有阻碍进一步氧化的作用；铁、钴、镍在没有潮气的环境中与空气中氧气的作用并不显著，镍也能形成氧化物保护膜；铜的化学性质比较稳定，而锌的活泼性较强，但锌与氧气作用生成的氧化锌薄膜也具有一定的保护性能。

前面已指出，在金属单质活泼性的递变规律上，副族与主族又有不同之处。在副族金属中，同周期间的相似性较同族间的相似性更为显著，且第四周期中金属的活泼性较第五和第六周期金属的为强，或者说副族金属单质的还原性往往有自上而下逐渐减弱的趋势。例如，对于第Ⅰ副族，铜(第四周期)在常温下不与干燥空气中的氧气化合，加热时则生成黑色的氧化铜，而银(第五周期)在空气中加热也并不变暗，金(第六周期)在高温下也不与氧气作用。

（2）多变氧化态

过渡元素的氧化态表现出一定的规律性。在同周期中，自左至右随着原子序数的递增，元素的最高稳定氧化态先是逐渐升高，而后又逐渐降低。例如，第一过渡系元素，自左至右随着3d电子数增加，价电子数增多，最高稳定氧化态逐渐升高，到锰时达到最高。此后，3d电子超过5个，部分d电子偶合成对，趋于稳定，因此最高稳定氧化态又逐渐降低。第二、三过渡系有类似的变化情况，但与第一过渡系稍有不同，主要表现在第二过渡系在钌以后，第三过渡系在锇以后氧化态才开始降低。在同族中，最高氧化态自上而下逐渐趋于稳定，这与p区元素变化规律正好相反。一般认为，自上而下3d、4d、5d电子层分散程度增大，受有效核电荷的作用逐渐减小，d电子易失去而表现为高氧化态。

（3）易形成配合物

过渡元素区别于主族元素的一个特征就是其原子和离子都易形成配合物。过渡元素原子的价层电子结构为$(n-1)d^{1\sim9}ns^{1\sim2}np^0nd^0$；离子的价层电子结构为$(n-1)d^{1\sim9}ns^0np^0nd^0$，它们都有能级相近的空轨道，能够接受配位体提供的电子对而形成配合物。另外，由于过渡元素的离子具有较大的有效核电荷和较小的离子半径，静电场力强，易吸引配位体，也是它易形成配合物的一个重要原因。

11.2.2　ⅣB—ⅦB族过渡元素及其化合物

11.2.2.1　钛(Ti)

（1）性质及用途

钛是周期系第ⅣB族的第一个元素。它在地壳中的质量分数为0.45%，仅次于镁而居第十位。虽然它在地壳中的含量比较丰富，但由于它的存在极为分散，而且从矿石中提炼又较为困难，所以有"稀散元素"之称。含钛的矿物很多，主要的有钛铁矿(主要成分为$FeTiO_3$)和金红石(主要成分为TiO_2)，其次还有钒钛铁矿等。

钛是银白色金属，熔点较高，机械强度与钢相近。但其密度只有同体积钢的一半。钛是一种较活泼的金属，但其表面易形成一层致密的氧化物保护膜，使它具有很强的抗腐蚀性能，特别是能抗海水的侵蚀，所以钛广泛应用于化学工业、航海工业和航天工业等。

钛在室温下与水和稀酸不发生反应，但可溶于浓盐酸或热稀盐酸中，生成三氯化钛：

$$2Ti+6HCl=2TiCl_3+3H_2$$

钛溶于氢氟酸生成配合物：

$$Ti+6HF=TiF_6^{2-}+2H^++2H_2\uparrow$$

钛还能与氢氧化钠反应，生成偏钛酸盐：

$$Ti+2NaOH+H_2O=Na_2TiO_3+2H_2\uparrow$$

（2）重要的化合物

二氧化钛在自然界中有三种晶型，即金红石、锐钛矿和板钛矿。纯净的二氧化钛是白色粉末，俗称"钛白"，它是目前最好的白色颜料，其覆盖性优于铅白($PbCO_3$)，耐久性胜过锌白(ZnO)，而且无毒性。

四氯化钛是钛最重要的卤化物，在常温下是一种有刺激性臭味的液体，易挥发，易溶于有机溶剂，熔点为 250 K，沸点为 409 K，这说明它是一种共价化合物。

四氯化钛极易水解，因而在潮湿空气中会冒白烟：

$$TiCl_4+3H_2O=H_2TiO_3\downarrow+4HCl\uparrow$$

利用这一性质，可以制造烟幕。

四氯化钛具有一定的氧化性，在强还原剂作用下可将其还原成三氯化钛。例如，用金属锌处理四氯化钛的盐酸溶液，从溶液中可析出紫色的六水合三氯化钛（$TiCl_3\cdot 6H_2O$）晶体。

11.2.2.2　铬(Cr)

(1)性质及用途

铬在地壳中的质量分数为 0.01%，铬的主要矿物是铬铁矿（主要成分为 $FeO\cdot Cr_2O_3$）。铬为银白色金属，由于铬的原子可提供 6 个价电子参与形成金属键，所以它的熔点和沸点很高，硬度是金属中最大的。

铬是一个较为活泼的金属，但其表面易形成一层致密的氧化物保护膜，所以在常温下铬对空气和水很稳定。铬难溶于硝酸和王水，因为在硝酸和王水中铬呈现钝态。

(2)重要的化合物

三氧化二铬是绿色固体物质，微溶于水，熔点为 2 263 K。Cr_2O_3 具有两性，不但能溶于酸，而且也能溶于浓的强碱中。例如：

$$Cr_2O_3+3H_2SO_4=Cr_2(SO_4)_3+3H_2O$$
$$Cr_2O_3+2NaOH+3H_2O=2NaCr(OH)_4$$

重要的铬(Ⅲ)盐有 $CrCl_3\cdot 6H_2O$、$Cr_2(SO_4)_3\cdot 18H_2O$、$KCr(SO_4)_2\cdot 12H_2O$，它们皆易溶于水。

铬(Ⅲ)盐在水溶液中可发生水解作用：

$$[Cr(H_2O)_6]^{3+}+H_2O\rightleftharpoons[Cr(OH)(H_2O)_5]^{2+}+H_2O^+$$

重要的铬酸盐有 K_2CrO_4 和 Na_2CrO_4，它们是黄色晶体。重要的重铬酸盐有 $K_2Cr_2O_7$ 和 $Na_2Cr_2O_7$，它们是橙红色晶体。$K_2Cr_2O_7$ 俗称红矾钾，$Na_2Cr_2O_7$ 俗称红矾钠。

最重要的铬盐是铬酸盐和重铬酸盐，在水溶液中存在下列平衡：

$$2CrO_4^{2-}+2H^+\rightleftharpoons Cr_2O_7^{2-}+H_2O$$
（黄色）　　　　　（橙红色）

酸度对平衡的影响很大，加酸时，平衡向右移动，溶液中 $Cr_2O_7^{2-}$ 占优势；加碱时，平衡向左移动，CrO_4^{2-} 占优势。

在铬酸盐的溶液中加入可溶性钡盐、铅盐和银盐时，得到相应的铬酸盐沉淀：

$$Ba^{2+}+CrO_4^{2-}=BaCrO_4\downarrow（黄色）$$
$$Pb^{2+}+CrO_4^{2-}=PbCrO_4\downarrow（黄色）$$
$$2Ag^{2+}+CrO_4^{2-}=Ag_2CrO_4\downarrow（砖红色）$$

在重铬酸盐的溶液中加入可溶性钡盐、铅盐和银盐时，得到的不是相应的重铬酸盐，而是相应的铬酸盐沉淀：

$$2Ba^{2+}+Cr_2O_7^{2-}=2BaCrO_4\downarrow+2H^+$$

$$2Pb^{2+} + Cr_2O_7^{2-} = 2PbCrO_4\downarrow + 2H^+$$
$$4Ag^{2+} + Cr_2O_7^{2-} = 2Ag_2CrO_4\downarrow + 2H^+$$

$K_2Cr_2O_7$ 是最重要的重铬酸盐，是重要和常用的氧化剂。由于它的性质较为稳定，不含结晶水，容易制纯，所以在分析化学中常用它作为基准物质。饱和重铬酸钾溶液和浓硫酸的混合物叫做铬酸洗液，它有极强的氧化性，在实验室中常用它来洗涤玻璃器皿。

11.2.3 ⅦB—ⅧB族过渡元素及其化合物

11.2.3.1 锰(Mn)

(1)性质及用途

锰是第ⅦB族的第一个元素。纯锰的用途不大，常用来制造各种合金钢。在锰的各种化合物中，常见和重要的是氧化数为+2、+4、+6和+7的化合物。

(2)重要的化合物

锰(Ⅱ)的化合物有锰(Ⅱ)盐和氢氧化锰(Ⅱ)。Mn^{2+} 比较稳定，只有在强酸性的热溶液中用强氧化剂才能将其氧化。例如：

$$2Mn^{2+} + 5S_2O_8^{2-} + 8H_2O \xrightarrow[Ag^+]{\triangle} 2MnO_4^- + 10SO_4^{2-} + 16H^+$$

上述反应是 Mn^{2+} 特征反应，由于生成 MnO_4^- 而使溶液呈紫红色，因此在分析上常用这两个反应来检验 Mn^{2+} 的离子。

硫酸锰是重要的锰(Ⅱ)盐，无水硫酸锰是白色固体，热稳定性很高，强热时不易分解。

二氧化锰是一种黑色粉末状物质，难溶于水。它在中性溶液中较为稳定，在酸性或碱性介质中易发生氧化还原反应。二氧化锰是常用的氧化剂，也是制备锰(Ⅱ)盐的基本原料。二氧化锰能够催化油类的氧化作用，能够加速油漆的干燥速度。在玻璃工业中，加入二氧化锰能够清除玻璃的绿色。二氧化锰也大量用在干电池中。

在酸性溶液中，二氧化锰是一个强氧化剂，能与许多还原性物质发生氧化还原反应。例如：

$$MnO_2 + 4HCl(浓) = MnCl_2 + Cl_2\uparrow + 2H_2O$$

此反应是实验室中制备氯气的反应。

比较常见的锰酸盐有 K_2MnO_4 和 Na_2MnO_4。锰酸盐不太稳定，只能存在于强碱性介质中。在中性溶液中它易歧化为 MnO_4^- 和 MnO_2：

$$3MnO_4^{2-} + 2H_2O = 2MnO_4^- + MnO_2 + 4OH^-$$

高锰酸盐都是有深紫色的化合物，这是 MnO_4^- 离子的特征颜色。最重要的高锰酸盐是高锰酸钾，高锰酸钾是深紫色的针状晶体，俗称灰锰氧。高锰酸钾是工业和实验室中重要和常用的氧化剂。在医药上高锰酸钾常用作消毒剂。

高锰酸钾易溶于水，其水溶液不太稳定，在酸性溶液中能缓慢分解：

$$4MnO_4^- + 4H^+ = 4MnO_2\downarrow + 3O_2\uparrow + 2H_2O$$

在中性和碱性溶液中，高锰酸钾的分解非常缓慢。光和二氧化锰对高锰酸钾的分解有催化作用，所以配制好的高锰酸钾溶液常保存在棕色瓶中。

在酸性溶液中，高锰酸钾是一个强氧化剂，其还原产物是 Mn^{2+}。例如：

$$2MnO_4^- + 5SO_3^{2-} + 6H^+ = 2Mn^{2+} + 5SO_4^{2-} + 3H_2O$$

以上反应若 MnO_4^- 过量，还可发生如下的副反应：

$$2MnO_4^- + 3Mn^{2+} + 2H_2O = 5MnO_2 \downarrow + 4H^+$$

在中性溶液中，MnO_4^- 被还原成 MnO_2 沉淀。例如：

$$2MnO_4^- + 3SO_3^{2-} + H_2O = 2MnO_2 \downarrow + 3SO_4^{2-} + 2OH^-$$

在强碱性溶液中，MnO_4^- 被还原成绿色的 MnO_4^{2-}。例如：

$$2MnO_4^- + SO_3^{2-} + 2OH^- = 2MnO_4^{2-} + SO_4^{2-} + H_2O$$

11.2.3.2　铁(Fe)、钴(Co)、镍(Ni)及其化合物

第Ⅷ族九种元素中，铁、钴、镍三种元素性质更为相似，称为铁系元素。

（1）性质及用途

铁是分布最广的元素之一，它在地壳中的质量分数为 5.1%，在所有元素中名列第四。钴和镍在地壳中的质量分数分别为 0.001% 和 0.016%，在自然界中它们常常共生在一起。

铁、钴、镍的最外层都只有两个电子，仅次外层 d 轨道上的电子数稍有差别，并且它们的原子半径又很相近，所以它们的性质很相似。

铁、钴、镍具有多变的氧化态，铁的常见氧化态是 +2、+3，其中 +3 氧化态的化合物最稳定，在极强氧化剂作用下，铁可以形成不稳定的 +6 氧化态化合物（如高铁酸盐）。钴的常见氧化态是 +2 和 +3，而 +3 氧化态只在配合物中稳定存在。镍的常见氧化态是 +2，较高的氧化态不稳定。

铁、钴、镍的单质都有金属光泽，镍为银白色，而铁、钴为灰白色。

铁、钴和镍都是中等活泼的金属。在常温和干燥的空气中，它们与氧、硫、氯、溴等非金属单质几乎不发生作用，但在高温下能发生剧烈反应。铁在潮湿的空气中易生锈，形成铁的多种氧化物的水合物及碱式碳酸盐。铁易溶于一般稀的无机酸中，也能被浓碱侵蚀，但冷的浓硝酸和浓硫酸可使其钝化。钴和镍的性质比较稳定，在常温下不与水和空气作用，也不会被碱侵蚀，但可溶在稀酸中，亦可被浓硝酸钝化。

铁、钴、镍都具有铁磁性，是重要的磁性材料。铁是最重要的金属结构材料，铁合金在国民经济中占有极重要的地位。钴和镍主要用于制造合金。

（2）重要的化合物

铁、钴、镍的氧化物都有颜色且都难溶于水。+3 氧化态的氧化物都具有氧化性，其氧化性按 Fe_2O_3、Co_2O_3、Ni_2O_3 顺序递增。铁还能生成 Fe_3O_4，Fe_3O_4 是黑色具有磁性的物质，在自然界中以磁铁矿的形式存在。Fe_2O_3 可作为红色颜料，俗称氧化铁红，主要用于制造防锈底漆。

硫酸亚铁是重要的 Fe(Ⅱ)盐，铁屑与硫酸作用后的溶液，经浓缩、冷却，可析出绿色的 $FeSO_4 \cdot 7H_2O$ 晶体，俗称绿矾。$FeSO_4 \cdot 7H_2O$ 经加热失水，可得无水 $FeSO_4$，强热时可发生分解：

$$2FeSO_4 = Fe_2O_3 + SO_3 + SO_2$$

硫酸亚铁在空气中不稳定，易被氧化成棕黄色的碱式盐：

$$2FeSO_4 + 1/2O_2 + H_2O = 2Fe(OH)SO_4$$

因此保存硫酸亚铁溶液时，应加入硫酸，保持一定的酸度，同时加入几颗铁钉以防止氧化。

硫酸亚铁具有还原性，与强氧化剂可以发生氧化还原反应，例如：

$$10FeSO_4 + 2KMnO_4 + 8H_2SO_4 = 5Fe_2(SO_4)_3 + 2MnSO_4 + K_2SO_4 + 8H_2O$$

二氯化钴是重要的钴（Ⅱ）盐，无水二氯化钴是蓝色的，带有不同结晶水的二氯化钴呈现出不同的颜色，$CoCl_2 \cdot H_2O$ 呈蓝紫色，$CoCl_2 \cdot 2H_2O$ 呈紫红色，$CoCl_2 \cdot 6H_2O$ 呈粉红色。蓝色的无水二氯化钴吸收潮湿空气中的水分后，逐渐变为粉红色。利用这一性质，常把干燥剂硅胶浸以二氯化钴溶液，制成变色硅胶，其颜色的变化可以指示干燥剂的吸湿情况。

三氯化铁是重要的铁（Ⅲ）盐，三氯化铁可以用作净水剂，在有机合成中用作催化剂。由于它能使蛋白质凝固，所以常用作外伤的止血剂。三氯化铁溶液能腐蚀金属铜，因此，在无线电工厂里常用 $FeCl_3$ 溶液腐蚀铜制印刷电路。

铁、钴、镍都能形成多种配合物。

铁的重要氰配合物有 $K_4[Fe(CN)_6]$ 和 $K_3[Fe(CN)_6]$。在亚铁盐的微碱性溶液中加入适量的 KCN 溶液，可以得到白色 $Fe(CN)_2$ 沉淀，继续加入过量的 KCN 溶液，沉淀溶解，生成 $K_4[Fe(CN)_6]$ 的浅黄色溶液：

$$FeCl_2 + 2KCN = Fe(CN)_2 + 2KCl$$
$$Fe(CN)_2 + 4KCN = K_4[Fe(CN)_6]$$

将溶液蒸发浓缩，便析出 $K_4[Fe(CN)_6] \cdot 3H_2O$ 黄色晶体，俗称黄血盐。

在黄血盐的溶液中通入氯气或使用其他氧化剂，可以将 $K_4[Fe(CN)_6]$ 氧化为 $K_3[Fe(CN)_6]$。例如：

$$2K_4[Fe(CN)_6] + Cl_2 = 2K_3[Fe(CN)_6] + 2KCl$$

从溶液中析出的 $K_3[Fe(CN)_6]$ 是深红色晶体，俗称赤血盐。

在含有 Fe^{3+} 的溶液中加入黄血盐溶液，可生成蓝色沉淀，称为普鲁士蓝：

$$K^+ + Fe^{3+} + [Fe(CN)_6]^{4-} = KFe[Fe(CN)_6] \downarrow$$

在含有 Fe^{2+} 的溶液中加入赤血盐溶液，也可得到蓝色沉淀，称为滕氏蓝：

$$K^+ + Fe^{2+} + [Fe(CN)_6]^{3-} = KFe[Fe(CN)_6] \downarrow$$

经结构研究证明，普鲁士蓝和滕氏蓝具有相同的结构。

上述两个反应在分析上常用来鉴定 Fe^{2+} 或 Fe^{3+} 离子。普鲁士蓝用作蓝色颜料，滕氏蓝的生成在晒制蓝图时起重要作用。

在 Co^{2+} 的溶液中加入过量的 KCN 溶液时，生成紫色的 $K_4[Co(CN)_6]$，在 Ni^{2+} 的溶液中加入过量的 KCN 溶液，即可得黄色的 $K_2[Ni(CN)_4]$。

11.2.4　稀土元素及其应用

稀土元素包括第三副族中的镧系元素（拥有独特的 4f 电子轨道）以及性质与它们相近的钪和钇。我国是稀土资源最丰富的国家，稀土储量和产量均居世界首位。稀土元素是现代高科技所必需的，从航空到核能，都离不开稀土元素。

11.2.4.1　稀土元素的性质

稀土元素是典型的金属元素。其中镧系元素 4f 亚层的轨道电子，由于被外层的 5s 和 5p

层电子有效地屏蔽，不能参与成键，因此导致它们具有两个非常突出的特点，即化学性质非常相似(给彼此的分离造成了困难)及物理性质差别明显，给应用开发创造了多方面的机遇。

稀土金属是化学活性极强的元素，对氢、碳、氮、氧、硫、磷和卤素具有极强的亲和力。轻稀土金属于室温在空气中易于氧化，重稀土与钪和钇在室温形成氧化保护层，因此一般将稀土金属保存在煤油中，或置于真空及充以氩气的密封容器中。

稀土易与碳形成强键及其易于获得和失去电子的能力，特别是铈的储氧能力，使稀土成为催化性能非常突出的金属元素。

11.2.4.2　稀土元素的应用

稀土元素在冶金工业中应用量很大，约占稀土总用量的 1/3。稀土元素容易与氧和硫生成高熔点且在高温下塑性很小的氧化物、硫化物以及硫氧化合物等，钢水中加入稀土，可起脱硫脱氧改变夹杂物形态作用，改善钢的常温及低温韧性、断裂性，减少某些钢的热脆性并能改善加热工性和焊接件的牢固性。

稀土元素在铸铁中作为石墨球化剂、对干扰元素的控制剂，提高铸件质量，对铸件的机械性能有很大改善。

稀土元素用于石油裂化工业中的稀土分子筛裂化催化剂，活性高、选择性好、汽油的生产率高。

稀土元素在玻璃工业中有三个应用：玻璃着色、玻璃脱色和制备特种性能的玻璃。用于玻璃着色的稀土氧化物有钕(粉红色并带有紫色光泽)、镨(绿色)等；二氧化铈可将玻璃中呈黄绿色的二价铁氧化为三价而脱色，避免了过去使用砷氧化物的毒性，还可以加入氧化钕进行物理脱色；稀土特种玻璃如铈玻璃(防辐射玻璃)、镧玻璃(光学玻璃)。

稀土元素可以加入陶瓷和瓷釉之中，减少釉和破裂并使其具有光泽。稀土更主要用作陶瓷的颜料，由于稀土元素有未充满的 4f 电子，可以吸收或发射从紫外、可见到红外光区不同波长的光，发射每种光区的范围小，导致陶瓷的颜色更柔和、纯正，色调新颖，光洁度好。

稀土元素作为荧光灯的发光材料，是节能性的光源，特点是光效好、光色好、寿命长。比白炽灯可节约电 75%～80%。

稀土元素还可作为激光材料。稀土离子是固体激光材料和无机液体激光材料的最主要的激活剂，其中以掺 Nd^{3+} 的激光材料研究得最多，除钇铝石榴石(YAG)、铝酸钇(YAP)玻璃等基质外，高稀土浓度激光材料可能成为特殊应用的材料。

本章小结

1. 主族元素的特点

(1)金属元素单质密度一般较大，非金属元素密度较小。金属单质的沸点都较高。非金属单质熔、沸点差异很大，原子晶体熔、沸点很高。单质中熔、沸点最低的是稀有金属氦。单质的导电性差异很大。金属元素的单质是良导体，以分子晶体形成的非金属单质是绝缘体，p 区对角线附近的元素单质多数具有半导体的性质。

(2)主族元素都是最外层电子参与化学键的形成。ⅠA，ⅡA 族是活泼金属。除 Li 和 Be

外，在形成化合物时都以离子键结合。ⅥA，ⅦA 两族是电负性较大的非金属元素，与活泼金属作用时，容易获得电子形成 0 族型负离子，形成离子型化合物。

2. 副族元素（即过渡元素）的特点

(1)它们都是金属，硬度较大，熔点和沸点较高，有着良好的导热、导电性能，并有金属光泽及延展性、高导电性和导热性。

(2)大部分过渡金属与其正离子组成电对的电极电势为负值，即还原能力较强。

(3)过渡元素中的 d 电子参与化学键的形成，所以它们大多数都存在多种氧化态，水合离子和酸根离子常呈现一定的颜色。

(4)原子或离子形成配合物的倾向较大。

科学家简介

门捷列夫

德米特里·伊万诺维奇·门捷列夫（俄语：Дми́трий Ива́нович Менделе́ев，1834—1907），俄国科学家，发现化学元素的周期性，依照原子量制作出世界上第一张元素周期表，并据此预见了一些尚未发现的元素。

1855 年，门捷列夫以第一名的优异成绩毕业于师范学院，曾担任中学教师，后来门捷列夫在彼得堡参加硕士考试，并在所有的考试科目中都获得了最高的评价。在他的硕士论文中，门捷列夫提出了"伦比容"，这些研究对他今后发现周期律有至关重要的意义。两年后，23 岁的门捷列夫被批准为彼得堡大学的副教授，开始教授化学课程，主要负责讲授《化学基础》。在理论化学里自然界到底有多少元素？元素之间有什么异同和存在什么内部联系？新的元素应该怎样去发现？这些问题，当时的化学界正处在探索阶段。年轻的学者门捷列夫也毫无畏惧地冲进了这个领域，开始了艰难的探索工作。

1860 年门捷列夫在德国卡尔斯卢厄召开第一次国际化学家代表大会，会议上解决了许多重要的化学问题，最终确定了"原子""分子""原子价"等概念，并为测定元素的原子量奠定了坚实的基础。这次大会也对门捷列夫形成周期律的思想产生了很大的影响。

1861 年门捷列夫回到彼得堡，重担化学教授工作。虽然教学工作非常繁忙，但他继续着科学研究。门捷列夫深深的感觉到化学还没有牢固的基础，化学在当时只不过是记述零星的现象而已，甚至连化学最基本的基石——元素学说还没有一个明确的概念。门捷列夫开始编写一本内容很丰富的著作《化学原理》。他遇到一个难题，即用一种怎样的合乎逻辑的方式来组织当时已知的 63 种元素。门捷列夫仔细研究了 63 种元素的物理性质和化学性质，他准备了许多扑克牌一样的卡片，将 63 种化学元素的名称及其原子量、氧化物、物理性质、化学性质等分别写在卡片上。他用不同的方法去摆那些卡片，用以进行元素分类的试验。

1869 年 3 月 1 日这一天，门捷列夫仍然在对着这些卡片苦苦思索。他先把常见的元素族按照原子量递增的顺序拼在一起，之后是那些不常见的元素，最后只剩下稀土元素没有全部"入座"，门捷列夫无奈地将它放在边上。从头至尾看一遍排出的"牌阵"，门捷列夫惊喜地发现，所有的已知元素都已按原子量递增的顺序排列起来，并且相似元素依一定的间隔出现。第二天，门捷列夫将所得出的结果制成一张表，这是人类历史上第一张化学元素周期表。在这个表中，周期是横行，族是纵行。在门捷列夫的周期表中，他大胆地为尚待发现的元素留出了位置，并且在其关于周期表的发现的论文中指出：按着原子量由小到大的顺序排列各种元素，在原子量跳跃过大的地方会有新元素被发现，因此周期律可以预言尚待发现的元素。

　　1871 年 12 月，门捷列夫在第一张元素周期表的基础上进行增益，发表了第二张表。在该表中，改竖排为横排，使用一族元素处于同一竖行中，更突出了元素性质的周期性。至此，化学元素周期律的发现工作已圆满完成。化学界将周期律通称为门捷列夫周期律：主族元素越是向右非金属性越强，越是向上金属性越强。同主族元素，随着周期数的增加，分子量越来越大，半径越来越大，金属性越来越强。同周期元素，随着原子系数的增加，分子量越来越大，半径越来越小，非金属性越来越强。最后一列上都是稀有气体，化学性质稳定。

思考题与习题

1. 简述主族元素电子层结构的特点与通性。
2. 过渡元素的价层电子结构怎样表示？
3. 过渡元素的特点有哪些？结合其电子结构进行讨论。
4. 结合钛的性质讨论其应用。
5. 如何防止汞、镉污染？

参考文献

康丽娟，朴风玉，2005. 普通化学[M]. 北京：高等教育出版社.

任丽萍，2006. 普通化学[M]. 北京：高等教育出版社.

康丽娟，马文英，2000. 普通化学[M]. 长春：吉林大学出版社.

姜庆太，杨从云，金泰植，1990. 普通化学（上）[M]. 长春：吉林大学出版社.

王存宽，2006. 大学科学素养读本（化学卷）[M]. 杭州：浙江大学出版社.

芬斯顿·雷赫特曼，1990. 现代酸—碱理论概论[M]. 瞿伦玉，林文庄，陈亚光，等译. 长春：东北师范大学出版社.

袁翰青，应礼文，2002. 化学重要史实[M]. 北京：人民教育出版社.

林树昌，胡乃非，1994. 分析化学[M]. 北京：高等教育出版社.

王春那，石军，2009. 普通化学[M]. 北京：中国农业出版社.

大连理工大学，2006. 无机化学[M]. 5版. 北京：高等教育出版社.

赵士铎，2007. 普通化学[M]. 3版. 北京：中国农业大学出版社.

附　录

附录 1　国际单位制

附录 1-1　国际单位制(SI)的基本单位

量的名称	单位名称	单位符号
长度	米	m
质量	千克(公斤)	kg
时间	秒	s
电流	安[培]	A
热力学温度	开[尔文]	K
物质的量	摩[尔]	mol
发光强度	坎[德拉]	cd

附录 1-2　国际单位制的词头

所表示的因数	词头名称	词头符号	所表示的因数	词头名称	词头符号
10^{18}	艾[可萨]	E	10^{-1}	分	d
10^{15}	拍[它]	P	10^{-2}	厘	c
10^{12}	太[拉]	T	10^{-3}	毫	m
10^{9}	吉[咖]	G	10^{-6}	微	μ
10^{6}	兆	M	10^{-9}	纳[诺]	n
10^{3}	千	k	10^{-12}	皮[可]	p
10^{2}	百	h	10^{-15}	飞[母托]	f
10^{1}	十	da	10^{-18}	阿[托]	a

附录 1-3　国家选定的非国际单位制单位

量的名称	单位名称	单位符号	换算关系和说明
时间	分	mim	1 min＝60 s
	[小]时	h	1 h＝60 min＝3 600 s
	天(日)	d	1 d＝24 h＝86 400 s
旋转速度	转每分	r/min	1 r/min＝(1/60) s^{-1}

（续）

量的名称	单位名称	单位符号	换算关系和说明
长度	海里	nmile	1 nmile=1 852 m（只用于航程）
质量	吨	t	1 t=10^3 kg
	原子质量单位	u	1 u=1.660 565 5×10^{-27} kg
体积	升	L(l)	1 L=1 dm^3=10^{-3} m^3
能量	电子伏	eV	1 eV=1.602 189 2×10^{-19} J
级差	分贝	dB	1 dB=0.1 B

附录 2　常见化合物的摩尔质量

化合物	M/g·mol^{-1}	化合物	M/g·mol^{-1}	化合物	M/g·mol^{-1}
Ag_3AsO_4	462.52	$Fe(NO_3)_3$	241.86	$MgCl_2$	95.21
AgBr	187.77	$Fe(NO_3)_3 \cdot 9H_2O$	404.00	$MgCl_2 \cdot 6H_2O$	203.30
AgCl	143.32	FeO	71.85	MgC_2O_4	112.33
AgCN	133.89	Fe_2O_3	159.69	MgO	40.30
AgSCN	165.95	Fe_3O_4	231.54	$Mg(OH)_2$	58.32
$AlCl_3$	133.34	$Fe(OH)_3$	106.87	$MgSO_4 \cdot 7H_2O$	246.47
AgI	234.77	FeS	87.91	MnO_2	86.94
$AgNO_3$	169.87	Fe_2S_3	207.87	MnS	87.00
Al_2O_3	101.96	$FeSO_4$	151.91	$MnSO_4$	151.00
$Al(OH)_3$	78.00	$FeSO_4 \cdot 7H_2O$	278.01	$MnSO_4 \cdot 4H_2O$	223.06
$Al_2(SO_4)_3$	342.14	H_3AsO_3	125.94	NO	30.01
As_2O_3	197.84	H_3AsO_4	141.94	NO_2	46.01
As_2O_5	229.84	H_3BO_3	61.83	NH_3	17.03
As_2S_3	246.03	HBr	80.91	CH_3COONH_4	77.08
$BaCO_3$	197.34	HCOOH	46.03	NH_4Cl	53.49
BaC_2O_4	225.35	CH_3COOH	60.05	$(NH_4)_2CO_3$	96.09
$BaCl_2$	208.24	H_2CO_3	62.02	NH_4HCO_3	79.06
BaO	153.33	$H_2C_2O_4$	90.04	$(NH_4)_2HPO_4$	132.06
$Ba(OH)_2$	171.34	HCl	36.46	$(NH_4)_2SO_4$	132.13
$BaSO_4$	233.39	HF	20.01	Na_3AsO_3	191.89
CO_2	44.01	HI	127.91	$Na_2B_4O_7$	201.22
CaO	56.08	HNO_3	63.01	Na_2CO_3	105.99
$CaCO_3$	100.09	H_2O	18.015	$Na_2CO_3 \cdot 10H_2O$	286.14

化合物	M /g·mol^{-1}	化合物	M /g·mol^{-1}	化合物	M /g·mol^{-1}
CaC_2O_4	128.10	H_2O_2	34.02	$Na_2C_2O_4$	134.00
$CaCl_2$	110.99	H_3PO_4	98.00	CH_3COONa	82.03
$Ca(OH)_2$	74.09	H_2S	34.08	$NaCl$	58.44
$CdCO_3$	172.42	H_2SO_4	98.07	$NaClO$	74.44
$CdCl_2$	183.82	$HgCl_2$	271.50	$NaHCO_3$	84.01
CdS	144.47	Hg_2Cl_2	472.09	$NaOH$	40.00
$Ce(SO_4)_2$	332.24	HgI_2	454.40	Na_2SO_4	142.04
$Ce(SO_4)_2 \cdot 4H_2O$	404.30	HgO	216.59	$Na_2S_2O_3$	158.10
$CoCl_2$	129.84	HgS	232.65	$Na_2S_2O_3 \cdot 5H_2O$	248.17
$CoCl_2 \cdot 6H_2O$	237.93	$HgSO_4$	296.65	P_2O_5	141.95
$Co(NO_3)_2$	182.94	Hg_2SO_4	497，24	$PbCO_3$	267.21
$CrCl_3$	158.36	KBr	119.00	PbC_2O_4	295.22
$Cr(NO_3)_3$	238.01	$KBrO_3$	167.00	PbO	223.20
Cr_2O_3	151.99	KCl	74.55	PbO_2	239.20
$CuCl$	99.00	KCN	65.12	$Pb_3(PO_4)_2$	811.54
$CuCl_2$	134.45	$KSCN$	97.18	PbS	239.30
$CuSCN$	121.62	K_2CO_3	138.21	$PbSO_4$	303.30
CuI	190.45	K_2CrO_4	194.19	SO_2	64.06
$Cu(NO_3)_2$	187.56	$K_2Cr_2O_7$	294.18	SiO_2	60.08
CuO	79.54	$K_3Fe(CN)_6$	329.25	$SnCl_2$	189.60
Cu_2O	143.09	$K_4Fe(CN)_6$	368.35	$SnCl_4$	260.50
CuS	95.61	KI	166.00	$ZnCO_3$	125.39
$CuSO_4$	159.06	KIO_3	214.00	$ZnCl_2$	136.29
$CuSO_4 \cdot 5H_2O$	249.68	$KIO_3 \cdot HIO_3$	389.91	ZnO	81.38
$FeCl_2$	126.75	$KMnO_4$	158.03	ZnS	97.44
$FeCl_3$	162.21	KNO_3	101.10	$ZnSO_4$	161.54
$FeCl_3 \cdot 6H_2O$	270.30	$MgCO_3$	84.31	$ZnSO_4 \cdot 7H_2O$	287.55

附录3 常见物质的标准摩尔生成焓、标准摩尔生成吉布斯自由能、标准摩尔熵(298.15 K，101.3 kPa)

物　质	$\Delta_f H_m^{\ominus}$ / kJ·mol^{-1}	$\Delta_f G_m^{\ominus}$ / kJ·mol^{-1}	$S_m^{\ominus}$ / J·mol^{-1}·K^{-1}
Ag(s)	0.0	0.0	42.6
Ag$^+$(aq)	105.6	77.1	72.7
Ag(NH$_3$)$_2^+$(aq)	−111.29	−17.24	245.2
AgCl(s)	−127.1	−109.8	96.3
AgBr(s)	−100.4	−96.9	107.1
AgI(s)	−61.84	−66.2	115.5
Ag$_2$O(s)	−31.1	−11.2	121.3
AgNO$_3$(s)	−124.4	−33.4	140.9
Al(s)	0.0	0.0	28.3
Al^{3+}(aq)	−531.0	−485.0	−321.7
AlCl$_3$(s)	−704.2	−628.8	109.3
Al$_2$O$_3$(α，刚玉)	−1 675.7	−1 582.3	50.9
B(s，菱形)	0.0	0.0	5.9
Ba(s)	0.0	0.0	62.5
Ba^{2+}(aq)	−537.6	−560.8	9.6
BaCl$_2$(s)	−855.0	−806.7	123.7
Ba(OH)$_2$(s)	−944.7	—	—
BaCO$_3$(s)	−1 213.0	−1 134.4	112.1
BaSO$_4$(s)	−1 473.2	−1 362.2	132.2
Br$_2$(l)	0.0	0.0	152.2
Br$^-$(aq)	−121.6	−104.0	82.4
Br$_2$(g)	30.9	3.1	245.5
HBr(g)	−36.3	−53.4	198.7
HBr(aq)	−121.6	−104.0	82.4
Ca(s)	0.0	0.0	41.6
Ca^{2+}(aq)	−542.8	−553.6	−53.1
CaF$_2$(s)	−1 228.0	−1 175.6	68.5
CaCl$_2$(s)	−795.4	−748.8	108.4
CaO(s)	−634.9	−603.3	38.1
CaH$_2$(s)	−181.5	−142.5	41.2
Ca(OH)$_2$(s)	−985.2	−897.5	83.4
CaCO$_3$(s，方解石)	−1 207.6	−1 129.1	91.7
CaSO$_4$(s，无水石膏)	−1 434.5	−1 322.0	106.5

（续）

物　质	$\Delta_f H_m^{\ominus} / kJ \cdot mol^{-1}$	$\Delta_f G_m^{\ominus} / kJ \cdot mol^{-1}$	$S_m^{\ominus} / J \cdot mol^{-1} \cdot K^{-1}$
C(石墨)	0.0	0.0	5.7
C(金刚石)	1.9	2.9	2.34
C(g)	716.7	671.3	158.1
CO(g)	−110.5	−137.2	197.7
$CO_2(g)$	−393.5	−394.4	213.8
$CO_3^{2-}(aq)$	−667.1	−527.8	−56.9
$HCO_3^-(aq)$	−692.0	−586.8	91.2
$CO_2(aq)$	−413.26	−386.0	119.36
H_2CO_3(aq, 非电离)	−699.65	−623.16	187.4
$CCl_4(l)$	−128.2	−62.6	216.2
$Cl_2(g)$	0.0	0.0	223.1
$Cl^-(aq)$	−167.2	−131.2	56.5
HCl(g)	−92.3	−95.3	186.9
$ClO_3^-(aq)$	−104.0	−8.0	162.3
Co(s)	0.0	0.0	30.0
$Co(OH)_2$	−539.7	−454.3	79.0
Cr(s)	0.0	0.0	23.8
$Cr_2O_3(s)$	−1 139.7	−1 058.1	81.2
$Cr_2O_7^{2-}(aq)$	−1 490.3	−1 301.1	261.9
$CrO_4^{2-}(aq)$	−881.2	−727.8	50.2
Cu(s)	0.0	0.0	33.2
$Cu^+(aq)$	71.7	50.0	40.6
$Cu^{2+}(aq)$	64.8	65.5	−99.6
$Cu(NH_3)_4^{2+}(aq)$	−348.5	−111.3	273.6
CuCl(s)	−137.2	−119.9	86.2
CuBr(s)	−104.6	−100.8	96.2
CuI(s)	−67.8	−69.5	96.7
$Cu_2O(s)$	−168.6	−146.0	93.1
CuO(s)	−157.3	−129.7	42.6
$Cu_2S\alpha(s)$	−79.5	−86.2	120.9
CuS(s)	−53.1	−53.7	66.5
$Cu_2SO_4(s)$	−771.4	−662.2	109.2
$Cu_2SO_4 \cdot H_2O(s)$	−2 279.65	−1 880.04	300.4
HF(g)	−273.30	−275.4	173.8
$F_2(g)$	0.0	0.0	202.8
$F^-(aq)$	−332.6	−278.8	−13.8
F(g)	79.4	62.3	158.8
Fe(s)	0.0	0.0	27.3
$Fe^{2+}(aq)$	−89.1	−78.9	−137.7

（续）

物　质	$\Delta_f H_m^{\ominus} / kJ \cdot mol^{-1}$	$\Delta_f G_m^{\ominus} / kJ \cdot mol^{-1}$	$S_m^{\ominus} / J \cdot mol^{-1} \cdot K^{-1}$
$Fe^{3+}(aq)$	-48.5	-4.7	-315.9
$Fe_2O_3(s)$	-824.2	-742.2	87.4
$Fe_3O_4(s)$	$-1\,118.4$	$-1\,015.4$	146.4
$H_2(g)$	0.0	0.0	130.7
$H(g)$	218.0	203.3	114.7
$H^+(aq)$	0.0	0.0	0.0
$H_3O^+(aq)$	-285.83	-237.13	69.91
$Hg(g)$	61.4	31.8	175.0
$Hg(l)$	0.0	0.0	75.9
$HgO(s)$	-90.8	-58.5	70.3
$HgS(s)$	-58.2	-50.6	82.4
$HgCl_2(s)$	-224.3	-178.6	146.0
$Hg_2Cl_2(s)$	-265.4	-210.7	191.6
$I_2(s)$	0.0	0.0	116.1
$I_2(g)$	62.4	19.3	260.7
$I^-(aq)$	-55.2	-51.6	111.3
$HI(g)$	26.5	1.7	206.6
$K(s)$	0.0	0.0	64.7
$K^+(aq)$	-252.4	-283.3	102.5
$KCl(s)$	-436.5	-408.5	82.6
$KI(s)$	-327.9	-324.9	106.3
$KOH(s)$	-424.6	-378.7	78.9
$KClO_3(s)$	-397.7	-296.3	143.1
$KClO_4(s)$	-432.8	-303.1	151.0
$KMnO_4(s)$	-837.2	-737.6	171.7
$Mg(s)$	0.0	0.0	32.7
$Mg^{2+}(aq)$	-466.9	-454.8	-138.1
$MgCl_2(s)$	-641.3	-591.8	89.6
$MgCl_2 \cdot 6H_2O(s)$	$-2\,499.0$	$-2\,115.0$	315.1
$MgO(s)$	-601.6	-569.3	27.0
$Mg(OH)_2(s)$	-924.5	-833.5	63.2
$MgCO_3(s)$	$-1\,095.8$	$-1\,012.1$	65.7
$MgSO_4(s)$	$-1\,284.9$	$-1\,170.6$	91.6
$Mn(s)$	0.0	0.0	32.0
$Mn^{2+}(aq)$	-220.8	-228.1	-73.6
$MnO_2(s)$	-520.0	-465.1	53.1
$MnO_4^-(aq)$	-541.4	-447.2	191.2
$MnCl_2(s)$	-481.3	-440.5	118.2
$Na(s)$	0.0	0.0	51.3

（续）

物　质	$\Delta_f H_m^{\ominus} / kJ \cdot mol^{-1}$	$\Delta_f G_m^{\ominus} / kJ \cdot mol^{-1}$	$S_m^{\ominus} / J \cdot mol^{-1} \cdot K^{-1}$
$Na^+(aq)$	−240.1	−261.9	59.0
$NaCl(s)$	−411.2	−384.1	72.1
$Na_2O(s)$	−414.2	−375.5	75.1
$NaOH(s)$	−425.6	−379.5	64.5
$Na_2CO_3(s)$	−1 130.7	−1 044.4	135.0
$NaI(s)$	−287.8	−286.1	98.5
$Na_2O_2(s)$	−510.9	−447.7	95.0
$HNO_3(l)$	−174.1	−80.7	155.6
$NO_3^-(aq)$	−207.4	−111.3	146.4
$NH_3(g)$	−45.9	−16.4	192.8
$NH_3(aq)$	−80.29	−26.5	111.3
$NH_3 \cdot H_2O(aq，非电离)$	−366.12	−263.63	181.21
$NH_4^+(aq)$	−132.51	−79.3	113.4
$NH_4Cl(s)$	−314.4	−202.9	94.6
$NH_4NO_3(s)$	−365.6	−183.9	151.1
$(NH_4)_2SO_4$	−1 180.9	−910.7	220.1
$N_2(g)$	0.0	0.0	191.6
$NO(g)$	91.3	87.6	210.8
$NO_2(g)$	33.2	51.3	240.1
$N_2O(g)$	81.6	103.7	220.0
$N_2O_4(g)$	11.1	99.8	304.2
$N_2O_4(l)$	−19.5	97.5	209.2
$N_2H_4(g)$	95.4	159.4	238.5
$N_2H_4(l)$	50.6	149.3	121.2
$NiO(s)$	−240.6	−211.7	38.00
$O_3(g)$	142.7	163.2	238.9
$O_2(g)$	0	0	205.2
$OH^-(aq)$	−230.0	−157.24	−10.75
$H_2O(l)$	−285.83	−237.13	69.91
$H_2O(g)$	−241.8	−228.6	188.8
$H_2O_2(l)$	−187.8	−120.4	109.6
$H_2O_2(aq)$	−191.2	−134.1	143.9
$P(s，白)$	0.0	0.0	41.01
$P(s，红)$	−17.6	—	22.8
$PCl_3(g)$	−287.0	−267.8	311.8
$PCl_3(l)$	−314.7	−272.3	217.1
$PCl_5(s)$	−443.5	—	—
$PCl_5(g)$	−374.9	−305.0	364.6
$Pb(s)$	0.0	0.0	64.8

(续)

物　质	$\Delta_f H_m^{\ominus} / kJ \cdot mol^{-1}$	$\Delta_f G_m^{\ominus} / kJ \cdot mol^{-1}$	$S_m^{\ominus} / J \cdot mol^{-1} \cdot K^{-1}$
$Pb^{2+}(aq)$	-1.7	-24.4	10.5
$PbO(s，黄)$	-217.3	-187.9	68.7
$PbO(s，红)$	-219.0	-188.9	66.5
$PbO_2(s)$	-277.4	-217.3	68.6
$Pb_3O_4(s)$	-718.4	-601.2	211.3
$H_2S(g)$	-20.6	-33.4	205.8
$H_2S(aq)$	-38.6	-27.87	126.0
$HS^-(aq)$	-16.3	12.05	67.5
$S^{2-}(aq)$	33.1	85.8	-14.6
$H_2SO_4(l)$	-814.0	-690.0	156.9
$HSO_4^-(aq)$	-887.3	-755.9	131.8
$SO_4^{2-}(aq)$	-909.3	-744.5	210.1
$SO_2(g)$	-296.8	-300.1	248.2
$SO_3(g)$	-395.7	-371.1	256.8
$SO_3(l)$	-441.0	-373.8	113.8
$Si(s)$	0.0	0.0	18.8
$SiO_2(s，\alpha-石英)$	-910.7	-856.3	41.5
$SiF_4(g)$	$-1\,615.0$	$-1\,572.8$	282.8
$SiCl_4(l)$	-687.0	-619.8	239.7
$SiCl_4(g)$	-657.0	-617.0	330.7
$Sn(s，白)$	0.0	0.0	51.2
$Sn(s，灰)$	-2.1	0.1	44.1
$SnO(s)$	-280.7	-251.9	57.2
$SnO_2(s)$	-577.6	-515.8	49.0
$SnCl_2(s)$	-325.1	—	—
$SnCl_4(s)$	-511.3	-440.1	258.6
$Ti(s)$	0	0	30.7
$TiO_2(s)$	-944.0	-888.8	50.6
$TiCl_4(g)$	-763.2	-726.3	353.2
$Zn(s)$	0.0	0.0	41.6
$Zn^{2+}(aq)$	-153.9	-147.1	-112.1
$ZnO(s)$	-350.5	-320.5	43.7
$ZnCl_2(aq)$	-488.2	409.5	0.8
$Zn(s，闪锌矿)$	-206.0	-201.3	57.7

注：摘自 Robert C. West, *CRC Handbook Chemistry and Physics*，69th ed, 1988—1989，已换算成 SI 单位。

附录 4 常见弱酸、弱碱在水溶液中的离解常数（温度 298 K）

名称	化学式	离解常数 $K_a^{\ominus}/K_b^{\ominus}$	$pK_a^{\ominus}/pK_b^{\ominus}$
乙酸	CH_3COOH	1.76×10^{-5}	4.75
碳酸	H_2CO_3	$K_1^{\ominus} = 4.30 \times 10^{-7}$	6.37
		$K_2^{\ominus} = 5.61 \times 10^{-11}$	10.25
草酸	$H_2C_2O_4$	$K_1^{\ominus} = 5.90 \times 10^{-2}$	1.23
		$K_2^{\ominus} = 6.40 \times 10^{-5}$	4.19
亚硝酸(285.5 K)	HNO_2	4.6×10^{-4}	3.37
磷酸	H_3PO_4	$K_1^{\ominus} = 7.52 \times 10^{-3}$	2.12
		$K_2^{\ominus} = 6.23 \times 10^{-8}$	7.21
		$K_3^{\ominus} = 2.2 \times 10^{-13}$	12.67
亚硫酸 (291 K)	H_2SO_3	$K_1^{\ominus} = 1.54 \times 10^{-2}$	1.81
		$K_2^{\ominus} = 1.02 \times 10^{-7}$	6.99
硫酸	H_2SO_4	$K_2^{\ominus} = 1.20 \times 10^{-2}$	1.92
硫化氢(291 K)	H_2S	$K_1^{\ominus} = 9.1 \times 10^{-8}$	7.04
		$K_2^{\ominus} = 1.1 \times 10^{-12}$	11.96
氢氰酸	HCN	4.93×10^{-10}	9.31
铬酸	H_2CrO_4	$K_1^{\ominus} = 1.8 \times 10^{-1}$	0.74
		$K_2^{\ominus} = 3.20 \times 10^{-7}$	6.49
硼酸	H_3BO_3	5.8×10^{-10}	9.24
氢氟酸	HF	3.53×10^{-4}	3.45
过氧化氢	H_2O_2	2.4×10^{-12}	11.62
次氯酸(291 K)	$HClO$	2.95×10^{-5}	4.53
次溴酸	$HBrO$	2.06×10^{-9}	8.69
次碘酸	HIO	2.3×10^{-11}	10.64
碘酸	HIO_3	1.69×10^{-1}	0.77
砷酸(291 K)	H_3AsO_4	$K_1^{\ominus} = 5.62 \times 10^{-3}$	2.25
		$K_2^{\ominus} = 1.70 \times 10^{-7}$	6.77
		$K_3^{\ominus} = 3.95 \times 10^{-12}$	11.40
亚砷酸	$HAsO_2$	6×10^{-10}	9.22
铵离子	NH_4^+	5.56×10^{-10}	9.25
氨水	$NH_3 \cdot H_2O$	1.79×10^{-5}	4.75
联胺	N_2H_4	8.91×10^{-7}	6.05
羟氨	NH_2OH	9.12×10^{-9}	8.04
氢氧化铅	$Pb(OH)_2$	9.6×10^{-4}	3.02
氢氧化锂	$LiOH$	6.31×10^{-1}	0.2
氢氧化铍	$Be(OH)_2$	1.78×10^{-6}	5.75
	$BeOH^+$	2.51×10^{-9}	8.6
氢氧化铝	$Al(OH)_3$	5.01×10^{-9}	8.3
	$Al(OH)_2^+$	1.99×10^{-10}	9.7

（续）

名称	化学式	离解常数 $K_a^{\ominus}/K_b^{\ominus}$	$pK_a^{\ominus}/pK_b^{\ominus}$
氢氧化锌	$Zn(OH)_2$	7.94×10^{-7}	6.1
氢氧化镉	$Cd(OH)_2$	5.01×10^{-11}	10.3
乙二胺	$H_2NC_2H_4NH_2$	$K_1^{\ominus}=8.5\times10^{-5}$	4.07
		$K_2^{\ominus}=7.1\times10^{-8}$	7.15
六亚甲基四胺	$(CH_2)_6N_4$	1.35×10^{-9}	8.87
尿素	$CO(NH_2)_2$	1.3×10^{-14}	13.89
质子化六亚甲基四胺	$(CH_2)_6N_4H^+$	7.1×10^{-6}	5.15
甲酸(293 K)	$HCOOH$	1.77×10^{-4}	3.75
氯乙酸	$ClCH_2COOH$	1.40×10^{-3}	2.85
氨基乙酸	NH_2CH_2COOH	1.67×10^{-10}	9.78
邻苯二甲酸	$C_6H_4(COOH)_2$	$K_1^{\ominus}=1.12\times10^{-3}$	2.95
		$K_2^{\ominus}=3.91\times10^{-6}$	5.41
柠檬酸 (293 K)	$(HOOCCH_2)_2C(OH)COOH$	$K_1^{\ominus}=7.1\times10^{-4}$	3.14
		$K_2^{\ominus}=1.68\times10^{-5}$	4.77
		$K_3^{\ominus}=4.1\times10^{-7}$	6.39
酒石酸	$[CH(OH)COOH]_2$	$K_1^{\ominus}=1.04\times10^{-3}$	2.98
		$K_2^{\ominus}=4.55\times10^{-5}$	4.34
8-羟基喹啉	C_9H_6NOH	$K_1^{\ominus}=8\times10^{-6}$	5.1
		$K_2^{\ominus}=1\times10^{-9}$	9.00
苯酚(293 K)	C_6H_5OH	1.28×10^{-10}	9.89

注：除 H_2S 外，数据摘自 Robert C. West，*CRC Handbook Chemistry and Physics*，69th ed，1988—1989。

附录5　常见难溶电解质的溶度积常数(298 K)

化学式	$K_{sp}^{\ominus}$	化学式	$K_{sp}^{\ominus}$
$Al(OH)_3$	1.3×10^{-33}	Hg_2Br_2	6.40×10^{-23}
$AlPO_4$	9.84×10^{-21}	$HgBr_2$	6.20×10^{-20}
Al_2S_3	2×10^{-7}	Hg_2Cl_2	1.43×10^{-18}
As_2S_3	2.1×10^{-22}	Hg_2CO_3	3.6×10^{-17}
$Au_2(C_2O_4)_3$	1×10^{-10}	$Hg_2(CN)_2$	5×10^{-40}
$AuCl_3$	3.2×10^{-25}	Hg_2CrO_4	2.0×10^{-9}
$Au(OH)_3$	5.5×10^{-46}	Hg_2I_2	5.2×10^{-29}
AuI_3	1×10^{-46}	HgI_2	2.9×10^{-29}
Ag_3AsO_4	1.03×10^{-22}	$Hg_2(IO_3)_2$	3.2×10^{-13}

（续）

化学式	$K_{sp}^{\ominus}$	化学式	$K_{sp}^{\ominus}$
$AgBrO_3$	5.38×10^{-5}	$Hg(OH)_2$	3.2×10^{-26}
$AgBr$	5.35×10^{-13}	Hg_2S	1.0×10^{-47}
Ag_2CO_3	8.46×10^{-12}	$HgS(红)$	4×10^{-53}
$Ag_2C_2O_4$	5.40×10^{-12}	$HgS(黑)$	1.6×10^{-52}
$AgCl$	1.77×10^{-10}	Hg_2SO_4	6.5×10^{-7}
Ag_2CrO_4	1.12×10^{-12}	$In(OH)_3$	6.3×10^{-34}
$AgCN$	5.97×10^{-17}	In_2S_3	5.7×10^{-74}
$Ag_2Cr_2O_7$	2.0×10^{-7}	$La(OH)_3$	2.0×10^{-19}
$AgIO_3$	3.17×10^{-8}	$LaPO_4$	3.7×10^{-23}
AgI	8.52×10^{-17}	Li_2CO_3	2.5×10^{-2}
Ag_2MoO_4	2.8×10^{-12}	LiF	1.84×10^{-3}
$AgOH$	2.0×10^{-8}	Li_3PO_4	2.37×10^{-11}
Ag_3PO_4	8.89×10^{-17}	$Mg_3(AsO_4)_2$	2.1×10^{-20}
Ag_2SO_4	1.20×10^{-5}	$MgCO_3$	6.82×10^{-6}
$AgSCN$	1.03×10^{-12}	$MgCO_3 \cdot 3H_2O$	2.38×10^{-6}
$BaCO_3$	2.58×10^{-9}	$Mg(OH)_2$	5.61×10^{-12}
BaC_2O_4	1.6×10^{-7}	$Mg_3(PO_4)_2$	1.04×10^{-24}
$BaCrO_4$	1.17×10^{-10}	$Mn_3(AsO_4)_2$	1.9×10^{-29}
$Ba_3(PO_4)_2$	3.4×10^{-23}	$MnCO_3$	2.34×10^{-11}
$BaSeO_4$	3.40×10^{-8}	$MnC_2O_4 \cdot 2H_2O$	1.70×10^{-7}
$BaSO_4$	1.08×10^{-10}	$Mn(IO_3)_2$	4.37×10^{-7}
$BaSO_3$	5.0×10^{-10}	$Mn(OH)_4$	1.9×10^{-13}
BaS_2O_3	1.6×10^{-5}	$MnS(am)$	2.5×10^{-10}
$Be(OH)_2$	6.92×10^{-22}	$Ni_3(AsO_4)_2$	3.1×10^{-26}
$BiAsO_4$	4.43×10^{-10}	$NiCO_3$	1.42×10^{-7}
$Bi(OH)_3$	6.0×10^{-31}	NiC_2O_4	4×10^{-10}
$BiPO_4$	1.3×10^{-23}	$Ni(OH)_2(新)$	5.48×10^{-16}
Bi_2S_3	1×10^{-97}	$Ni_3(PO_4)_2$	5.0×10^{-31}
$CaCO_3$	2.8×10^{-9}	$\alpha - NiS$	3.2×10^{-19}
$CaC_2O_4 \cdot H_2O$	2.32×10^{-9}	$\beta - NiS$	1.0×10^{-24}
CaF_2	5.3×10^{-9}	$\gamma - NiS$	2.0×10^{-26}
$CaHPO_4$	1.0×10^{-7}	$Pb_3(AsO_4)_2$	4.0×10^{-36}
$CaMoO_4$	1.46×10^{-8}	$PbBr_2$	6.60×10^{-6}
$Ca(OH)_2$	5.5×10^{-6}	$PbCl_2$	1.70×10^{-5}
$Ca_3(PO_4)_2$	2.07×10^{-29}	$PbCO_3$	7.4×10^{-14}
$CaSO_4$	4.93×10^{-5}	$PbCrO_4$	2.8×10^{-13}

（续）

化学式	$K_{sp}^{\ominus}$	化学式	$K_{sp}^{\ominus}$
$CaSiO_3$	2.5×10^{-8}	PbF_2	3.3×10^{-8}
$CaWO_4$	8.7×10^{-9}	$PbMoO_4$	1.0×10^{-13}
$CdCO_3$	1.0×10^{-12}	$Pb(OH)_2$	1.43×10^{-15}
$CdC_2O_4 \cdot 3H_2O$	1.42×10^{-8}	$Pb(OH)_4$	3.2×10^{-66}
CdF_2	6.44×10^{-3}	$Pb_3(PO_4)_3$	8.0×10^{-43}
$Cd_3(PO_4)_2$	2.53×10^{-33}	PbS	8.0×10^{-28}
CdS	8.0×10^{-27}	$PbSO_4$	2.53×10^{-8}
CeF_3	8×10^{-16}	$PbSeO_3$	3.2×10^{-12}
$Ce(OH)_3$	1.6×10^{-20}	$PbSeO_4$	1.37×10^{-7}
$Ce(OH)_4$	2×10^{-48}	$Pd(OH)_2$	1.0×10^{-31}
$CePO_4$	1×10^{-23}	$Pd(OH)_4$	6.3×10^{-71}
Ce_2S_3	6.0×10^{-11}	$Pt(OH)_2$	1×10^{-35}
$Co_3(AsO_4)_2$	6.80×10^{-29}	$Pu(OH)_3$	2.0×10^{-20}
$CoCO_3$	1.4×10^{-13}	$Pu(OH)_4$	1×10^{-55}
$Co(OH)_2(新)$	5.92×10^{-15}	ScF_3	5.81×10^{-24}
$Co(OH)_3$	1.6×10^{-44}	$Sc(OH)_3$	2.22×10^{-31}
$Co_3(PO_4)_2$	2.05×10^{-35}	$Sm(OH)_3$	8.3×10^{-23}
$Cr(OH)_3$	6.3×10^{-31}	$Sn(OH)_2$	5.45×10^{-28}
$CuBr$	6.27×10^{-9}	$Sn(OH)_4$	1×10^{-56}
$CuCl$	1.72×10^{-7}	SnS	1.0×10^{-25}
$CuCN$	3.47×10^{-20}	$SrCO_3$	5.60×10^{-10}
$CuCO_3$	1.4×10^{-10}	$SrCrO_4$	2.2×10^{-5}
$CuCrO_4$	3.6×10^{-6}	SrF_2	4.33×10^{-9}
CuI	1.27×10^{-12}	$Sr_3(PO_4)_2$	4.0×10^{-28}
$CuOH$	1×10^{-14}	$SrSO_4$	3.44×10^{-7}
$Cu(OH)_2$	2.2×10^{-20}	$Ti(OH)_3$	1×10^{-40}
$Cu_3(PO_4)_2$	1.40×10^{-37}	YF_3	8.62×10^{-21}
Cu_2S	2.5×10^{-48}	$Y(OH)_3$	1.00×10^{-22}
CuS	6.3×10^{-36}	$Zn_3(AsO_4)_2$	2.8×10^{-28}
$FeCO_3$	3.13×10^{-11}	$ZnCO_3$	1.46×10^{-10}
$FeC_2O_4 \cdot 2H_2O$	3.2×10^{-7}	$ZnC_2O_4 \cdot 2H_2O$	1.38×10^{-9}
$Fe(OH)_2$	4.87×10^{-17}	$Zn(OH)_2$	3×10^{-17}
$Fe(OH)_3$	2.79×10^{-39}	$Zn_3(PO_4)_2$	9.0×10^{-33}
$FePO_4 \cdot 2H_2O$	9.91×10^{-16}	$\alpha-ZnS$	1.6×10^{-24}
FeS	6.3×10^{-18}	$\beta-ZnS$	2.5×10^{-22}

附录6　标准电极电势(298.15 K)

电极反应过程	$\varphi^{\ominus}/V$
$Ag^+ + e^- = Ag$	0.799 6
$AgBr + e^- = Ag + Br^-$	0.071 3
$AgCl + e^- = Ag + Cl^-$	0.222
$AgCN + e^- = Ag + CN^-$	−0.017
$Ag_2CO_3 + 2e^- = 2Ag + CO_3^{2-}$	0.47
$Ag_2C_2O_4 + 2e^- = 2Ag + C_2O_4^{2-}$	0.465
$Ag_2CrO_4 + 2e^- = 2Ag + CrO_4^{2-}$	0.447
$AgF + e^- = Ag + F^-$	0.779
$AgI + e^- = Ag + I^-$	−0.152
$[Ag(NH_3)_2]^+ + e^- = Ag + 2NH_3$	0.373
$Al_3 + 3e^- = Al$	−1.662
$AlF_6^{3-} + 3e^- = Al + 6F^-$	−2.069
$Al(OH)_3 + 3e^- = Al + 3OH^-$	−2.31
$AlO_2^- + 2H_2O + 3e^- = Al + 4OH^-$	−2.35
$As + 3H^+ + 3e^- = AsH_3$	−0.608
$As + 3H_2O + 3e^- = AsH_3 + 3OH^-$	−1.37
$As_2O_3 + 6H^+ + 6e^- = 2As + 3H_2O$	0.234
$HAsO_2 + 3H^+ + 3e^- = As + 2H_2O$	0.248
$AsO_2^- + 2H_2O + 3e^- = As + 4OH^-$	−0.68
$H_3AsO_4 + 2H^+ + 2e^- = HAsO_2 + 2H_2O$	0.56
$Au^+ + e^- = Au$	(1.68)
$Au^{3+} + 3e^- = Au$	(1.498)
$Au^{3+} + 2e^- = Au^+$	1.401
$AuBr_2^- + e^- = Au + 2Br^-$	0.959
$AuBr_4^- + 3e^- = Au + 4Br^-$	0.854
$AuCl_2^- + e^- = Au + 2Cl^-$	1.15
$AuCl_4^- + 3e^- = Au + 4Cl^-$	1.002
$AuI + e^- = Au + I^-$	0.5
$Au(SCN)_4^- + 3e^- = Au + 4SCN^-$	0.66
$Au(OH)_3 + 3H^+ + 3e^- = Au + 3H_2O$	1.45
$BF_4^- + 3e^- = B + 4F^-$	−1.04
$H_2BO_3^- + H_2O + 3e^- = B + 4OH^-$	−1.79
$B(OH)_3 + 7H^+ + 8e^- = BH_4^- + 3H_2O$	−0.048 1
$Ba^{2+} + 2e^- = Ba$	−2.912

（续）

电极反应过程	$\varphi^{\ominus}$/V
$Ba(OH)_2+2e^-=Ba+2OH^-$	-2.99
$Be^{2+}+2e^-=Be$	-1.847
$Be_2O_3^{2-}+3H_2O+4e^-=2Be+6OH^-$	-2.63
$Bi^++e^-=Bi$	0.5
$Bi^{3+}+3e^-=Bi$	0.308
$BiCl_4^-+3e^-=Bi+4Cl^-$	0.16
$BiOCl+2H^++3e^-=Bi+Cl^-+H_2O$	0.16
$Bi_2O_3+3H_2O+6e^-=2Bi+6OH^-$	-0.46
$Bi_2O_4+4H^++2e^-=2BiO^++2H_2O$	1.593
$Bi_2O_4+H_2O+2e^-=Bi_2O_3+2OH^-$	0.56
$Br_2(水溶液，aq)+2e^-=2Br^-$	1.087
$Br_2(液体)+2e^-=2Br^-$	1.066
$BrO^-+H_2O+2e^-=Br^-+2OH$	0.761
$BrO_3^-+6H^++6e^-=Br^-+3H_2O$	1.423
$BrO_3^-+3H_2O+6e^-=Br^-+6OH^-$	0.61
$2BrO_3^-+12H^++10e^-=Br_2+6H_2O$	1.482
$HBrO+H^++2e^-=Br^-+H_2O$	1.331
$2HBrO+2H^++2e^-=Br_2(水溶液，aq)+2H_2O$	1.574
$Ca^{2+}+2e^-=Ca$	-2.868
$Ca(OH)_2+2e^-=Ca+2OH^-$	-3.02
$Cd^{2+}+2e^-=Cd$	-0.403
$Cd^{2+}+2e^-=Cd(Hg)$	-0.352
$Cd(CN)_4^{2-}+2e^-=Cd+4CN^-$	-1.09
$CdO+H_2O+2e^-=Cd+2OH^-$	-0.783
$CdS+2e^-=Cd+S^{2-}$	-1.17
$CdSO_4+2e^-=Cd+SO_4^{2-}$	-0.246
$Ce^{3+}+3e^-=Ce$	-2.336
$Ce^{3+}+3e^-=Ce(Hg)$	-1.437
$CeO_2+4H^++e^-=Ce^{3+}+2H_2O$	1.4
$Cl_2(气体)+2e^-=2Cl^-$	1.358
$ClO^-+H_2O+2e^-=Cl^-+2OH^-$	0.89
$HClO+H^++2e^-=Cl^-+H_2O$	1.482
$2HClO+2H^++2e^-=Cl_2+2H_2O$	1.611
$ClO_2^-+2H_2O+4e^-=Cl^-+4OH^-$	0.76
$2ClO_3^-+12H^++10e^-=Cl_2+6H_2O$	1.47
$ClO_3^-+6H^++6e^-=Cl^-+3H_2O$	1.451
$ClO_3^-+3H_2O+6e^-=Cl^-+6OH^-$	0.62

（续）

电极反应过程	$\varphi^{\ominus}/\text{V}$
$ClO_4^- + 8H^+ + 8e^- = Cl^- + 4H_2O$	1.38
$2ClO_4^- + 16H^+ + 14e^- = Cl_2 + 8H_2O$	1.39
$Co^{2+} + 2e^- = Co$	-0.28
$[Co(NH_3)_6]^{3+} + e^- = [Co(NH_3)_6]^{2+}$	0.108
$[Co(NH_3)_6]^{2+} + 2e^- = Co + 6NH_3$	-0.43
$Co(OH)_2 + 2e^- = Co + 2OH^-$	-0.73
$Co(OH)_3 + e^- = Co(OH)_2 + OH^-$	0.17
$Cr^{3+} + 3e^- = Cr$	(-0.744)
$[Cr(CN)_6]^{3-} + e^- = [Cr(CN)_6]^{4-}$	-1.28
$Cr(OH)_3 + 3e^- = Cr + 3OH^-$	-1.48
$Cr_2O_7^{2-} + 14H^+ + 6e^- = 2Cr^{3+} + 7H_2O$	(1.33)
$CrO_2^- + 2H_2O + 3e^- = Cr + 4OH^-$	-1.2
$HCrO_4^- + 7H^+ + 3e^- = Cr^{3+} + 4H_2O$	1.35
$CrO_4^{2-} + 2H_2O + 3e^- = CrO_2^- + 4OH^-$	(-0.12)
$Cs^+ + e^- = Cs$	-2.92
$Cu^+ + e^- = Cu$	0.521
$Cu^{2+} + 2e^- = Cu$	0.342
$Cu^{2+} + Br^- + e^- = CuBr$	0.66
$Cu^{2+} + Cl^- + e^- = CuCl$	0.57
$Cu^{2+} + I^- + e^- = CuI$	0.86
$Cu^{2+} + 2CN^- + e^- = [Cu(CN)_2]^-$	1.103
$CuBr_2^- + e^- = Cu + 2Br^-$	0.05
$CuCl_2^- + e^- = Cu + 2Cl^-$	0.19
$CuI_2^- + e^- = Cu + 2I^-$	0
$Cu_2O + H_2O + 2e^- = 2Cu + 2OH^-$	-0.36
$Cu(OH)_2 + 2e^- = Cu + 2OH^-$	-0.222
$2Cu(OH)_2 + 2e^- = Cu_2O + 2OH^- + H_2O$	-0.08
$CuS + 2e^- = Cu + S^{2-}$	-0.7
$CuSCN + e^- = Cu + SCN^-$	-0.27
$F_2 + 2H^+ + 2e^- = 2HF$	3.053
$F_2O + 2H^+ + 4e^- = H_2O + 2F^-$	2.153
$Fe^{2+} + 2e^- = Fe$	-0.447
$Fe^{3+} + e^- = Fe^{2+}$	0.771
$[Fe(CN)_6]^{3-} + e^- = [Fe(CN)_6]^{4-}$	0.358
$[Fe(CN)_6]^{4-} + 2e^- = Fe + 6CN^-$	-1.5
$FeF_6^{3-} + e^- = Fe^{2+} + 6F^-$	0.4
$Fe(OH)_2 + 2e^- = Fe + 2OH^-$	-0.877

（续）

电极反应过程	$\varphi^{\ominus}$/V
$Fe(OH)_3 + e^- = Fe(OH)_2 + OH^-$	-0.56
$Fe_3O_4 + 8H^+ + 2e^- = 3Fe^{2+} + 4H_2O$	1.23
$2H^+ + 2e^- = H_2$	0
$Hg^{2+} + 2e^- = Hg$	0.851
$Hg_2^{2+} + 2e^- = 2Hg$	0.797
$2Hg^{2+} + 2e^- = Hg_2^{2+}$	0.92
$Hg_2Br_2 + 2e^- = 2Hg + 2Br^-$	$0.139\ 2$
$HgBr_4^{2-} + 2e^- = Hg + 4Br^-$	0.21
$Hg_2Cl_2 + 2e^- = 2Hg + 2Cl^-$	$0.268\ 1$
$2HgCl_2 + 2e^- = Hg_2Cl_2 + 2Cl^-$	0.63
$Hg_2CrO_4 + 2e^- = 2Hg + CrO_4^{2-}$	0.54
$Hg_2I_2 + 2e^- = 2Hg + 2I^-$	$-0.040\ 5$
$Hg_2O + H_2O + 2e^- = 2Hg + 2OH^-$	0.123
$HgO + H_2O + 2e^- = Hg + 2OH^-$	$0.097\ 7$
$HgS(红色) + 2e^- = Hg + S^{2-}$	-0.7
$HgS(黑色) + 2e^- = Hg + S^{2-}$	-0.67
$Hg_2(SCN)_2 + 2e^- = 2Hg + 2SCN^-$	0.22
$Hg_2SO_4 + 2e^- = 2Hg + SO_4^{2-}$	0.613
$I_2 + 2e^- = 2I^-$	$0.535\ 5$
$I_3^- + 2e^- = 3I^-$	0.536
$2HIO + 2H^+ + 2e^- = I_2 + 2H_2O$	1.439
$HIO + H^+ + 2e^- = I^- + H_2O$	0.987
$IO^- + H_2O + 2e^- = I^- + 2OH^-$	0.485
$2IO_3^- + 12H^+ + 10e^- = I_2 + 6H_2O$	1.195
$IO_3^- + 6H^+ + 6e^- = I^- + 3H_2O$	1.085
$IO_3^- + 2H_2O + 4e^- = IO^- + 4OH^-$	0.15
$IO_3^- + 3H_2O + 6e^- = I^- + 6OH^-$	0.26
$2IO_3^- + 6H_2O + 10e^- = I_2 + 12OH^-$	0.21
$H_5IO_6 + H^+ + 2e^- = IO_3^- + 3H_2O$	(1.601)
$K^+ + e^- = K$	-2.931
$La^{3+} + 3e^- = La$	-2.379
$La(OH)_3 + 3e^- = La + 3OH^-$	-2.9
$Li^+ + e^- = Li$	-3.04
$Mg^{2+} + 2e^- = Mg$	-2.372
$Mg(OH)_2 + 2e^- = Mg + 2OH^-$	-2.69
$Mn^{2+} + 2e^- = Mn$	-1.185
$Mn^{3+} + e^- = Mn^{2+}$	(1.51)

（续）

电极反应过程	$\varphi^{\ominus}/V$
$Mn^{3+}+3e^-=Mn$	1.542
$MnO_2+4H^++2e^-=Mn^{2+}+2H_2O$	1.224
$MnO_4^-+4H^++3e^-=MnO_2+2H_2O$	1.679
$MnO_4^-+8H^++5e^-=Mn^{2+}+4H_2O$	1.507
$MnO_4^-+2H_2O+3e^-=MnO_2+4OH^-$	0.595
$Mn(OH)_2+2e^-=Mn+2OH^-$	−1.56
$Mo^{3+}+3e^-=Mo$	−0.2
$MoO_4^{2-}+4H_2O+6e^-=Mo+8OH^-$	−1.05
$N_2+2H_2O+6H^++6e^-=2NH_4OH$	0.092
$2NH_3OH^++H^++2e^-=N_2H_5^++2H_2O$	1.42
$2NO+H_2O+2e^-=N_2O+2OH^-$	0.76
$2HNO_2+4H^++4e^-=N_2O+3H_2O$	1.297
$NO_3^-+3H^++2e^-=HNO_2+H_2O$	0.934
$NO_3^-+H_2O+2e^-=NO_2^-+2OH^-$	0.01
$2NO_3^-+2H_2O+2e^-=N_2O_4+4OH^-$	−0.85
$Na^++e^-=Na$	−2.713
$Ni^{2+}+2e^-=Ni$	−0.257
$NiCO_3+2e^-=Ni+CO_3^{2-}$	−0.45
$Ni(OH)_2+2e^-=Ni+2OH^-$	−0.72
$NiO_2+4H^++2e^-=Ni^{2+}+2H_2O$	1.678
$O_2+4H^++4e^-=2H_2O$	1.229
$O_2+2H_2O+4e^-=4OH^-$	0.401
$O_3+H_2O+2e^-=O_2+2OH^-$	1.24
$Os^{2+}+2e^-=Os$	0.85
$OsCl_6^{3-}+e^-=Os^{2+}+6Cl^-$	0.4
$OsO_2+2H_2O+4e^-=Os+4OH^-$	−0.15
$OsO_4+8H^++8e^-=Os+4H_2O$	0.838
$OsO_4+4H^++4e^-=OsO_2+2H_2O$	1.02
$P+3H_2O+3e^-=PH_3(g)+3OH^-$	−0.87
$H_2PO_2^-+e^-=P+2OH^-$	−1.82
$H_3PO_3+2H^++2e^-=H_3PO_2+H_2O$	−0.499
$H_3PO_3+3H^++3e^-=P+3H_2O$	−0.454
$H_3PO_4+2H^++2e^-=H_3PO_3+H_2O$	−0.276
$PO_4^{3-}+2H_2O+2e^-=HPO_3^{2-}+3OH^-$	−1.05
$Pb^{2+}+2e^-=Pb$	−0.126
$Pb^{2+}+2e^-=Pb(Hg)$	−0.121
$PbBr_2+2e^-=Pb+2Br^-$	−0.284

(续)

电极反应过程	$\varphi^{\ominus}/V$
$PbCl_2 + 2e^- = Pb + 2Cl^-$	-0.268
$PbCO_3 + 2e^- = Pb + CO_3^{2-}$	-0.506
$PbF_2 + 2e^- = Pb + 2F^-$	-0.344
$PbI_2 + 2e^- = Pb + 2I^-$	-0.365
$PbO + H_2O + 2e^- = Pb + 2OH^-$	-0.58
$PbO + 4H^+ + 2e^- = Pb + H_2O$	0.25
$PbO_2 + 4H^+ + 2e^- = Pb^2 + 2H_2O$	1.455
$HPbO_2^- + H_2O + 2e^- = Pb + 3OH^-$	-0.537
$PbO_2 + SO_4^{2-} + 4H^+ + 2e^- = PbSO_4 + 2H_2O$	1.691
$PbSO_4 + 2e^- = Pb + SO_4^{2-}$	-0.359
$Pd^{2+} + 2e^- = Pd$	0.915
$PdBr_4^{2-} + 2e^- = Pd + 4Br^-$	0.6
$PdO_2 + H_2O + 2e^- = PdO + 2OH^-$	0.73
$Pd(OH)_2 + 2e^- = Pd + 2OH^-$	0.07
$Pt^{2+} + 2e^- = Pt$	1.18
$[PtCl_6]^{2-} + 2e^- = [PtCl_4]^{2-} + 2Cl^-$	0.68
$Pt(OH)_2 + 2e^- = Pt + 2OH^-$	0.14
$PtO_2 + 4H^+ + 4e^- = Pt + 2H_2O$	1
$PtS + 2e^- = Pt + S^{2-}$	-0.83
$S + 2e^- = S^{2-}$	-0.476
$S + 2H^+ + 2e^- = H_2S(水溶液，aq)$	0.142
$S_2O_6^{2-} + 4H^+ + 2e^- = 2H_2SO_3$	0.564
$2SO_3^{2-} + 3H_2O + 4e^- = S_2O_3^{2-} + 6OH^-$	-0.571
$2SO_3^{2-} + 2H_2O + 2e^- = S_2O_4^{2-} + 4OH^-$	-1.12
$SO_4^{2-} + H_2O + 2e^- = SO_3^{2-} + 2OH^-$	-0.93
$Sb + 3H^+ + 3e^- = SbH_3$	-0.51
$Sb_2O_3 + 6H^+ + 6e^- = 2Sb + 3H_2O$	0.152
$Sb_2O_5 + 6H^+ + 4e^- = 2SbO^+ + 3H_2O$	0.581
$SbO_3^- + H_2O + 2e^- = SbO_2^- + 2OH^-$	-0.59
$Sc^{3+} + 3e^- = Sc$	-2.077
$Sc(OH)_3 + 3e^- = Sc + 3OH^-$	-2.6
$Se + 2e^- = Se^{2-}$	-0.924
$Se + 2H^+ + 2e^- = H_2Se(水溶液，aq)$	-0.399
$H_2SeO_3 + 4H^+ + 4e^- = Se + 3H_2O$	-0.74
$SeO_3^{2-} + 3H_2O + 4e^- = Se + 6OH^-$	-0.366
$SeO_4^{2-} + H_2O + 2e^- = SeO_3^{2-} + 2OH^-$	0.05
$Si + 4H^+ + 4e^- = SiH_4(气体)$	0.102

（续）

电极反应过程	$\varphi^{\ominus}/V$
$Si+4H_2O+4e^-=SiH_4+4OH^-$	-0.73
$SiF_6^{2-}+4e^-=Si+6F^-$	-1.24
$SiO_2+4H^++4e^-=Si+2H_2O$	-0.857
$SiO_3^{2-}+3H_2O+4e^-=Si+6OH^-$	-1.697
$Sn^{2+}+2e^-=Sn$	-0.138
$Sn^{4+}+2e^-=Sn^{2+}$	0.151
$SnCl_4^{2-}+2e^-=Sn+4Cl^-(1mol/LHCl)$	-0.19
$SnF_6^{2-}+4e^-=Sn+6F^-$	-0.25
$Sn(OH)_3^-+3H^++2e^-=Sn^{2+}+3H_2O$	0.142
$SnO_2+4H^++4e^-=Sn+2H_2O$	-0.117
$Sn(OH)_6^{2-}+2e^-=HSnO_2^-+3OH^-+H_2O$	-0.93
$Ti^{2+}+2e^-=Ti$	-1.63
$Ti^{3+}+3e^-=Ti$	-1.37
$TiO_2+4H^++2e^-=Ti^{2+}+2H_2O$	-0.502
$TiO^{2+}+2H^++e^-=Ti^{3+}+H_2O$	0.1
$V^{2+}+2e^-=V$	-1.175
$VO^{2+}+2H^++e^-=V^{3+}+H_2O$	0.337
$VO_2^++2H^++e^-=VO^{2+}+H_2O$	0.991
$VO_2^++4H^++2e^-=V^{3+}+2H_2O$	0.668
$V_2O_5+10H^++10e^-=2V+5H_2O$	-0.242
$Zn^{2+}+2e^-=Zn$	-0.7618
$Zn^{2+}+2e^-=Zn(Hg)$	-0.7628
$Zn(OH)_2+2e^-=Zn+2OH^-$	-1.249
$ZnS+2e^-=Zn+S^{2-}$	-1.4
$ZnSO_4+2e^-=Zn(Hg)+SO_4^{2-}$	-0.799

注：本数据是按《NBS 化学热力学性质表》(刘天和，1998)中的数据计算得来的。( )中的数据引自 David R. Lide, *Handbook of Chemistry and Physics*，8-25-8-30，78th ed，1997—1998。

附录7　某些配离子的标准稳定常数(298.15 K)

配离子	$K_f^{\ominus}$	配离子	$K_f^{\ominus}$
$Au(CN)_2^-$	2×10^{38}	$Cu(S_2O_3)_2^{5-}$	6.9×10^{13}
$Ag(CN)_2^-$	1×10^{21}	$FeCl_3$	98
$Ag(NH_3)_2^+$	1.1×10^7	$Fe(CN)_6^{4-}$	1.0×10^{35}
$Ag(SCN)_2^-$	3.7×10^7	$Fe(CN)_6^{3-}$	1.0×10^{42}
$Ag(SCN)_4^{3-}$	1.2×10^{10}	$Fe(C_2O_4)_3^{3-}$	2×10^{20}

（续）

配离子	$K_f^{\ominus}$	配离子	$K_f^{\ominus}$
$Ag(S_2O_3)_2^{3-}$	2.9×10^{13}	$Fe(C_2O_4)_3^{4-}$	1.7×10^5
$Al(C_2O_4)_3^{3-}$	2.0×10^{16}	$Fe(NCS)^{2+}$	2.2×10^3
AlF_6^{3-}	6.9×10^{19}	FeF_3	1.13×10^{12}
$Al(OH)_4^-$	1.1×10^{33}	$HgCl_4^{2-}$	1.2×10^{15}
$Cd(CN)_4^{2-}$	6.0×10^{18}	$Hg(CN)_4^{2-}$	2.5×10^{41}
$CdCl_4^{2-}$	6.3×10^2	HgI_4^{2-}	6.8×10^{29}
$Cd(NH_3)_4^{2+}$	1.3×10^7	$Hg(NH_3)_4^{2+}$	1.9×10^{19}
$Cd(SCN)_4^{2-}$	4.0×10^3	$Ni(CN)_4^{2-}$	2.0×10^{31}
$Co(NH_3)_6^{2+}$	1.3×10^5	$Ni(NH_3)_4^{2+}$	9.1×10^7
$Co(NH_3)_6^{3+}$	2×10^{35}	$Pb(CH_3COO)_4^{2-}$	3×10^8
$Co(NCS)_4^{2-}$	1.0×10^3	$Pb(CN)_4^{2-}$	1.0×10^{11}
$Cu(CN)_2^-$	1.0×10^{24}	$Pb(OH)_3^-$	3.8×10^{14}
$Cu(OH)_4^{2-}$	3×10^{18}	$Zn(CN)_4^{2-}$	5×10^{16}
$Cu(CN)_4^{3-}$	2.0×10^{30}	$Zn(C_2O_4)_2^{2-}$	4.0×10^7
$Cu(NH_3)_2^+$	7.2×10^{10}	$Zn(OH)_4^{2-}$	4.6×10^{17}
$Cu(NH_3)_4^{2+}$	2.1×10^{13}	$Zn(NH_3)_4^{2+}$	2.9×10^9

注：摘自 *Lange's Handbook of Chemistry*，15th ed. 1999。